U0148504

# 信息技术环境下基于问题解决的数学教学设计研究

王光生 著

本书系全国教育科学"十五"规划重点课题"基于网络环境的基础教育跨越式创新探索试验"（项目批准号：BCA030017）研究成果之一，陕西师范大学优秀著作出版基金资助出版。

科学出版社

北 京

## 内 容 简 介

本书构建了信息技术环境下基于问题解决的数学教学设计过程模式,以培养学习者的认知发展和高级思维技能为目标,以"知识问题化设计"为起点,以面向中观的主题单元层面为数学课程设计范域,以课程内容主题化、主题内容情境化、情境内容问题化、问题内容数学化、数学内容理论化、理论内容应用化、主题学习反思化为过程,以"学习环境"为支持,以数学方法论指导下的整合信息技术支持作用的数学问题解决教学策略为手段,围绕数学教学问题的设计、解决、评价等系列流程来展开研究,是对传统的刚性、静态的封闭型"教程设计观"的革新,体现了弹性、动态的开放型"学程设计观",形成了较为系统的信息技术环境下基于问题解决的数学教学设计的理论与方法。本研究成果不仅对基础教育数学课程改革的有效推进具有重要的理论指导意义和实践价值,同时对教师教育以及相关专业的本科生、研究生培养也具有重要的参考价值。

本书适合中小学数学教师,相关专业的研究人员、本科生和研究生阅读参考。

**图书在版编目(CIP)数据**

信息技术环境下基于问题解决的数学教学设计研究/ 王光生著. —北京:科学出版社,2011

ISBN 978-7-03-032622-5

Ⅰ.①信… Ⅱ.①王… Ⅲ.①数学谭-教学设计-计算机辅助教学-研究-中小学 Ⅳ.①G633.602

中国版本图书馆 CIP 数据核字(2011) 第 217543 号

责任编辑:陈玉琢 / 责任校对:陈玉凤
责任印制:钱玉芬 / 封面设计:王 浩

**科 学 出 版 社** 出版

北京东黄城根北街 16 号
邮政编码:100717
http://www.sciencep.com

**骏 杰 印 刷 厂** 印刷

科学出版社发行    各地新华书店经销

\*

2011 年 10 月第 一 版    开本:B5(720×1000)
2011 年 10 月第一次印刷    印张:17
字数:318 000

**定价:56.00 元**
(如有印装质量问题,我社负责调换)

# 序

众所周知，恰当运用现代教育技术促进各级各类教育教学的改革与发展，已经成为当今世界各国教育教学改革的主要趋势和国际教育界的基本共识。国际教育界之所以会有这样的共识，是因为现代教育技术的本质是利用技术手段(特别是信息技术手段)去优化教育教学过程，从而达到提高教育教学效果、效益与效率的目标。

效果的体现是各学科教学质量和学生综合素质的提高；

效益的体现是用较少的资金投入获取更大的产出(对教育来说，"更大的产出"就是培养出更多的优秀人才)；

效率的体现是用较少的时间来达到预期的效果。

现代教育技术所追求的这三个方面的目标，也是各级教育部门领导、校长和教师在全面推进基础教育数学课程改革过程中时时刻刻都在关注的目标。我国新一轮的数学课程改革非常重视信息技术与数学课程的整合。例如，新课程标准不论是在课程资源的开发还是在教学过程中，都特别强调现代信息技术手段的运用。信息技术的飞速发展使数学教学面貌发生了前所未有的变化，信息技术已成为数学教学系统中的基本要素。然而，纵观国内外信息技术与数学课程整合的研究可以看出，尽管各国都非常重视信息技术与数学课程整合的理论研究和实践探索，并在理论和实践中取得了一些成就并产生了一定影响，但信息技术与数学课程的整合仍不够完善，还没有实现人们预期的结果和目标。究其原因是因为广大教师尚未能真正地理解和落实信息技术与数学课程深层次整合的目标与内涵。教师对信息技术的使用尚处于适应阶段，在很大程度上仍是在维持传统的教学模式，课堂上仍以教师为主宰，教师与学生、学生与学生之间互动不足，学生自主学习和数学交流的机会缺乏。大多数教师在课堂上只是利用计算机来展示多媒体课件或呈现电子化教材，课堂上计算机的使用多是作为教师的教学工具，而没有能够为学生的数学学习创设良好的试验环境和为数学问题解决提供理想的认知工具，其核心问题是传统的教学结构没有发生根本性的变化。因此，如何从"信息技术与数学课程整合"的视角寻找一个恰当的切入口，帮助教师在体现新课程理念的具体情境中有效地将信息技术整合于数学课堂教学，并最终掌握数学教学设计的理论与方法，使信息技术成为学生学习数学和解决问题的强有力工具，使学生乐意并有更多的精力投入到现实的、探索性的数学问题解决活动中去，达到全面提高数学学科教学质量、培养学生创新精神和实践能力的目标，正是目前推进数学新课程改革亟待研究的课题。王光生的新作《信息技术环境下基于问题解决的数学教学设计研究》在这一方面作了积极的探索，值得肯定和借鉴。

　　该书以信息技术与数学课程深层次整合为研究视角，以充分体现数学二重性特征的基于问题解决的教学设计为研究对象，以先进的教育教学理论为基础，构建了基于课堂网络学习环境的数学问题解决学习模型；作者利用此模型深入分析了课堂网络环境下数学问题解决过程的系统结构及其运行的阶段性特征，并进一步构建了信息技术环境下基于问题解决的数学教学设计过程模式以及教学设计的基本理念、原则和教学模式。这样，就从宏观上、整体上建构了信息技术环境下基于问题解决的数学教学设计的理论框架，形成了从分析、设计到教学策略的比较系统、全面的中学数学信息化教学设计的理论和方法，并依托"基于网络环境的基础教育跨越式创新探索试验"研究课题，通过丰富、扎实的行动研究和实证研究对信息技术环境下基于问题解决的数学教学设计的理论和方法进行了持续改进与完善提升。大量实践证明，该书所构建的理论框架不仅具有创新性和较强的可操作性，而且对有效实施数学新课程改革也有一定指导意义。

　　王光生曾有 12 年中学数学教学经历，积累了比较丰富的中学数学教学实践经验，同时又有近 10 年在师范大学从事数学教育教学和研究的经历。特别是 2004 年 9 月以来，在北京师范大学教育技术学院攻读博士学位期间，曾先后参与了跨越式课题所属的北京昌平试验区、北京石景山试验区、河北丰宁试验区、陕西太白中学等多个试验区及试验学校的课题研究与指导工作。有近三年时间深入中小学课堂教学第一线，不仅对中学教学实践现状有了更深入的认识，而且在对试验教师培训、指导教学设计方案编写以及听课评课等活动中，积累了大量的研究素材，并在国家级核心期刊上发表了多篇文章，从而为信息技术环境下基于问题解决的数学教学设计研究奠定了较坚实的基础。该书试验数据翔实，案例丰富，论证可靠，能做到理论紧密联系实际；既有一定的学术价值，也对实践有指导意义。希望光生同志以该书的出版为契机，再接再厉，继续为数学教育信息化做出新的建树。

　　是为序。

何克抗

北京师范大学教育技术学院教授、

博导、东北师范大学终身教授

2010 年 12 月 7 日

# 目　　录

序

1　绪论 ················································································· 1
　1.1　信息技术环境下基于问题解决的数学教学设计研究的背景和意义 ········ 2
　　1.1.1　素质教育——时代的呼唤 ········································· 2
　　1.1.2　信息技术与数学课程整合——数学教学改革的新趋势 ············ 3
　　1.1.3　问题解决思想渗透到数学教学领域 ····························· 6
　　1.1.4　学习理论发展引起基于问题解决的数学教学研究视角的迁移 ······ 8
　　1.1.5　中国基于问题解决的数学教学现状 ···························· 10
　1.2　信息技术环境下基于问题解决的数学教学设计研究的历史与现状
　　　　分析 ··········································································· 12
　　1.2.1　国内外信息技术与数学课程整合研究概况 ···················· 12
　　1.2.2　数学问题解决的研究综述 ···································· 24
　　1.2.3　问题解决显性课程与教学系统设计模式综述 ·················· 30
　　1.2.4　对已有研究的述评 ·········································· 34
　1.3　研究的思路和总体设计 ··············································· 40
　　1.3.1　研究的问题 ················································ 40
　　1.3.2　研究的价值 ················································ 41
　　1.3.3　研究的方法 ················································ 41

2　研究的理论基础 ··································································· 43
　2.1　建构主义学习理论 ····················································· 43
　　2.1.1　个人建构主义 ·············································· 44
　　2.1.2　社会建构主义 ·············································· 45
　　2.1.3　情境学习与认知理论 ········································ 46
　2.2　弗赖登塔尔的数学教育思想 ··········································· 48
　　2.2.1　数学现实 ·················································· 48
　　2.2.2　数学化 ···················································· 50
　　2.2.3　再创造 ···················································· 52
　2.3　何克抗的创造性思维理论 ············································· 54
　2.4　主导—主体教学理论 ·················································· 55
　　2.4.1　以"学"为主的教学理论的基本观点 ························· 55
　　2.4.2　以"教"为主的教学理论的基本观点 ························· 55

2.4.3 主导—主体教学理论的核心内容 ················································· 56

3　基于 Web-based MPSL 模型的数学问题解决教学设计理论框架 ········· 57
3.1 Web-based MPSL 模型的构建 ···················································· 58
3.1.1 Web-based MPSL 模型的系统构成及其内涵 ··························· 59
3.1.2 Web-based MPSL 模型所反映的数学教育观念 ······················ 66
3.2 基于 Web-based MPSL 模型的数学问题解决教学过程 ················· 71
3.2.1 基于 Web-based MPSL 模型的数学问题解决教学过程系统模型 ·· 72
3.2.2 基于 Web-based MPSL 模型的数学问题解决教学过程 ············· 73
3.3 基于 Web-based MPSL 模型的数学问题解决教学设计过程模式 ····· 78
3.3.1 关键概念界定 ··················································· 78
3.3.2 信息技术环境下基于问题解决的数学教学设计过程模式的构建 ··········· 82
3.4 信息技术环境下基于问题解决的数学教学设计的理念和原则 ··········· 83
3.4.1 信息技术环境下基于问题解决的数学教学设计的基本理念 ··········· 83
3.4.2 信息技术环境下基于问题解决的数学教学设计的基本原则 ··········· 88
3.5 信息技术环境下基于问题解决的数学教学模式 ···························· 89
3.5.1 教学模式概念的界定及其与相关概念的辨析 ························· 90
3.5.2 信息技术环境下基于问题解决的数学教学模式体系 ················· 93
3.6 信息技术环境下基于问题解决的数学教学设计概念图 ·················· 96

4　信息技术环境下基于问题解决的数学教学过程设计 ···················· 97
4.1 信息技术环境下基于问题解决的数学教学过程设计的理论基础 ········· 98
4.1.1 面向问题解决的课程范式迁移 ································· 98
4.1.2 单元教学中的中观教学设计 ································· 99
4.2 信息技术环境下基于问题解决的数学教学过程设计的主要环节 ·········100

5　中学生数学问题解决学习环境设计 ····································105
5.1 学习环境及其构成要素分析 ···········································105
5.1.1 学习环境的内涵 ················································105
5.1.2 学习环境构成要素分析 ·········································107
5.2 中学生数学问题解决学习的技术学习环境设计 ···························109
5.2.1 中学生数学问题解决学习的技术学习环境设计的影响因素 ·········110
5.2.2 数学问题解决认知工具的选择与运用 ···························113
5.2.3 数学教育软件所具备的数学教育功能 ···························117
5.2.4 几何画板在几何教学中的应用 ································118
5.2.5 Microsoft Math 在代数学习中的应用(以函数为例) ···········123
5.3 中学生数学问题解决学习的人际交互环境设计 ···························131
5.3.1 数学交流的意义 ················································131
5.3.2 数学交流的方式 ················································132
5.3.3 数学人际交互环境的设计 ·······································135

**6　信息技术环境下基于问题解决的数学教学策略设计** ················138
　　6.1　基于问题解决的数学教学方式设计策略 ·················139
　　　　6.1.1　知识的类型 ·······································139
　　　　6.1.2　数学知识的类型 ·································141
　　　　6.1.3　根据数学知识类型的特点进行教学设计 ·············142
　　6.2　数学教学问题设计策略 ·································144
　　　　6.2.1　问题类型连续体理论 ·····························144
　　　　6.2.2　数学教学问题设计策略 ·························147
　　　　6.2.3　数学教学问题设计的评价 ·····················154
　　6.3　信息技术环境下基于问题解决的数学教学策略 ·············155
　　　　6.3.1　现代数学实践的特征 ·····························156
　　　　6.3.2　数学思维的特征 ·································157
　　　　6.3.3　信息技术环境下基于问题解决的数学教学策略 ·······159

**7　信息技术环境下基于问题解决的数学教学实证研究** ·············183
　　7.1　信息技术环境下基于问题解决的数学教学实践概况 ·········183
　　　　7.1.1　实践背景 ·······································183
　　　　7.1.2　实践策略 ·······································184
　　　　7.1.3　实践成果 ·······································190
　　7.2　信息技术环境下基于问题解决的数学教学试验行动研究 ·······191
　　　　7.2.1　行动研究思路 ·································191
　　　　7.2.2　"分式方程"行动研究案例 ·····················194
　　　　7.2.3　行动研究的初步结论 ·························199
　　7.3　信息技术环境下基于问题解决的数学教学试验数据分析 ·······200
　　　　7.3.1　质性研究 ·······································200
　　　　7.3.2　定量研究 ·······································207

**8　总结** ·····················································210
　　8.1　观点总结 ···············································210
　　8.2　研究创新 ···············································212
　　8.3　改进方向 ···············································213

**参考文献** ···················································216
**附录 A　调查问卷** ···········································221
**附录 B　信息技术环境下基于问题解决的数学教学设计与教学实施案例** ···223
　　案例 1　课堂网络教学环境下"平行线的性质"(第一课时)教学设计及
　　　　　　课后反思 ···········································223
　　案例 2　课堂网络教学环境下"分式方程"(第一课时)课堂教学全程实录 ···230
　　案例 3　课堂网络教学环境下"平面镶嵌"教学设计案例 ···········239
　　案例 4　课堂网络教学环境下函数的奇偶性教学案例 ·············251

**后记** ·····················································262

# 1

## 绪　　论

进入 21 世纪，以计算机、多媒体与网络通信技术为核心的现代信息技术迅猛发展，社会逐步迈进以知识创新和应用为重要特征的知识经济时代。现代信息技术在社会生活各领域的渗透和普及，改变着人们的工作方式、学习方式、思维方式乃至生活方式，并引发当代教育的变革。"当代信息技术的发展和普及，将成为人类文化发展中的第三个里程碑。"(桑新民，1997)现代信息技术开创了一个崭新的历史纪元，教育则是首当其冲发生最大变革的领域之一。"在迎接知识经济的挑战中，教育应该成为先导性、全局性、基础性的知识产业和关键的基础设施，从而置身于国家优先发展的战略重点地位。我们认为，今天我国包括课程教学改革在内的教育改革必须是面向素质教育的，必须是基于信息技术的。"(钟启泉等，2001)信息时代，知识的编码化和数字化将人类带入知识经济与数字化生存的知识社会，知识老化的速度大大加快，因而，"终生学习"成为教育所追求的目标。在此目标引领下，教育领域发生了"教学范式"向"学习范式"的转换。整个教育界的变革姿态无疑都在表明人们对此范式转换的认可及推进。在对教育提出挑战，同时又提供支持的矛盾互动中，教育技术领域的范式转换也发生了。总的来说，教育技术从"支持教师的教"转换为"支持学生的学"。

教育新范式及其教育技术新范式虽然给教师留有无限发展的空间，但更多的是向教师提出了严峻的挑战。伴随着信息技术的快速发展并向教育领域的全面渗透，以及学习科学对人的学习本质的不断揭示，"学习即感知与环境给养的互惠"，"教学即创设学习环境"已成为学习与教学的主流隐喻(Jonassen et al，2003)。同时，创设学习环境、培育学习者共同体成为教学设计者的新的追求。从教育领域来看，这一从教到学的观念的转变，也导致了教学设计范式的转变，教师所遵从的传统教学设计理念与方法受到了极大的冲击，新范式下的教学设计是"以问题为中心"和"面向过程"为特征的"学教并重"(何克抗等，2002)的系统规划过程。

从教育技术领域来看，"有效地将信息技术整合于课程之中"恐怕是教师所面临的最为迫切的任务。为了深刻理解新范式的理念，并将之有效地应用于具体的教学实践中，教师必须学会如何有效地利用信息技术"支持学生的学"。

　　结合当前的数学教育研究与数学教学实践,我们不难看出数学教师在数学教育领域与教育技术领域所承受的挑战是互融性的。没有教育技术的支持,教师进行数学学习过程设计的广度与深度就会受到影响;而不在体现新范式理念的具体数学教学情境中实践信息技术,教师也不可能真正有效地将信息技术整合于数学课程的教学之中。

　　如何从"信息技术与数学课程整合"的视角寻找一个恰当的切入口,帮助教师在体现新范式理念的具体情境中有效地将信息技术整合于数学课堂教学,并最终掌握数学教学设计的理论与方法,正是目前推进数学新课程有效实施亟待研究的课题。

## 1.1　信息技术环境下基于问题解决的数学教学设计研究的背景和意义

### 1.1.1　素质教育——时代的呼唤

　　现代社会使人对生活质量的要求更高了,而高质量生活的一个重要内涵是,人能更科学地、更健康地思维,特别是人必须有很强的创造性,这种创造性不仅是为了发明或发现什么,还在于要使人更好地适应竞争和发展的时代,更有创意地生活(郭思乐,喻纬,1997)。现代社会心理学研究表明,人适应现代社会并有所作为的关键在于其能否提出问题、分析问题和创造性地解决所面临的各种问题。同时,现代教育学研究表明,提高学生适应现代社会且为社会做出更大贡献的能力是学科教育要研究解决的最终目的。

　　作为教育的组成部分,数学教育在这种变革时代必然要提出新的社会目标,这些目标同单纯局限于掌握学科基本知识的状况已大不相同。美国数学教师理事会(National Council of Teachers of Mathematics, NCTM)认为这些新的社会目标包括:

　　(1) 具有数学素养的工作者;

　　(2) 终身学习;

　　(3) 机会人人均等;

　　(4) 成为活跃的选民。

　　正是出于这样的考虑,美国国家研究委员会(National Research Council, NRC)在 1989 年指出,当今的社会是数学化的社会,"在离开学校的时候认识如此少的数学,学生又如何在此数学化的社会中竞争呢?"NCTM 在 1989 年颁布的《学校数学课程与评估标准》(*Curriculum and Evaluation Standards for School Mathematics*)中,著名的工业数学家波拉克(Henry Pollak)总结了新型企业对员工在数学方面的期望:

　　(1) 通过适当的操作提出问题的能力;

(2) 具有包含各种技术的知识，以便就问题进行工作；

(3) 理解问题中潜在的数学特征，具有就问题同他人一起工作的能力；

(4) 具有能够看清数学思想在通常和复杂的问题中应用的能力；

(5) 对开放的问题情境有所准备，因为大多数实际问题并不是十分正规地形成的，相信数学的用途和价值。

因此，新的数学教育目标提出着重于培养学生以下几个方面的数学素养：

(1) 能评价数学的价值；

(2) 相信自己的数学能力；

(3) 成为数学问题的解决者；

(4) 学会数学地交流；

(5) 学会数学地推理。

可以看出，无论是上面数学教育的社会目标还是数学素质的要求，其核心都是非常强调认识数学的价值、发挥数学的价值，使学生具有识别问题、分析问题以及数学地解决问题的能力。

目前，我国正在全面推进基础教育课程改革，努力通过新课程改革实践落实素质教育理念。素质教育的宗旨是全面提高国民的综合素质和民族创新能力，使他们能够更好地适应现实世界且为现代社会做出更大的贡献。在教育部 2001 年颁布的《全日制义务教育数学课程标准 (实验稿) 》(以下简称《标准》)中，同样注意到社会变化所带来的数学教育目标的改变。《标准》在对义务教育阶段数学课程目标进行界定、说明时，无论是在总体的目标还是在具体阐述部分，都强调提高学生解决问题的能力，并将数学课程目标具体分为知识与技能，数学思考，问题解决，情感、态度与价值观四个部分。在这四个部分中，问题解决可以说是课程目标的核心。

数学教育发展的历史已经表明，数学课程的产生和发展总是伴随着生产力水平同步前进的，传统的以"读、写、算"为核心的基础学力要求已难以适应时代发展的要求。就数学课程和教学而言，不仅要让学生掌握数学基础知识和基本技能，培养一些具体的数学能力和数学素养，更重要的是应以适应未来终身学习为目标，逐步培养学生的发展性学力和创造性学力，如自学能力、探究能力、合作交流能力、问题解决能力等。

总的来说，重视问题解决在数学教学中的作用，培养学生问题解决的能力体现的是时代的要求，即是人类社会由工业社会经由信息社会向知识经济社会转型的必然产物。因此，开展数学问题解决教学的研究也就具有了时代特色，因为这直接关系上述目标的实现与否以及实现质量的差异。

## 1.1.2　信息技术与数学课程整合——数学教学改革的新趋势

知识经济时代，"以培养学生创新精神与实践能力为本的教育将是知识经济的中心，这种着眼于知识创新的教育必然是以人的终身学习为基点的"(钟启泉等，2001)。终身学习是贯穿于人一生、不断提出问题、解决问题的学习，是敢于打破狭隘的专业界限、面向真实复杂任务的学习，是与他人协作、分享、共进及不断进行自我反思的学习，是以信息技术作为强大认知工具、将真实情境与虚拟情境融会贯通的学习。可以说，终身学习最根本的基石就是作为高科技的信息技术与相关教育新理念的融合。

信息技术已经成为营造新型学习文化的强有力的催化剂，教育领域中的任何改革，包括课程与教学改革在内都不可能置它于不顾。课堂教学由传统的教师—教学内容—学生的三维空间转向教师—信息技术—教学内容—学生的四维空间，信息技术成为教学系统中的重要组成部分。那么，教育应如何迎接这场新世纪的挑战，信息技术在这场教育教学变革中应扮演什么样的角色呢？

早在 1996 年，美国教育部就颁布了第一个国家教育技术计划——《让美国学生为 21 世纪做好准备：迎接技术能力的挑战》。该计划提出了一个以四项国家教育技术目标为导向的广泛改进教与学的远景设想。2000 年年底，为了进一步落实将技术应用到教育中的承诺，美国又颁布了《数字化学习——美国国家教育计划》。在这一新的计划中，美国联邦教育部部长理查德·W·赖利向国会和政府提出了新的国家教育技术目标，即 E-learning: putting a world-class education at the fingertips of all children。翻译成中文就是："数字化学习：让所有的孩子随时都能得到世界一流的教育。"该计划共包括以下五个目标。

目标 1：所有的学生和教师都能在教室、学校、社区以及家庭中使用信息技术；

目标 2：所有的教师都将能够有效地运用技术帮助学生达到较高的学业标准；

目标 3：所有的学生都要具备信息技术方面的知识与技能；

目标 4：通过研究与评估，促进新一代技术在教与学中的应用；

目标 5：通过数字化内容和网络的应用改革教与学。

分析美国教育部 2000 年有关 E-learning 概念的权威论述，它所要达到的教育改革的途径和目标是利用现代信息技术手段，通过信息技术与学科课程的有机整合来实现一种理想的学习环境和全新的、能充分体现学生主体作用的学习方式，从而彻底改革传统的教学结构，达到培养大批具有 21 世纪能力素质的人才的目的(何克抗，2005)。

目前，在我国现代信息技术与学科教学整合已成为教育信息化与教育课程改革的核心问题。教育部颁布的《基础教育课程改革纲要(试行)》在关于教学过程的阐述中提出："大力推进信息技术在教学过程中的普遍应用，促进信息技术与学科课程的整合，逐步实现教学内容的呈现方式、学生的学习方式、教师的教学方式和师生互动方式的变革，充分发挥信息技术的优势，为学生的学习和发展提供丰富多彩的教育环境和有力的学习工具。"该纲要的颁布，标志着我国新一轮基础教育课程改革与中小学教育信息化走向合轨，同时也为信息技术与数学课程整合指明了方向。

近代世界史证实"国家的繁荣昌盛关键在于高新技术的发达和经济管理的高效率……高新技术的基础是应用科学，而应用科学的基础是数学"（王梓坤，1994）。这一结论充分说明高新技术学对国家建设的重要作用。计算机的出现及广泛应用使数学已不仅是一门科学，还是"一种关键的普遍适用的并授予人以能力的技术"（王梓坤，1994）。因此，计算机和网络通信技术的介入，对数学及数学教育现状产生了极大的影响。

信息技术改变了以往人们对数学的看法，使传统的一支笔、一张纸的数学研究形式受到了强烈冲击，同时也使数学教育的观念、内容和方法发生了变化。因此，从理论与实践上探讨数学教育与现代信息技术的关系，是世界各国数学教育改革的核心课题。

近年来，世界各国都十分重视信息技术在数学教育中的应用。例如，我国香港中学数学大纲强调信息技术可在数据分析、模拟工具、图象显示、符号运算及观察规律等多方面应用数学教学。英国国家数学课程标准要求给学生提供适当的机会来发展并应用信息技术学习数学的能力。美国 2000 年标准最大的特点就是强调科学技术与数学教学过程的结合。2000 年标准提出的"技术原理"指出，"数学教学设计应当利用现代技术帮助学生理解数学，并为他们进入技术不断增强的社会做好准备"（郑毓信，2001）。

我国数学教育界也在为实现信息技术与数学教学整合作积极努力。《标准》强调信息技术对数学教育的影响。《标准》指出："现代信息技术的发展对数学教育的价值、目标、内容以及学与教的方式产生了重大的影响。数学课程的设计与实施应重视运用现代信息技术，特别要充分考虑计算器、计算机对数学学习内容和方式的影响，大力开发并向学生提供更为丰富的学习资源，把现代信息技术作为学生学习数学和解决问题的强有力工具，致力于改变学生的学习方式，使学生乐意并有更多的精力投入到现实的、探索性的数学活动中去。"

同时在关于课程资源的开发和建设上，《标准》指出："一切有条件和能够创造条件的学校，都应使计算机、多媒体、互联网等信息技术成为数学课程的资源……充分发挥信息技术的优势，为学生的学习和发展提供丰富多彩的教育环境和有力的学习工具；为所有学生提供探索复杂问题、多角度理解数学思想的机会，丰富学生数学探索的视野……"

可以看出，我国新一轮的数学课程改革非常重视信息技术在数学教学中的应用，新的课程标准在课程资源的开发上，在教学过程中都特别强调现代信息技术的运用。信息技术的飞速发展使数学教学面貌发生了前所未有的变化，信息技术成为数学教学系统中的基本要素。因此，如何使信息技术成为学生学习数学和解决问题的强有力工具,利用信息技术创设生动的学习情境,使学生乐意并有更多的精力投入到现实的、探索性的数学问题解决活动中去,以达到全面提高数学学科的教学质量、培养学生的创新精神和实践能力的目标必将成为信息时代中小学数学教学与研究的一个重要课题。

### 1.1.3　问题解决思想渗透到数学教学领域

数学作为一门科学,它的产生是从生活当中的实际问题开始的。古人结绳计数为的是要知道生产生活的数量。几何学在埃及萌芽是为了解决尼罗河流域的土地测量问题。我国秦汉时期的数学著作《周髀算经》和《九章算术》,都是当时的数学家解决生产和生活中的数学应用问题的成果汇集。数学问题在数学发展进程中具有举足轻重的地位和作用,可以说它是数学生命的源泉、数学前进的杠杆。一部数学发展的历史可以说是形形色色的数学问题被发现、被提出,进而被解决的过程。诚如大数学家希尔伯特所说:"只要一门科学分支能提出大量问题,它就充满着生命力;而问题缺乏则预示着独立发展的衰亡或中止。"数学是由问题构成的,数学的一切都可以说成是数学问题的衍生物,数学最终的真正目的是发现问题和解决问题。

数学成为学科之后,仍然有着突出的以问题为核心的特征。尤其在信息时代,人们必须面对不断变化的情况进行选择、决策。数学教育的目的是让学生能够在这个千变万化、充满疑问的、有时是没有确定答案的世界里,借助数学的思想、语言对实际问题进行分析和预测,数学学习能力的形成就在于数学问题解决能力的形成。

现代数学教育理论认为,"数学教学是数学活动(思维活动)的教学"(斯托利亚尔,1984)。它不仅是数学思维活动的结果——数学知识的教学,而且更是数学思维活动过程的教学。学习数学应被看成是亲自参与数学思维活动以及建构数学知识这二者的综合体。"我们可以将数学思维看成动态数学,数学知识看作静态数学,这两者是辩证统一的。数学思维可以发现和导致数学知识的产生,而数学知识可以折射和渗透出数学思维。数学思维,就是以数学问题为载体,通过发现问题、解决问题的形式,达到对现实世界的空间形式和数量关系的本质关系的一般认识的思维过程。"(张乃达,1990)这充分表明数学思维活动的最直接表现形式就是数学问题解决。

在 20 世纪 60 年代席卷大半个地球的"新数学"运动,由于过分强调数学的抽象结构,忽视数学为现实生活服务,终以失败而告终。70 年代又提出了"回到基础",但这一口号被认为是消极的。80 年代以来,在基础教育改革中,全世界都出现了一个比较显著的趋势,即将问题探究引入到教学设计之中。为了提出未来美国数学教育的目标,1980 年 4 月,NCTM 公布了一份指导 80 年代学校数学教育的纲领性文件《关于行动的议程》。该文件指出："80 年代的数学教育大纲，应当在各年级都介绍数学的应用，把学生引进问题解决中去。""数学课程应当围绕问题解决来组织"，"数学教师应当创造一种使问题解决得以蓬勃发展的课堂环境"。该文件首次提出"必须把问题解决作为学校数学教育的核心"。NCTM 在 2000 年出版的《学校数学的原则与标准》(*Principles and Standards for School Mathematics*)这一指导新世纪美国数学教育改革的纲领性文件中，提出了关于数学教学的五个内容标准，另外还有五个原则是关于数学学习的过程标准，包括"问题解决"、"推理与证明"、"交流"、"联系"和"表示"。其中，"问题解决"标准指出：应帮助学生通过问题解决获得数学知识；养成表述、抽象、一般化的思维习惯；能应用多种解题策略解决问题，并能对解题过程中的思维活动作出调节和反思。该标准还指出，问题解决不仅是数学教育的一个主要目标，即应努力提高学生问题解决的能力，而且也是学生学习数学的一个重要手段，即可通过问题解决获得新知识。

在我国"问题解决"的论题也受到数学教育研究者的广泛关注。人民教育出版社编审张孝达先生指出："数学教育应该以解题为中心。"华东师范大学张奠宙教授提出"以问题解决为主导"是数学教育改革的突破口。东北师范大学校长史宁中(2007)教授提出，"基础教育学科教学实施素质教育的基本路径是：变'双基'(基础知识、基本技能)为'四基'(基础知识、基本技能、基本思想、基本活动经验)，变'双能'(分析问题、解决问题)为'四能'(发现问题、提出问题、分析问题、解决问题)，尤其需要变长期因袭的单向演绎思维训练为演绎思维与归纳思维并重的训练。"这都说明了问题解决在中学数学教育中的特殊地位。

义务教育阶段新的数学课程标准《数学课程标准》(实验稿)在"注重过程、发展为本"的基本理念下，始终贯穿"解决问题"的思想内涵："解决问题"是"发展性领域目标"的重要组成部分，在"知识技能领域目标"中则强调运用所学数学知识和数学技能解决问题、进行交流。《标准》中使用"解决问题"一词共计 162 处，遍布于基本理念、课程目标和课程教学建议的各个部分，成为贯穿《标准》的核心概念之一。在课程标准总体目标中指出，通过义务教育阶段的数学学习，"学生要初步学会从数学的角度提出问题、理解问题，并能综合运用所学的知识和技能解决问题，发展应用意识。形成问题解决的一些基本策略，体验解决问题策略的多样性，发展实践能力与创新能力。学会与人合作，并能与他人交流思维的过程和结果。初步形成评价与反思的意识。"从新课程改革的基本取向来看，新一轮基础教育数学课程改革是一场教育价值观和人才培养理念的变革。学校教育的价值观积聚到为每一个学生的终身学习与发展上，学科"育人"的功能被进一步确立。第一，在"大众数学"背景下，提出了"以学生发展为本"的课程理念，认为人人能够学会数学，每个学生都有平等的学习机会，要求数学教学必须关注学生个体需要和个别差异，数学问题要贴近生活和学习者的经验，要有一定的开放性，为学生提供可供选择的动态生成性课程，能够较好地落实学生个体差异，促进每个学生的发展。第二，确立了知识与技能、数学思考、解决问题、情感态度与价值观四位一体的课程目标，对数学的思维品质和解决问题的能力提出了较高的要求。第三，新课程倡导的合作交流、探究学习方式，要求教师必须研究促进学生有效学习的教学设计，需要为学生提供解决问题的时空和探究问题所需的环境与工具。第四，数学应用和课程的综合性要求学生必须学会综合运用所学知识和学习经验解决实际问题，需要加大力度培养学生数学创造性思维品质和解决实际问题的能力。第五，重视对学生进行发展性评价。以知识立意的考试形式逐渐向以能力立意的考试形式转变，多样化的评价内容和方法突出了激励、诊断和导向功能，把评价和教学过程紧密结合起来，把评价和学生实际的问题解决能力结合起来。新课程改革不再局限于如何教"数学"，而同时重视其"教育"性，课程不再局限于"文本课程"，而是重视其动态生成性和学习者的体验，重视促进学生全面发展和可持续发展。由此可见，在美国和国际数学教育会议的推动下，问题解决受到了世界各国数学教育界的普遍重视，不仅成为国际数学教育界研究的重要课题，而且是继"新数学"运动和"回到基础"之后兴起的国际数学教育发展的潮流(付海轮，1999)。

　　"教育学的逻辑起点是教育活动"(何克抗，2005)，数学教学的逻辑起点就是数学问题解决活动。数学教学只有抓住这个数学的"源头活水"，从数学问题解决活动出发，返璞归真，才有可能消解因数学高度抽象和形式化而给学生理解数学带来的障碍。特别是在当前数学新课程全面实施的过程中，建构与新课程基本理念相适切的数学问题解决教学理论就成为教学理论研究者与教学实践工作者的应有之义，成为全面推进新课程改革与实施的必由之路。

### 1.1.4　学习理论发展引起基于问题解决的数学教学研究视角的迁移

　　基于问题解决的教学并非是一个崭新的事物，其起源可追溯至我国古代孔子的"叩竭法"，西方学者苏格拉底的"产婆术"更是以一问一答的形式将问题和问题解决在谈话中进行到底。可见，自古人们就非常重视问题的作用了。但无论是孔子还是苏格拉底都是为了让学生更好地接受而不是建构教学内容，主要关注问题的外在形式以传播他们的观点，这是基于问题解决的教学的雏形。随着社会的不断发展，人们对知识的理解发生了巨大的变化。从历史发展的角度来看，基于问题解决的教学思想是逐渐明晰起来的：逐渐从教学的"后台"走向"前台"，从隐性渐变为显性。在20世纪50年代后期，"如何教"是教学研究的重点；60年代后期，"教什么"成为研究的重点；70年代后期，研究围绕"为何教"而展开(徐英俊，2001)；80年代以加涅为代表建立在信息加工心理学理论基础上的"第一代教学设计理论"仍将问题解决作为隐性课程，关注静态的客观知识；90年代以信息加工理论和建构主义的学习理论为基础的"第二代教学设计理论"才试图将问题解决作为显性课程，关注主动的建构知识。正如认知心理学家 R.E.Mayer 呼吁的："现在是使问题解决脱离隐性课程，纳入学校各学科的显著可见部分的时候了。"现阶段的基于问题解决的教学就如教学生游泳一般，是让学生"在游泳中学会游泳"，即让学生在问题解决过程中学会问题解决，知道"是什么、为什么和怎么办"。正如杜威(J.Dewey)和维特根斯坦 (L.Wittgenstein)等所持有的"知识的意义存在于对知识的用法之中"，基于问题解决的教学就是让学生在问题解决的过程中来学习和理解知识，寓知识的学习于问题解决过程中；知识是在问题解决过程的思考、协作和对话中不断体验、不断建构起来的。这也正是建构主义思想在基于问题解决的教学中的应用和体现。

"问题解决"自从 20 世纪 80 年代提出以来，一直是国际数学教育领域关注的热点问题。但随着学习理论的发展和人们对数学本质认识的不断深化，在不同阶段表现出了不同的侧重点和研究视角。20 世纪 80 年代初期以及中期的问题解决研究，关注数学问题类型、数学问题解决的策略、数学问题解决能力的分析，在一定程度上，上述各方面都被视为可以加工与提取的、静态的、客观的知识。问题解决研究的目的为数学教学服务，教师的教学就是对这种知识的传递或者希望学生获得这样一些知识。问题解决研究局限在信息加工层面中展开，最终的落脚点是如何教学生单纯地解题。这种框架下的教学正如有人指出"教师是将数学问题解决的技巧(如进行作图、分别取特殊值、寻找模式、列方程等)还是作为与学科内容一样的东西教给学生，其定位是'教问题解决'，希望学生学会解题，并布置一些数学问题让他们进行实践，以便掌握这些解题技巧。可以推知，学生通过接受这种类型的数学问题解决教学(在课程中通常单独作为一部分)，在他们的'数学工具箱'中，除了已经学习的各种数学事实与运算程序之外，只不过增加了数学问题解决的技巧。这一扩展了的知识体系大致组成了学生的数学知识与数学理解"(Staniic, Kilpatrick, 1988)。

20 世纪 80 年代后期，特别是进入 90 年代以后，学者们对问题解决的研究提出了一些新的观点，人们已经不满足于原有的问题解决观点，许多研究认为问题解决与数学教学应该在更为宽广的背景中得到认识，而不仅仅是限于对问题解决过程、问题解决能力的信息加工层面的分析，甚至不能局限于学校数学的认识范围。越来越多的研究认同数学课堂应包括知识的社会建构与社会分布的问题解决等方面的情境化的集体实践。这些认识启发我们不能仅从数学课程与教学出发来考虑问题解决与数学教学，而要更加深刻地认识问题解决需要借助数学之外的成果，诸如学校之外人们的学习、解决问题的性质、特点等，这些方面启示研究者考虑更为基本的人的学习本质，从人是如何学习的、这种学习方式对教学提出怎样的要求与启示出发来认识问题解决与数学教学。

随着学习理论研究的深入，研究者对人的学习本质认识的不断深化，在这样一种状况下,人的学习的建构本质、社会协商本质和参与本质越来越清晰地显现出来,与之相应的新的教学隐喻也逐渐得以确立,这些赋予问题解决以新的功能(乔连全等,2005)。

把信息技术与数学课程进行整合是当前数学教学改革的一个趋势。但是如何深化整合的层次,是一个尚待研究的课题。随着我们对数学问题解决功能的认识发生转变,随着信息与通信技术的迅速发展,如何从各种流派的学习理论中汲取营养,结合数学学科的特点,深入开展符合学生认知规律的基于问题解决的数学教学研究,以便充分挖掘学生的学习潜能,培养学生的终身学习能力,满足社会对创造性人才的需求,正是目前数学教育领域亟待研究的课题。

### 1.1.5　中国基于问题解决的数学教学现状

在教学过程中,最为重要、最有潜在性和可能性的,也是变化最大的,就是学生的思考。启发学生的思考能力不但使枯燥、艰涩的教学活动变得生动而有趣,并且更能实现教学的目的。然而我们的教学恰恰忽视这个极为重要的方面,思维教学几乎成为一片“荒漠”。教学之所以会出现严重的问题和缺陷,正是受了错误观念的影响。“把教学的对象——教人当成了教课本,把教学的目的——助长学生的发展当成了升学,把教学的内容充实生活材料,用以发展创造能力的滋养品代以入学考试试题,把教学活动——探索与创造活动代以念课本、记课本、背课本和考课本的活动,一句话,只在升学和考试中兜圈子,永远达不到教育改革的目的,甚至南辕北辙地摧毁了具有创造能力的学生,斩断了他们原可以成为‘人’的潜能,而使他们变成性能并不优越的记书机和背书机。”

中国的数学教育不太重视问题发现的教育和研究。中国的学生热衷于和习惯于去解一大堆人家提出的数学问题,而不会考虑这些问题是怎样被发现的,哪怕是怎样编造出来的;中国的教师热衷于和习惯于去编制很多的数学问题(题目)让学生去解,而很少考虑怎样去指导学生自己提出问题和发现问题,哪怕是指导学生自己去编制问题(题目)。

一个令人深思的例子是,在国际奥林匹克数学竞赛授奖大会上,发奖时中国学生很风光,因为取得金牌居多。但发奖后就不同了,中国学生怀抱奖牌端坐着,而西方一些国家的学生则蜂拥而上,向数学家们提出一大堆奇怪的问题。

一个反常的事实是,在我国年级越高的学生,提问题的积极性越低,甚至到了大学,更是难得有学生向老师提问,哪怕是书本中不大懂的问题,更不用说提出有价值的问题。

这种相应于学生思维发展水平的“倒挂”现象的根源,在于我国的数学教育和教学不重视培养,或者说忽视了培养学生发现问题、提出问题的能力,无意中扼杀了学生提问题的积极性。因此,受教育程度越高,受教育越多,就越缺乏提问的激情。有对比调查表明，我国学生数学问题解决的能力与数学考试成绩呈反差现象(盛志军，2001)。事实上，在传统的数学教学实践活动中，许多教师重视数学的逻辑运演形式，关注学生课堂上数学概念和法则的学习和系统消化，将数学问题解决仅仅看做是概念和规则的应用，从未将数学问题解决作为直接的教学目标。重有限知识的"学会"，轻无限知识的"会学"；重单向独白的"传授式教学"，轻双向对话的"探究式教学"；重间接书本知识系统的"学数学"，轻直接生活领域的"做数学"(朱德全等，2005)。由此导致"中国数学教育脱离实际，是一个严重的弊端"(张奠宙等，1994)。这些弊端主要表现为忽视应用，忽视数学问题、概念、原理产生的背景；将数学内容孤立起来，忽视数学与生活、与其他学科的联系；过多的抽象推理和繁杂计算，剥夺了学生追求真理、从事探索、创造等活动，体会把复杂的现象抽象成数学模型和规律，将现实问题抽象成数学问题，运用数学去描述、分析问题，进而进行数学操作的过程的机会；数学表征形式单一，过分形式化和符号化，缺乏用图表、图形、文字语言等进行交流、表达思想的机会等。由此我们不难发现，传统的数学教学实践活动严重削弱甚至抹杀了数学的工具性、应用性、文化性、方法性等人文特征。基于此，我国第八次基础教育课程改革于 21 世纪初拉开帷幕。数学新课程将素质教育思想与"以学生发展为本"的核心理念具体化为："人人学有价值的数学，人人都能获得必需的数学，不同的人在数学上得到不同的发展。"这一提法反映了义务教育阶段面向全体学生，体现基础性、普及性和发展性的基本精神，代表着一种新的数学课程理念和实践体系。

这一基本理念内含了数学新课程的五大"改变"目标：改变数学课程过于注重知识传授的影响，强调使学生形成积极主动的学习态度，使获得基础知识与基本技能的过程同时成为学会学习和形成正确价值观的过程；改变数学课程结构过于强调学科本位与缺乏整合的现状，使数学课程结构具有均衡性、综合性和选择性；改变数学课程内容繁、难、旧、偏重书本的现状，加强数学课程内容与学生生活以及现代社会科技发展的联系，关注学生的学习兴趣和经验，精选终身学习必备的基础知识和技能；改变课程实施过于强调接受学习、死记硬背、机械训练的现状，倡导学生主动参与、乐于探究、勤于动手，培养学生搜集和处理信息的能力、获取新知识的能力、分析和解决问题的能力以及交流与合作的能力；改变课程评价过分强调评价的甄别与选拔的功能，发挥评价促进学生发展、教师提高和改进教学实践的功能。

由数学新课程的基本理念又衍生出数学教学的具体理念，即数学教学应是基于"项目研究的学习"的教学，基于"问题解决学习"的教学，基于"丰富资源学习"的教学等。在此情况下，"数学应用意识的孕育"、"数学建模能力的培养"、"联系学生的日常生活并解决相关的问题"、"重视数学应用，还数学以本来面貌"等重视培养学生实践性思维的思想和做法在当今的数学教学中日益受到重视，使得培养学生的应用意识和应用能力成为数学新课程的一个核心目标(刘兼等，2002)。

　　课程改革需要理论的支撑,需要理论与实践的对话,需要在明确改革面临的问题和挑战的基础上,寻求合理基础支持下的思维方式和教学范式变革。教学设计是现代教学理论体系中一个迅速发展的研究和实践领域。由于教学设计具有典型的桥梁学科和应用学科的性质,沟通了理论和实践,因此,不管是教育技术学,还是教学论、教育心理学都在从不同的视角进行探索和实践。基础教育数学新课程改革的理念和目标能否成为实然,最终必以教学质量的提升和教学效率的提高为判据。教学质量与教学效率最大化的关键是教学系统构成要素在各自获得最佳发展的同时形成最优化整合,以彰显"整体大于部分之和"的系统功能。作为教学整体系统具体化表征形态的教学设计,以其贯通数学新课程基本理念与数学教学实践的桥梁与中介性质,承载了实现新课程基本理念具体化、外显化、操作化与教学实践概括化、结构化、理论化的双重任务。建构与新课程基本理念相适切的教学设计就成为教学理论研究者与教学实践工作者的应有之义,成为全面推进新课程改革与实施的必由之路。

　　基于信息技术在数学教学中的重要性以及问题解决思想与数学教学的融合,研究信息技术在基于问题解决的数学教学中的应用成为一个很有必要的课题。如何发挥信息技术在数学问题解决过程中的作用,有效地改变学生的学习方式;如何进行信息技术环境下的基于问题解决的数学教学设计,引导学生主动参与到问题解决活动中等问题成为数学教育界亟待解决的课题。

## 1.2　信息技术环境下基于问题解决的数学教学设计研究的历史与现状分析

### 1.2.1　国内外信息技术与数学课程整合研究概况

#### 1.2.1.1　国内外信息技术与课程整合概况

　　美国政府历来重视信息技术教育和信息技术在教学中的应用。美国教育部在《让美国的学生为 21 世纪做好准备:迎接技术素养的挑战》(*Getting America's Students Ready for the 21st Century: Meeting the Technology Literacy Challenge*)的教育技术计划中提出,把计算机作为美国教育的"新的基础",把因特网作为"未来的黑板",并确定了具体的教育技术目标。在过去的 20 年中,教育技术成为美国联邦政府实施改革和制定政策的主要焦点。这些改革和政策的目标是:增长学校和教室中计算机的可获得性,帮助学校接入因特网,向教师提供技术培训,为教师提供在课程中整合技术所需的资源和指导。

　　美国是较早地提出信息技术与课程整合的国家,在它的"2061 计划"中专门提出了信息技术与各学科课程整合的思想,并于 1996 年成立了评价和监控美国中小学信息技术与课程整合进展情况的组织。该组织对信息技术与课程整合的进展情况进行了跟踪评价，并每年发表一个报告，对本年度信息技术与课程整合情况进行总结。

2000 年，美国教育技术国际协会(International Society for Technology in Education，ISTE)公布出版了《国家教育技术标准(学生)》(*National Educational Technology Standards for Students*)一书，详细列出了从学前到 12 年级的技术应用于教学的国家标准，核心是将课程与技术有机地结合起来，同时还提供了大量的参考案例。此书是对前几年研究成果的总结，并把它以国家标准的形式确定下来，以鼓励教育领导者们提供能造就有技术能力的学生的学习机会。

美国的《国家教育技术标准》中明确指出：课程与技术应用的整合在于将技术作为工具导入教学，以提高某一内容领域或跨学科情境中的学习，技术使学生能以前所未有的方式学习。只有当学生能够选择技术工具来帮助他们适时地获取信息、分析和综合信息，并能专业化地呈现信息时，才能达到有效的技术整合。技术应成为课堂活动不可分割的一部分，并像其他课堂工具一样便于应用。

英国于 20 世纪 60 年代初就开始在中学开设计算机科学(computer science)课程。但那时计算机课程仅限于孤立的学科知识教学，并没有对其他课程的教与学产生影响，甚至计算机课程教学自身也主要采用传统的"粉笔加黑板"的教学模式。

随着计算机科学与技术的发展，教学软件的开发与计算机辅助教学应用逐渐普及，计算机作为学习工具的功用不断丰富拓展，对其他学科教学的渗透与影响日益显现。凡·维特先生于 1986 年最早创立了 IT(information technology)，即"信息技术"这个名词。"信息技术"概念内涵区别于"计算机科学"，其范畴大了许多，并重在操作应用。1988 年撒切尔政府颁布《教育改革法》(*Education Reform Action*)后，英格兰和威尔士的学校开设了单列的信息技术课程，苏格兰也在学校的环境科学课程中增加了有关信息技术的教学内容。

凡·维特先生同时还将学校里所有与信息技术相关的教学活动作了逻辑梳理，提出 IT 类型概念。第一类，关于信息技术科学的学习(learning about IT)；第二类，信息技术作为辅助工具支持学习(learning with the aid of IT)；第三类，信息技术作为学习的途径(learning by means of IT)；第四类，信息技术作为学校管理的辅助技术(IT as an aid to school management)。这种关于信息技术学习类型与逻辑体系的思想理论，对英国信息技术教育实践的改革与深化起到了总结性与策略性的指导作用。

20 世纪 80 年代后期，信息技术教育的四种类型逐步向两大层次分化和整合：第一层次是在第一类 learning about IT 的基础上发展起来的信息技术科学自身的课程体系(IT 课程体系)，体现信息学科专业化的进程；第二层次是其他三类的综合发展，应用信息技术工具支持其他课程教与学的发展，体现信息技术应用与信息文化素养的普及进程。第二层次实践活动的主要途径是计算机辅助教学软件 CAL 和计算机管理教学软件 CML 开发应用的普及，其特征为英国信息技术与课程教学整合早期阶段的特征。

20 世纪 90 年代以后，网络技术的普及使第二层次的信息技术应用与信息文化的普及教育进一步深化，最重要的标志是 ICT(information and communication technology)理念的诞生及其深入人心。

1997 年 10 月，新上任的英国首相布莱尔亲自代表政府发布题为《连接学习化社会——国家学习信息系统建设》的"政府咨文报告"，宣布英国国家学习信息系统建设计划的正式启动。英国国家学习信息系统(grid for learning)是开发与应用在线学习、教学与公众服务的国家信息网络体系。英国国家学习系统首先面向教育系统。根据国家学习信息系统建设计划，学校将实现整体改革方案，加强信息技术资源与校园信息文化环境的整体建设，全面提升教育标准。

总体而言，自 1959 年美国 IBM 公司研究出第一个计算机辅助教学系统以来，信息技术教育应用在发达国家大体经历了三个发展阶段：计算机辅助教学(computer-assisted instruction，CAI)阶段、计算机辅助学习(computer-assisted learning，CAL)阶段和信息技术与课程整合 (integrating information technology into the curriculum, IITC)阶段。信息技术与各学科课程整合是 20 世纪 90 年代中期以来，国际教育界非常关注、非常重视的一个研究课题，也是信息技术教育应用进入第三个发展阶段(大约从 20 世纪 90 年代中期至今)以后信息技术应用于教学过程的主要模式。在这一阶段，原来的计算机教育概念完全被信息技术教育所取代(何克抗，2005)。

我国的信息技术与课程整合是从最早的计算机教育应用的研究开始的。20 世纪 80 年代初期，我国学术界还处于对国外计算机辅助教育理论的评介阶段，在电化教育刊物中几乎没有关于实践研究的讨论。随着 1984 年邓小平关于"计算机教育要从娃娃抓起"这一口号的提出，我国开始尝试进行计算机学科教学与计算机辅助教学。软件一直是计算机辅助教育的核心，伴随着软件开发技术的不断发展，学术界的理论热点也从最初技术手段的视线转移到了软件在教学中的整合应用。80 年代中后期以来，"课件"、"CAI"等词频繁地出现在各个栏目的文章中。2000 年以来，信息技术与课程整合逐渐成为了学术界关注的热点。

国内真正开展信息技术与学科教学整合的实践则是从"小学语文四结合"课题开始的。1994 年，由原国家教委基础教育司立项，组织了"小学语文四结合"教学模式改革实验课题。该实验研究无论在识字、阅读还是在作文教学方面都取得了一定的突破，不仅促进了语文教学结构的改革，而且使学生在学习语文的同时获得了一定的信息技术基础知识与能力。1996 年，教育部全国中小学计算机教育研究中心推广"几何画板"软件，以几何画板软件为教学平台，开始组织"CAI 在数学课堂教学中的应用"研究课题。这些规模化、组织化的立项研究标志着信息技术与课程整合正从教师的自发、个别研究走向科学化、系统化。

然而，计算机辅助教学在理论与实践方面却存在着很多困惑与误区，特别是"94教育技术"定义的引入，带动了教育技术理论界对计算机辅助教学的反思与探讨。另外，多媒体技术的发展和网络的快速普及，迫切要求计算机辅助教育在理论上得到论证与指导。1997年，上海师范大学黎加厚教授发表了《从课件到积件：我国学校课堂计算机辅助教学的新发展》一文，提出了"积件"的概念。教学软件类型正式由"课件"走向"组件"、"积件"、"学件"，向具有开放性的资源素材型、工具型、平台型的教学平台以及学生电子作品集等方向发展，这在资源层面为从"辅助"走向"整合"开启了理论研究和实践探索之门。1999年1月，全国中小学计算机教育研究中心在北京师范大学组织召开了有数十所学校参加的"计算机与各学科课程整合"项目开题会，"信息技术与课程整合"项目开始走向有组织的研究阶段。

2000年10月，教育部部长陈至立在"全国中小学信息技术教育工作会议"上发表讲话，提出："在开好信息技术课程的同时，要努力推进信息技术与其他学科教学的整合，鼓励在其他学科的教学中广泛应用信息技术手段，并把信息技术教育融合到其他学科的学习中。各地要积极创造条件，逐步实现多媒体教学进入每一间教室，积极探索信息技术教育与其他学科教学的整合。技术与课程的整合就是通过课程把信息技术与学科教学有机地结合，从根本上改变传统教和学的观念以及相应的学习目标、方法和评价手段。"第一次从政府的角度提出了信息技术与课程整合的概念，由此引发了从政府到民间全国性的"信息技术与课程整合热"。信息技术与课程整合与"校校通"工程、信息技术必修课、网络教育一样，成为当前中小学信息技术教育研究的热点和焦点。

2000年，教育部在《基础教育课程改革纲要(试行)》中提出："大力推进信息技术在教学过程中普遍应用，促进信息技术与学科课程的整合，逐步实现教学内容的呈现方式、学生的学习方式、教师的教学方式和师生的互动方式的变革，充分发挥信息技术的优势，为学生的学习和发展提供丰富多彩的教育环境和有力的学习工具。"这就明确了在新课程中信息技术与课程整合的地位。

### 1.2.1.2 信息技术与课程整合的基本理论研究概述

#### 1) 信息技术与数学课程整合的目标与内涵

信息技术与中学数学课程整合的概念源自信息技术与学科课程整合。20世纪70年代起，许多发达国家的教育领域开始大量渗透以计算机为代表的信息技术。在这之后的几十年里，信息技术本身的发展突飞猛进，其应用更是迅速渗透到社会的各个领域。但是，在起初的十几年中尽管信息技术的重要性几乎已被全世界所公认，在学校里相对的投入也很大，但信息技术却始终是游离于教学的核心之外。学校的主业，几个学科课程的教学，没有享受到多少信息技术带来的效益。因而教育界的学者们通过长期的实践和理论探索，逐渐提出了信息技术与学科课程整合的概念。

国外教育界对信息技术与课程整合的含义众说纷纭。目前，国际上比较权威且认同度较高的说法是《美国国家教育技术标准》，该标准对信息技术与课程整合的定义是：课程整合是指在学术性知识的日常学习过程中，利用技术来支持、加强学和教的过程。

另外，美国教育技术 CEO 论坛的第三年度报告(2000)也从整合的目标、内涵角度对信息技术与课程整合的概念进行了阐述，该报告指出："数字化学习的关键是将数字化内容整合的范围日益增加，直至整合于全课程，并应用于课堂教学。当具有明确教育目标且训练有素的教师把具有动态性质的数字内容运用于教学的时候，它将提高学生探索与研究的水平，从而有可能达到数字化学习的目标。……为了创造生动的数字化学习环境，培养 21 世纪的能力素质，学校必须将数字化内容与各学科课程相整合。" 这里所说的"将数字化内容与学科课程相整合"就是我们通常所说的 "信息技术与学科课程相整合"(在国际上这两种说法是完全等价的——因为数字化内容不论就其产生、存储、加工、传输或应用的哪一个环节而言，都离不开信息技术)。这是国际上关于"信息技术与学科课程相整合"最为权威而系统的论述。它阐明了整合的目标——培养具有 21 世纪能力素质的创新人才，也揭示了整合的内涵——创造生动的数字化学习环境。能从培养具有 21 世纪能力素质的创新人才的高度来认识信息技术与课程整合的目的意义(而不是像传统观念那样，把信息技术教育应用的意义局限于改进教与学过程的某个环节或者只是为了提高信息素养)，这种观点是很有见地的，表明作者对整合的目标具有科学而客观的认识；能从创建数字化学习环境的角度来界定整合的内涵(而不是像传统 CAI 或 CAL 那样，只是把计算机为核心的信息技术看做是辅助教或辅助学的工具手段)，这种看法入木三分，表明作者对整合的本质具有深刻而全面的洞察。可见，上述理论研究成果确实很有价值，值得我们借鉴(何克抗，2005)。

在国外信息技术与课程整合的探讨过程中，我国的教育界对信息技术与课程整合也有了自己的看法。许多学者纷纷就此提出个人的观点和界定，使信息技术与课程的整合呈现出了多元化的理解。

信息技术与课程整合是指将信息技术以工具的形式与课程融为一体，也就是将信息技术融入课程教学体系各要素中，使之成为教师的教学工具、学生的认知工具、重要的教材形态、主要的教学媒体(南国农，2002)。

信息技术与课程整合是指在课程教学过程中把信息技术、信息资源、信息方法、人力资源和课程内容有机结合，共同完成课程教学任务的一种新型的教学方式(李克东，2001）。

课程整合是指把技术以工具的形式与课程融合，以促进对某一知识领域或多学科领域的学习。技术是学生能够以前所未有的方法进行学习。只有当学生能够选择工具帮助自己及时地获取信息、分析与综合信息并娴熟地表达出来时，技术整合于课程才是有效的。技术应该像其他所有可能获得的课堂教具一样成为课堂的内在组成部分(祝智庭，2001)。

信息技术与课程整合不是一朝一夕的事，而是经过许多中间过程，最终将信息技术作为辅助学习的高级认知工具，并带动教育的全面改革。根据技术与课程整合的不同程度和深度，整合的过程大致分为三个阶段：封闭式的、以知识为中心的整合阶段，信息技术作为演示、交流和个别辅导的工具；开放式的、以资源为中心的整合阶段，信息技术作为资源环境、信息加工工具、协作工具和研发工具；全方位的课程整合阶段，信息技术与课程整合引起了课程内容、教学目标和教学组织架构的全面改革(马宁，余胜泉，2002)。

从以上不同定义的描述中可以发现共同之处，即均强调整合不等于简单的"加"，而是非线性相干叠加，不是像机器零件式的组装，而是多种元素的有机化合。为了适应信息社会的发展趋势，世界各国都非常重视在中小学校普及信息技术教育，同时强调要加强信息技术与其他课程的整合，这对发展学生的主体性、创造性和培养学生的创新精神与实践能力具有重要意义。

何克抗教授在深入研究国内外有关信息技术与课程整合论述的基础上提出：所谓信息技术与学科课程的整合，就是通过将信息技术有效地融合于各学科的教学过程来营造一种新型教学环境，实现一种既能发挥教师主导作用又能充分体现学生主体地位的以"自主、探究、合作"为特征的教与学方式，这样就可以把学生的主动性、积极性、创造性较充分地发挥出来，使传统的以教师为中心的课堂教学结构发生根本性变革，从而使学生的创新精神与实践能力的培养真正落到实处。

由这一定义可见，它包含三个基本属性：营造新型教学环境、实现新的教与学方式、变革传统教学结构。并指出，这三个属性并非平行并列的关系，而是逐步递进的关系——新型教学环境的建构是为了支持新的教与学方式，新的教与学方式是为了变革传统教学结构，变革传统教学结构则是为了最终达到创新精神与实践能力培养的目标(即创新人才培养的目标)。可见，"整合"的实质与落脚点是变革传统的教学结构，即改变"以教师为中心"的教学结构，创建新型的、既能发挥教师主导作用又能充分体现学生主体地位的"主导—主体相结合"教学结构。同时指出，只有从这三个基本属性，特别是从变革传统教学结构这一属性去理解整合的内涵，才能真正把握信息技术与课程整合的实质(何克抗，2005)。

过去由于技术手段的限制和教师传统教学观念及"应试教育"的影响，过分注重问题的结论、数学的思想、解题的方法与技巧，注重数学的严谨性、逻辑性，导致学生看不到数学被发现、创造的过程，忽略了有关观察实验、直观形象，忽略了探索、发现的过程等方面的体验和训练，造成学生对数学学习的错觉和误解，以为数学是逻辑地一步一步地推导出来的，这在客观上影响了学生学习数学的效果。现代数学观表明，"实验—归纳—猜想—证明"应该是数学学习、发现、探索、创新的一般程式。改变数学教学的现有状况，有赖于将信息技术与数学课堂教学进行整合，以信息化带动教育现代化，发挥信息技术优势，创设发现数学、"再创造"数学的情境，使学生学习到真实的、鲜活的数学。

实际上信息技术是数学教学中的基本要素之一。它能影响所教的数学并能提高学生的学习，以计算器与计算机为代表的信息技术是教数学、学数学、做数学的必要工具。信息技术使数学思想形象化，有助于组织与分析数据，有效而又精确地进行计算；能支持学生对数学各领域进行研究，包括几何、统计、度量与数论，使学生集中精力于决策、反思、推理与问题解决。总而言之，将信息技术实际地融入到数学课程的有机整体中，形成一个新的统一体，有利于把信息技术作为促进学生自主学习的认知工具和情感激励工具，有利于创设学生主动学习的情境，让信息技术成为学生强大的认知工具，最终达到改善学生数学学习的目的。

反过来，信息技术与数学学科的整合也促进了学生对信息技术的学习和掌握。一方面，"计算机既是数学的创造物，又是数学的创造者"，而算法既是计算机理论和实践的核心，也是数学的最基本内容之一，学习数学有利于学生掌握信息技术的真正内涵；另一方面，信息技术作为一门学科的目标之一在于提高学生的信息素养，使之具有运用信息工具进行检索、获取处理信息的意识和能力，在信息技术与数学学科的整合过程中，培养学生以自然的方式对待信息技术，利用信息技术对信息进行加工和处理的能力及其认知水平，从而在提高学生的数学探索能力、自我发现问题和解决问题的能力的同时培养学生的信息素养。

2) 信息技术在课程整合中的作用

在实施信息技术与课程整合中，应该首先明确信息技术在课程整合中的作用，只有这样才能清楚地了解如何实施信息技术与数学课程整合。信息技术在教学中的作用，早期是局限于媒体这一层次，随着信息技术的发展和教学理论的更新，现在人们对信息技术在课程中的作用的观念已经产生了深刻的变化，祝智庭等(2004)分别从媒体观、工具观、生态观这些角度来考虑信息技术在课程中的作用。

近年来，信息技术正从在教育中独为一家的状况，逐步发展为与学科课程实践密切相整合的趋势。这种整合趋势，表现为通过把信息技术与各门或多门学科课程教学有机地结合起来，将技术与课程融为一体，变革传统的课程教学实践模式，提高教学效率，改善教学效果。黄甫全(2002)指出，通过将信息技术与课程相整合，能够优化课程的空间结构，优化课程的时间结构，创建课程材料包等。通过在学习过程中有效地融入信息技术使用，更能够对学习者的学习起到积极的作用，这包括：

增强学习者的学习动机,提升问题解决和批判性思维,提供对附加学习资源的接触,满足多种学习风格的需要,通过基于问题的学习来促进学习者的积极参与,促进合作学习活动的开展,使学习者能与世界范围内的其他学伴和专家展开交流,提升学习者的创造性等。

3) 信息技术与数学课程整合的基本原则

李明德(2005)认为信息技术与中小学数学课程整合的原则是:必要性与实效性相结合的原则,经验性与应用性相结合的原则,直观性与启发性相结合的原则,趣味性与开放性相结合的原则。

于文华等(2005)认为信息技术与数学课程整合的原则是:促进学生对数学学习内容认知的原则,信息技术的作用与教师的作用优势互补的原则,信息技术手段与传统教学手段优势互补的原则,有利于学生参与的原则。

《标准》提出:"一切有条件和能够创造条件的学校,都应使计算机、多媒体、互联网等信息技术成为数学课程的资源,积极组织教师开发课件。"而《普通高中数学课程标准(实验稿)》更是旗帜鲜明地提出:"现代信息技术的广泛应用正在对数学课程内容、数学教学、数学学习等方面产生深刻的影响,高中数学课程应提倡实现信息技术与课程内容的有机整合(如把算法融入到数学课程的各个相关部分),整合的基本原则是有利于学生认识数学的本质。"

4) 信息技术与数学课程整合的主要策略(何克抗,2005)

(1) 要以先进的教育理论(特别是建构主义理论)为指导。

信息技术与数学课程整合的过程绝不仅仅是现代信息技术手段的运用过程,它必将伴随教育、教学领域的一场深刻变革。换句话说,整合的过程是教育深化改革的过程,既然是改革,就必须要有先进的理论做指导,没有理论指导的实践是盲目的实践,将会事倍功半甚至徒劳无功。这里之所以要特别强调建构主义理论,并非因为建构主义十全十美,而是因为它对我国教育界的现状特别有针对性——它所强调的"以学为主"、学生主要通过自主建构获取知识意义的教育思想和教学观念,对于多年来统治我国各级各类学校的以教师为中心的传统教学结构是极大的冲击;除此以外,还因为建构主义的学习理论与教学理论以及建构主义学习环境下的教学设计方法可以为信息技术环境下的教学,也就是信息技术与数学课程的整合,提供最强有力的理论支持。

(2) 要紧紧围绕新型教学结构的创建来进行整合。

在前面分析信息技术与数学课程整合定义与内涵的过程中,曾经指出:"整合"的实质与落脚点是变革传统的教学结构,即改变以教师为中心的教学结构,创建新型的、既能发挥教师主导作用又能充分体现学生主体地位的"主导—主体相结合"教学结构。既然如此,信息技术与数学课程的整合当然应该紧紧围绕新型教学结构的创建来进行,否则将会迷失方向——把一场深刻的教育革命(教学过程的深化改革)变成纯粹技术手段的运用与操作。如果进行这样的整合，那是没有多大意义的。

要紧紧围绕新型教学结构的创建这一实质来整合，就要求教师在进行课程整合的过程中，密切关注教学系统四个要素(教师、学生、教学内容、教学媒体)的地位与作用：看看通过自己进行的整合，能否使这四个要素的地位与作用和传统教学结构相比发生某种改变，改变的程度有多大，哪些要素改变了，哪些还没有，原因在哪里？只有紧紧围绕这些问题进行认真分析，并采取相应的措施，才能实现有效的深层次的整合。事实上，这也正是衡量整合效果与整合层次深浅的主要依据。

(3) 要注意运用"学教并重"的教学设计理论来进行信息技术与课程整合的教学设计。

目前流行的教学设计理论主要有"以教为主"的教学设计和"以学为主"的教学设计(也称建构主义学习环境下的教学设计)两大类。由于这两种教学设计理论均有其各自的优势与不足，所以最好是将二者结合起来，互相取长补短，形成优势互补的"学教并重"教学设计理论。这种理论正好能支持"既要发挥教师主导作用，又要充分体现学生主体地位的新型教学结构"的创建要求。在运用这种理论进行教学设计时，应当注意的是，对于计算机为核心的信息技术(不管是多媒体还是计算机网络)，都不能把它们仅仅看做是辅助教师教课的形象化教学工具，而应当更强调把它们作为促进学生自主学习的认知工具与协作交流工具。建构主义学习环境下的教学设计，正好能在这方面发挥重要的指导作用。

(4) 要重视数学教学资源建设，这是实现课程整合的必要前提。

没有丰富的高质量的教学资源，就谈不上学生的自主学习，更不可能让学生进行自主发现和自主探索；教师主宰课堂、学生被动接受知识的状态就难以改变，新型教学结构的创建也就无从说起。新型教学结构的创建既然落不到实处，创新人才的培养自然也就落空。

但是重视教学资源的建设，并非要求所有教师都去开发多媒体课件，而是要求广大教师努力搜集、整理和充分利用因特网上的已有资源，只要是网站上有的，不管是国内的还是国外的(国外也有不少免费教学软件)，都可以采取"拿来主义"(但"拿来"以后只能用于教学，而不能用于谋取商业利益)。只有在确实找不到理想的与学习主题相关的资源情况下，才有必要由教师自己去进行开发。

(5) 要注意结合数学学科的特点建构易于实现课程整合的新型教学模式。

新型教学结构的创建要通过全新的教学模式来实现。教学模式属于教学方法、教学策略的范畴，但又不等同于教学方法或教学策略。教学方法或教学策略一般是指教学上采用的单一的方法或策略，而教学模式则是指两种或两种以上教学方法或教学策略的稳定组合。在教学过程中，为了实现某种预期的效果或目标(如创建新型教学结构)，往往要综合运用多种不同的方法与策略，当这些教学方法与策略的联合运用总能达到预期的效果或目标时，就成为一种有效的教学模式。

### 1.2.1.3　信息技术与数学课程整合实践研究与发展现状

#### 1) 国外整合实践研究现状

英国把信息技术作为数学教学的关键技能之一。要求学生能利用软件或其他计算机装置探究数学模型，在计算机(器)上构造各种形式的图形并加以解释。1982年，由柯克考罗夫特(W. H. Cockcroft)博士为首的英国国家教学委员会发表了题为《数学算学》的报告——《Cockcroft 报告》。此报告指出："有足够的证据表明，计算器的使用对基本的计算能力没有产生任何负面的影响，儿童从早期起学习使用简单的计算器是明智的"(徐斌艳，2001)。《英国国家数学课程标准》要求给学生提供适当的机会来发展并应用信息技术学习数学的能力。数学课程不赞成烦琐的笔算，却重视提高学生的机算(包括计算机、计算器)、心算和估算能力；强调数学与信息技术的综合和交叉，信息技术可以被应用于数学教学中，并对学生的学习提供帮助，使数学知识和计算机知识相互支持与补充。

1989 年美国国家研究委员会颁布的一篇关于美国数学教育未来的报告《人人关心数学教育的未来》中，有一节专门谈到计算机的影响。该报告指出："多功能的计算器和计算机的广泛使用，为数学教育奠定了新的基础和原则"。"数学教育的侧重点必须随着计算机在数学中应用的方式而有所改变。"它列举了数学教育能从计算机不断增强作用中将得到以下好处：

使用计算机将使学校中的数学与人们日常使用的数学趋于一致，因为计算器和计算机是今天人们日常使用的数学工具；

使用计算机后，代数技巧的薄弱不再妨碍学生在学习更高深的数学中理解概念，计算机可以促使在三角代数方面薄弱的学生坚持不懈地学习微积分和统计；

使数学学习变得更加主动而更有成效，学生可以目睹数学过程的形象而生动的性质，用典型的数据模拟现实的应用，把注意力集中在重要的数学概念而不是例行的计算上；

学生能自己在计算机创设的环境中探索数学，使学生独特的数学想法得以验证、开拓和发展；

建立在计算机与人脑思维相结合基础上的新教学法，将更有利于培养学生的洞察力、理解力以及数学直观。

NCTM 在 2000 年制定的《学校数学的原理和标准》中，提出了"技术原理"，认为："现代信息技术是数学教学中的基本要素，它影响所教的学生并能提高学生的学习效率，技术是教数学、学数学与做数学的必要工具。通过合理地使用技术，学生能够学习更多的数学知识并增强学生的数学学习"(郑毓信，2001)。由于信息技术在数学教学中的应用，要求人们重新思考学生应该学习什么样的数学知识以及如何才能学好数学。因此，该文件还指出："技术不能代替数学教师，也不能取代对数学的基本理解和直觉。教师必须谨慎地决定到底在什么时候以及如何使用技术，他们应该保证技术能够加强学生的数学思维”（郑毓信，2001）。美国 2000 年标准最大的特点也许就是强调科学技术在数学课程中的重要地位，强调科学技术与数学教学过程的结合。

美国乔治尼亚州立大学数学教育系的奥尔森（W. Wilson)教授在《数学内部工程：中学数学和技术》一文中提出在教学中合理地使用技术有如下的益处：促使学生更好地学习数学，构建学生对数学概念的理解，培养学生做数学的习惯，开展调查研究、问题解决、数学应用和探索活动，促进学生对数学内部和外部知识的交流，用新的观点看待旧的知识，解决一些只有使用技术才能解决的数学问题，把技术整合到数学教学中去，增加学生学习数学的自信心，构建促进学生进一步学习数学的工具。

实践中，由美国俄亥俄州立大学数学系富兰克林(D. Franklin)教授和维特(K. Waits)教授创立的 $T^3$(teachers teaching with technology)组织，主要由使用手持技术进行教学的教师组成。他们以“为世界各地的数学和信息技术教师在教学中能够合理地使用技术提供最好的专业发展计划”为宗旨。随着手持技术的发展，教师对手持技术的认识不断深化，技术与课程教材的有机整合，使用手持技术的教师队伍不断发展壮大，$T^3$ 的规模也越来越大，并在世界各地的数学教育界产生了深远的影响。美国数学教学改革的实践表明，通过运用现代信息技术以及教师在职培训的模式，可以有效地推进教学技术的发展及数学教学改革的进步。

美国在信息技术与数学课程整合的实践中做了如下一些工作。一方面开发了一些结合使用信息技术的配套教材(如 Laughbaum 将 developmental mathematics 的内容进行了重新设计，使其更加有利于信息技术的使用)；另一方面则进行了如何在教学中使用信息技术的研究(如计算机能在那些数学知识的理解中发挥作用)，其中最有代表性的是贾斯珀系列课程,它提供了大量信息技术与数学课程整合的成功案例，证明了在拟真的学习情境中解决问题可以增强学生解决实际问题的能力。

法国新的课程计划提倡把信息技术整合到数学教学中,其教学目标是让学生从这些实验中建立起抽象的认识。新课程计划中指出：“计算机(器)能在数字和平面图形、空间范围内提供准实验，有助于学生获得更多的活动方法，从而使更多的学生参与数学学习。计算机(器)扩大了观察和操作的可能性……其环境允许各种实验，并且在各种各样的视角下学习同一概念，有助于学生更好地理解抽象的数学知识的形成过程……在确保心算和笔算的基础上，使用计算机(器)是必要的。”日本1999 年公布的《高等学校学习指导要领》从 2003 年开始实施，其大纲中许多内容涉及信息技术在数学中的使用，包括用计算机处理统计资料，计算机作图，简单的程序设计和算法。新加坡要求 30%的数学课程时间要使用信息技术。

在实证研究中，法国数学教育和计算机教育专家与教师教育机构的 C. Laborde(雷波德)教授,采用 Cabri-Gepmetry 几何软件在法国的中学开展整合研究。

她指出，在动态的环境下，空间图形性质和几何教学之间的联系得到了加强。这个特征可以用来设计学习任务，学生在这些任务里学习如何把可视属性联系到几何的性质，包括：阐述可视现象的任务，产生或者复制可视现象的任务，预见性任务，解释可视现象的任务等。同时，她指出，教师必须花时间备课，因为教师需要了解所有环境提供的新实验的可能性和便利性，用其他术语思考几何教学超出了纸–笔环境下存在的困难；为了能够回答学生提出的问题，理解他们的做法并帮助他们纠正错误，教师必须知道学生们的反应，以及他们面对新的情境时可能采取的策略。

2) 国内整合实践研究现状

国内对于信息技术与数学教学整合的实践研究主要集中于各类教学软件在数学教学中的应用。文献中体现最多的就是"几何画板"、"Z+Z 智能教学平台"和"图形计算器"在数学中应用的经验总结，此外还有"几何教师"、"Logo 语言"、"几何推理者"、"Mathematics"等教学软件，也是数学教学中应用的重要工具。

1991 年，在北京大学电教中心的支持下，根据教学需要，北京大学附属中学利用北京大学研制的 Mathtool 教学平台开发了立体几何、解析几何、代数、三角等一系列教学软件，并应用于数学教学中。1995 年全国中小学计算机教育研究中心(以下简称"中心")从美国引进了优秀教学软件——几何画板。1996 年，中心推广"几何画板"软件，以几何画板软件为教学平台，开始组织"CAI 在数学课堂中的应用"研究课题。在教育部中小学计算机研究中心和北京市海淀区教委的支持下，海淀区几所中学组织了"数学 CAI 实验"课题组，在近四年的实践中，从培训教师使用现代的教学软件《几何画板》开始，继而培训部分教师自己开发数学教学软件，培训教师用计算机和网络进行组织练习和评估。最有意义的是，通过听专家讲课，学习教育理论，集体备课，组织研究课和集体评议等，探索如何在信息技术的支持下进行教学设计，该实验极大地推动了各校数学教学改革的深入发展，现已推广到全国。1998 年 12 月由全国中小学计算机教育研究中心立项的"计算机与各学科课程整合"项目开启了我国的信息技术与数学课程整合的实验研究。许多学校教师在这方面做了大量工作，如北京大学附属中学的王鹏远老师发表了《如何用几何画板教数学》、《信息技术与中学数学教育》、《用几何画板辅助数学教学》；南京师范大学附属中学的陶维林老师在学生中开设几何画板选修课并将几何画板运用于课堂教学，取得了很好的效果，其代表作《几何画板使用范例教程》和《几何画板应用于解析几何教学》集中反映了他的研究成果。北京第 20 中学的范登晨老师创造性地把原来支持平面几何的"几何画板"成功地用于立体几何教学。

在这一阶段，人们注意到计算机的可视化带给几何图形教学以及关于函数概念与性质教学的积极影响，计算机创设数学实验环境可以凸现某些数学概念的形成过程，帮助学生发现或验证某些数学事实，信息技术将影响数学教育内容的呈现方式、教师的教学方式和学生的数学学习方式。

　　此后，中国科学院高小山研究员开发的"几何专家"与中国科学院张景中院士开发的"Z+Z 智能教学平台"为我国的信息技术与数学课程整合注入了新的活力。它标志着以我国著名数学家吴文俊开创的中国特色的机器证明领域的最前沿研究成果开始服务于数学教育。这种高智能的数学软件平台使人们对信息技术作为数学教师的便捷工具和认识理解数学的理想认知环境有了进一步的感受。工具和环境的作用胜过媒体的作用。信息技术的核心是人工智能技术，作为人脑的延伸，计算机可以减轻或代替教师重复性的且意义不大的手工劳动。

　　目前人们开始关注"大整合"的概念，那就是不但把目光集中在一节一节的数学课上，而且从课程标准的制定、数学教学内容的设置、数学教材的编写、数学教师的培训、新课程的实施、考试方式的改革(如上海在中考中允许使用图形计算器)等一系列环节上关注信息技术的影响。例如，新课程在编写文字教材的同时考虑到与之配套的课件库，有的出版社通过网络提供课件(人民教育出版社)，有的出版社则开发了与纸质教材配套的课件库(北京师范大学新世纪版数学)。这样就极大地减少了教师用于开发课件的时间，实现优质资源共享，教师则可以集中精力进行教学设计。

　　教育部基础课程教材发展中心 2002 年启动了"智能教育平台运用于国家数学课程改革的实验研究"课题，几年来也取得了一些实质性的进展，2005 年由科学出版社出版发行了《超级画板与数学新课程》，弥补了信息技术与数学新课程整合的空白。此外，澳门培道中学的韦辉梁老师主持开发了"PG-lab"平面实验室，并在澳门进行相关实验研究；贵州省教育局教研室的符美瑜老师从 20 世纪 80 年代开始利用 Logo 语言技术辅助数学教学，取得了丰硕的成果；人民教育出版社课程教育研究所从 2002 年 9 月份开始，在北京、上海、广东、云南等省市逐步实施"高中数学课程教材与信息技术整合的实验与研究"项目，这些研究项目的进行加快了信息技术与数学课程教学整合的进程。

　　综述国内外信息技术与数学课程整合实践可以看出，尽管各国都非常重视信息技术与数学课程整合的实践探索，在实践中取得了一些成就，产生了一定影响，但信息技术与数学课程的整合仍不够完善，没有实现人们预期的结果和目标。教师对计算机的使用尚处于适应阶段，在很大程度上仍是在维持传统的教学模式，在课堂上以教师为主导，教师与学生、学生与学生之间的互动不足，学生自主学习不够。大多数教师在课堂上利用计算机来提供多媒体材料和呈现教材，只有少部分注意到用来与学生互动和交流，课堂上计算机的使用多是作为教师的教学工具，而不是学生的学习工具，传统的教学结构没有发生根本性的变化。

### 1.2.2　数学问题解决的研究综述

　　在问题解决研究的不同领域和不同时期，研究者们都曾留下了自己的印记。回顾问题解决演变的历史，明晰现阶段问题解决研究的背景，才能凸现开展学科问题解决研究的意义与价值，给予我们更多的启示和感悟。在此，我们主要关注心理学和数学教育学中问题解决的研究情况。

### 1.2.2.1　心理学中的问题解决研究

对于问题解决的研究可以分为几个不同阶段。在早期，主要集中于动物问题解决行为的研究。著名的行为主义心理学家爱德华·桑代克 (E. L. Thorndike)是心理学史上第一位用动物实验来研究学习的人(施良方，1998)。它以猫为实验对象设计了著名的"桑代克迷箱"，把联想和习惯融合进自己的理论体系，把联想主义改变成联结主义，提出了刺激—反应学习理论，从根本上推翻了自由意志和理性力量对行为的主导作用。伯尔赫斯·斯金纳(B. F. Skinner)以"斯金纳箱"中白鼠和鸽子为实验对象，延伸和发展了桑代克的强化理论，提出了操作性条件作用的原理，即将刺激—反应理论发展为刺激—有机体—反应理论。以现象学为理论基础的格式塔心理学家韦特墨 (M. Wertheimer)、苛勒 (W. Kohler)和考夫卡(K. Koffka)等对猩猩解决问题的情景作了深入的分析后，提出顿悟时突然觉察到问题的解决办法，由此提出了"顿悟说"。他们把通过"试误"进行的学习(问题解决)过程解释成为一系列小的部分的顿悟。格式塔的学习理论体系为 20 世纪 50 年代末、60 年代初兴起的认知心理学奠定了基础。

尽管格式塔心理学家主张研究心理过程的组织结构，但是在当时行为主义占主导地位的心理学界仍然只研究有机体可观察到的行为。后来，行为主义心理学家逐渐尝试将一些由动物实验得到的理论结果推广到人，从而对人类的问题解决的研究产生了重大的影响。但是，其完全注重于动物或人的行为本身的研究方法始终没有改变，对行为发生的原因仍然不能够予以深入解释，从而导致有机体行为产生的机制完全成为了一个"黑箱"。

计算机科学的蓬勃兴起，为心理学家分析和推测心理过程提供了一个重要的工具。因为计算机的出现，使人们有可能分析人的内部心理状态和过程。有人甚至认为，计算机已使心理学家再次恢复了信心：认知过程就像构成行为的肌肉反应一样实在。H.Simon(西蒙)等在 20 世纪 50 年代后期发表了一系列论文，表明可以利用计算机模拟各种心理现象。心理学中的许多问题都可以根据信息加工系统予以阐明。信息加工模式将人视为信息加工者，并能把格式塔心理学关于认知和记忆重组的某些推测，用一种类似计算机程序的方式编制出来。这就为研究心理过程和心理结果提供了物质基础(施良方，1998)。认知心理学和信息加工理论就这样相互促进和支撑、相伴发展和前进着。认知心理学的发展使得人类问题解决的心理机制的这个"黑箱"逐渐透明起来，渐渐成为了"灰箱"。

在认知心理学的理论研究中，对人类问题解决能力的研究也始终是其兴趣的着眼点和发散中心。在 20 世纪五、六十年代，问题解决领域通常限于知识贫乏领域 (knowledge-lean domain)，如解决象棋残局问题、河内塔问题、传教士和野人过河问题等，其研究方式主要针对专家与新手之间的比较。随着研究的不断深入进行，70 年代后期开始，问题解决研究发生了一些变化，认知心理学关于问题解决的研究逐渐远离 Newell 等提出的通用问题解决模型，走近社会生活、研究学科问题、工业问题、交通问题、就业问题、救灾问题等的解决。这些问题均处在复杂的社会背景或学科背景中，与大量的专门知识相联系，属于知识丰富领域(knowledge-rich domain)问题，即问题解决的研究核心逐渐从研究非专门领域的、具有通用结构与解决策略的问题转向研究专门领域的、具有情境的、基于专门知识的问题解决。这种转向解释了许多与贫乏领域问题解决不同的规律。其中，学科教学(如数学、物理、化学等学科)中的学生问题解决逐渐成为当代认知心理学研究热点之一(邓铸，2002)。

学科问题解决的研究主要包括：问题本身的研究(如问题的类型、结构和呈现方式等)，问题解决的实质和心理机制，问题解决者的认知图式研究(如不同学生的知识结构、知识的质和量等)，专家和新手之间在问题解决过程中的差异比较，学科问题解决中的表征、策略和元认知的研究，影响问题解决的各种因素等。

### 1.2.2.2　数学教育中的问题解决研究

1) 美籍匈牙利数学家、数学教育家波利亚(G.Polya)的研究。

波利亚的数学解题思想主要体现在他的三部著作中：《怎样解题》(1944)、《数学与猜想》(1953)、《数学的发现》(1962，1965)。概括起来，波利亚的工作主要包括如下几个方面。

(1) 提出了系统的解题观。问题解决作为一个大系统，由提出问题和解决问题这两个小系统组成。在"提出问题"这个系统中，波利亚详尽地对归纳、类比、一般化、特殊化等发现问题的方法作了分析，得出了一系列合情推理模式。在"解决问题"系统中，波利亚给出了一个 4 步骤的解题程序：弄清问题→拟定计划→实现计划→回顾。根据每一步的特征，拟定更细的策略，得出一张"怎样解题表"，这张表集解题思想、解题过程、解题思路、解题方法等于一身，融理论与实践于一体，组成一个相对完善的解题系统。

(2) 数学解题的启发法思想。"怎样解题表"中的解题策略和建议是数学启发法的核心，这些策略和建议能够给解题者以一定的启示，从而有效帮助他们去发现好的或正确的解题方法。另外，解题者通过对解题过程的深入研究，特别是由已有的成功实践，总结出一般的方法或模式，这些方法和模式在以后的解题活动中起到启发和指导的作用。波利亚具体给出了一些解题模式及策略，如分解与组合、笛卡儿模式、递归模式、叠加模式、交轨模式、合情推理模式等。

(3) 对解题思维作了深层的描述。其一，波利亚将人的解题思维分为四个水平：图象的水平——表示所研究的问题在解题者头脑中的画面演化过程；表示关系的水平——用点表示对象，用线段表示关系，哪些点用线段连接了，就表示这些对象间的关系被解题者认识到了；数学的水平——由数学公式组成，与表示关系的水平恰好形成对照；启发的水平——适用于每一阶段，提出自然恰当的问句提示，以促使解题者进入那个阶段。其二，波利亚用一张正方形图标(图 1.1)来高度概括人的数学思维活动。

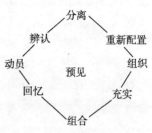

图 1.1 数学问题解决的思维活动

"动员"与"组织"在正方形水平对角线的两端，是两个相辅相成的活动。"动员"指解题者从记忆中提取与解题有关的信息，"组织"则是把这些信息有目的地联系起来。

"辨认"与"回忆"是与"动员"有关的两个因素。一般说来，"辨认"能引导解题者"回忆"起某些有用的东西，并把有关知识"动员"起来。

"充实"与"重新配置"指在必要时对信息进行重新组织。

"分离"与"组合"。"分离"是从整体中把特殊的细节挑出来，"组合"则是把零散的细节重新集合成一个有意义的整体。这两种因素相辅相成地推动着解题的进程。

"预见"是解题活动的中心。在解题活动中，动员和组织各种因素，分离和重新组合它们，辨认和回忆它们，重新配置和充实对问题的构思等，都是为了预测到解或预测解的某些特征，因而，"预见"贯穿于整个解题活动之中。

(4) 阐释了问题解决与数学教育的关系，并提出三条教学原则和 10 条给教师的建议。

波利亚提出著名的学习三原则，也可作为教学三原则。①主动学习原则——为了有效地学习，学生应当在给定的条件下，尽量多地自己去发现要学习的材料，让学生主动地为问题的明确表述贡献一份力量。②最佳动机原则——为了有效地学习，学生应当对所学习的材料感兴趣，并且在学习活动中找到乐趣。③阶段序进原则——为了有效地学习，应当先有一个探索阶段；经过引入术语、定义、证明等的形式化阶段，上升到一个较为概念化的水平；最后所学的材料经过消化吸收到学生的知识体系中，应归纳到学生的整个理性观念中并促成它(同化阶段)，这个阶段铺平了通向应用、推广的道路。

波利亚提出的"教师十诫"，应该成为大中学校数学教师的座右铭。①要对你讲的课题有兴趣。②要懂得你讲的课题。③要懂得学习的途径：学习任何东西的最佳途径就是靠自己去发现。④要观察你的学生的脸色，弄清楚他们的期望和困难，把自己置身于他们之中。⑤不仅要教给他们知识，并且要教给他们"才智"、思维的方式以及有条不紊的工作习惯。⑥要让他们学习猜测。⑦要让他们学习证明。⑧要找出手边题目中那些对解后来题目有用的特征——设法去揭示出隐藏在眼前具体情形中的一般模式。　⑨不要立即吐露你的全部秘密——让学生在你说出来之前先去猜——尽量让他们自己去找出来。⑩要建议，不要强迫别人去接受。

2) 舍费尔德(Schoenfeld)的研究

美国数学教育家舍费尔德发展了波利亚的数学启发法思想，他在《数学解题》(*Mathematical Problem Solving*) (Schoenfeld，1985)中指出，数学解题的智力活动含有四个方面：①认知的资源，指解题者所掌握的事实和算法；②启发法则，即克服困难的思维策略；③调控，指对资源和策略的选择和执行作出相关的决策，对解题过程进行调控；④信念系统，指解题者对自我、数学、问题以及环境的看法和认识。

显然，舍费尔德将元认知和情感因素引入解题系统，并且作了一些实证性的研究，因而就使波利亚的启发法思想有了一个新的发展。

3) 其他一些研究

(1) 对数学问题解决本质的探讨。斯塔尼克(Stanic)和基尔帕特里克(Kilpatrick)对数学问题解决的本质作了历史回顾，认为问题解决主要有三个主题，第一个主题是将问题解决当做一种背景，把问题作为实现其他课程目标的工具，也就是说，问题解决本身并不被看做是一种目的，而是作为达到目的的一种手段。第二个主题是把问题解决当做一种技能。第三个主题是把问题解决看做一种技艺，主要指解决实际问题，进而把数学视为一门解决问题的学科。

(2) 影响问题解决的因素分析。里斯特(Lester,1980)认为影响数学问题解决有多重因素，其中有四种主要因素：问题自身——任务变量，即问题本身的结构、难度以及所涉及的数学知识直接影响着问题的解决；解题者的特征——主体变量，即解题者的知识结构、能力及认知风格对解题的影响；解题行为——过程变量，解题者在解题过程中的外显及内隐行为对解题的影响；环境特征——指示变量，外部环境对解题的影响。于是，里斯特认为对问题解决的研究应在这四个方面中展开。

(3) 专家与新手的解题比较。赫勒(Heller)和亨盖特(Hungate, 1985)研究了专家与新手的解题差异，找出善于解题的教师所表现出的创造性行为，并把这些行为作为新手教师的教学指导。迈耶(Mayer,1985)在研究专家与新手范例时，还探讨了对图式理论的应用情况。舍费尔德(1985，1987)将解题过程分为阅读、分析、考察、计划、实施、证实 6 个阶段，然后考查学生和数学教师在解答同一问题时其所用时间在上述 6 个阶段中的分布情况，结果发现在"分析"和"计划"阶段，教师(专家)所用时间远远多于学生(新手)所用时间，这就揭示了在解题自我监控方面，专家与新手存在明显的差异，同时也说明了元认知对解题的影响作用。

(4) 做数学的信念。对学生做数学的信念，兰帕特(Lampert,1990)及舍费尔德(1988)作了调查，结果表明：①学生很大程度上是在课堂学习经历中形成对形式数学的信念和对这一学科的感觉。②学生具有的信念会非常强烈地(通常是消极地)影响着自己的行为。关于教师做数学的信念，库尼 (Conney,1985)、汤姆森(Thompson,1985)等的研究表明，教师对数学学科的意识决定它所创设的课堂环境的性质，这一环境又反过来影响学生对数学性质的信念。

(5) 开放性问题。开放性问题一般指条件不充分或结论不确定的数学问题。对开放性问题的研究主要探讨其题目结构、解题策略、解题心理过程、解题教学等方面。美国学者贝克(Becker)、雪尔弗(Silver)及基尔帕特里克等对开放性问题都作了较深入的研究。日本学者岛田茂等经过六年的研究，于 1997 年发表了《算术、数学课的开放式问题——改善教学的新方案》报告文集，对我国的开放性问题研究产生了较大的影响。

(6) 数学问题解决中元认知分析。近十几年来，通过实验研究，人们对元认知有了深刻的理解。最近 Berardi-coletta 等(1995)用传统的河内塔问题进行研究，把被试分为元认知、认知加工、表面加工、出声思考和无声对比五个组，结果表明，元认知组和认知加工组的学习效率和迁移测验的成绩最优。这说明,适当的问题(如你为什么那么做)可以激发人的元认知加工过程，可以使人的注意力从指向问题本身转移到人自身的加工过程，从而能使人更好地监视、评价、调节、修正自己的认知活动，因而提高了解决问题和迁移测验的成绩。

Delclos(1991)的实验证明：元认知训练是有效的，特别是解复杂问题时，元认知训练会使人意识到解决问题时自己的认知加工策略，更有意识地调节自己的认知加工过程，更自觉地使用自己学到的知识和策略方法。

Davidson 和 Stemberg(1998)研究指出，元认知技能帮助学生：对问题的本质策略地编码，形成问题成分的心理模型或表征；选择合适的计划和策略；识别并克服妨碍解题的障碍。

朱德全(1997)在《数学问题解决的表征及元认知开发》一文中指出，元认知在数学问题解决中作用有：元认知能修正数学问题解决的目标，元认知能激活和改组数学问题解决的策略，元认知能强化解题者的数学问题解决中的主体意识。

(7) 数学问题解决的模式。长期以来，许多数学教育家、心理学家以及哲学家，通过剖析问题解决这一复杂的思维过程，提出了若干模式。

1957 年波利亚提出了一个"怎样解题"表，包括四步，即理解问题→拟定计划→实行计划→回顾解答。美国数学教育家 Schoenfeld(1985)通过实验观察，将一般数学解题的思考过程归结为：①了解问题；②尝试理解策略；③试探一些思路；④寻找新信息和局部评价；⑤实施计划；⑥证实；⑦以上各个阶段之间的联络和转变。曹才翰 (1989)提出如下模式，即呈现问题→分析问题→联系→行为的选择→检验。

　　皮亚杰用问题解决作为一种儿童心理成长过程研究手段，指出问题解决能力与特殊心理结构的本体论发展有关，提出问题解决的途径：①形成问题空间；②搜寻问题空间。搜寻问题空间的途径有规则系统途径和启发式途径。

　　格式塔心理学认为：问题解决是观念的加工，问题解决过程即问题组织的重新建构，其间伴随着顿悟体验。

　　R. S. 武德沃斯认为，问题解决的模式可归结为刺激→反应，简单地表示为 S→R，皮亚杰修正为 S↔R，强调了其间的双向联系。

　　认知心理学问题解决模式归结为条件→动作，简单地表示为 C→A，称为产生式。解决问题需要一系列产生式，形成产生式系统。不仅条件决定动作，而动作又要改变条件，条件与动作应当是交互作用的，即可表示为 C↔A。

　　(8) 数学问题解决教学理论。李红婷 (2001)鉴于数学课堂教学改革存在的种种问题，提出了"问题解决教学"的研究课题，此课题从 1995 年 7 月启动至今已取得一系列研究成果。提出了"问题解决教学"的课程论、"问题解决教学"的教学论、"问题解决教学"的学习论、"问题解决教学"的评价理论和"问题解决教学"的教学结构。

### 1.2.3　问题解决显性课程与教学系统设计模式综述

　　教学设计作为对学习者学习绩效或教学问题的解决方案进行计划筹谋的过程，其本身观点林立、流派纷呈，有时甚至让人难以适从。这一方面是由于教学设计理论体系是在吸收多种学科理论基础上形成的，因此，它的发展有一个逐渐吸收、整合扬弃的过程；另一方面也反映了人们对创设有效率、有效果和有吸引力的教学系统的不懈追求。近 30 年，国内外在教学系统设计理论研究方面取得了长足的进展，提出了很多有影响的教学设计理论。其中，主要有加涅的"九五矩阵"教学系统设计理论、瑞格卢斯等的精细加工理论(elaboration theory，ET)和梅瑞尔的成分显示理论(component display theory，CDT)及教学处理理论(instructional transaction theory，ITT)、史密斯(P. L. Smith)和雷根(T. J. Ragan)的教学系统设计理论以及我国的学者郑永柏 1998 年在综合了已有教学系统设计理论研究成果的基础上提出的教学处方理论(何克抗等，2002)。

　　作为再现现实的一种理论性的简约形式的教学系统设计模式，尽管名目繁多，但从其理论基础和实施方法的角度出发，何克抗等(2002)将其归纳为三大类：第一类是以教为主的教学设计模式，第二类是以学为主的教学设计模式，第三类是"教师为主导、学生为主体"的教学设计模式。其中，以教为主的教学设计模式因其理论基础不同，又可进一步划分为第一代教学设计模式(ID1)和第二代教学设计模式

(ID2)。ID1 模式的主要标志是在学习理论方面它是以行为主义的连接学习(即刺激—反应)作为其理论基础。ID2 模式的主要标志则是以认知学习理论(特别是奥苏泊尔的认知学习理论)作为其主要的理论基础，并指出，在传统 ID 四种理论基础中，除学习理论之外的其余三种(即系统论、教学理论和传播理论)在所有 ID 模式中的体现都是差不多一样的，即这三种理论对所有 ID 模式的影响基本相同，只有学习理论在不同 ID 模式中的体现才有显著的差异。因此，只有以学习理论作为 ID 模式发展的"分代原则"才真正抓住了事物的本质。

以学为主的教学设计模式即第三代教学设计模式(ID3)，其主要标志就是以建构主义作为其理论基础。它与前两代 ID 的主要区别在于：ID1 和 ID2 的理论基础涉及四个方面，即系统论、教学理论、学习理论和传播理论，而 ID3 的理论基础是系统论和建构主义理论。

以学为主教学系统设计(ID3)的发展主要来自两方面的研究成果：多媒体网络技术和建构主义理论。技术为丰富的教学环境和活动构建提供了支持，而建构主义理论为技术活化和技术整合到学习中指明了方向。这两类成果在教学中的应用常常交织在一起。

在教育技术领域中，早期对技术应用的研究集中在媒体信息呈现和传递模式上，如多感官作用对教学的价值。较近的一些研究集中在交互、人机界面、超媒体环境中的导航等问题上。这些研究较多地关注学生反应，但本质仍是通过信息内容的"适时"呈现，照顾学生的个别差异。与此同时，技术应用研究的另一个重点方向是如何利用计算机作为学生的认知工具。计算机的这种使用方式已经开始关注过程和问题解决。这表明教育技术领域中开始注重把计算机看作支持学习过程和意义建构的工具。最近几年，网络被看做信息资源的空间，基于资源的学习成为研究的热点；网络又作为一个活动的空间，是包含社会性质和工具性质的空间，网络环境下的教学活动，如抛锚式教学、基于问题的教学、探究式教学等都体现了技术支持"学"的理念。

"信息技术是建构主义应用于教学的先决条件。"(何克抗，1997) 20 世纪 90年代以来，随着计算机多媒体和网络技术的发展，建构主义迅速成为教育技术研究的热点并成为以学为主的教学设计的理论基础。在短短的 10 多年时间内，关于以学为主的教学设计理论和研究不断发展，不同的学者在建构主义如何指导教学设计(或学习环境开发)上从各个角度提出了新的见解。

普京斯(Pekins,1991)提出了分析学习环境的要素。他认为，所有的学习环境，包括传统的教室，都由以下要素组成：信息库，符号簿，表现场所，建构工具，任务管理者。

当代最有影响的建构主义代表人物之一乔纳森(Jonassen，1997)提出了用于设计建构主义学习环境的模型，该模型由六部分组成：问题(包括疑问、项目、分歧等), 相关的实例(或个案), 信息资源, 认知工具, 会话与协作工具, 社会背景支持。

1997 年何克抗教授根据多年的教改实践, 在对以教为主的教学设计模式和以学为主的教学设计模式深入剖析的基础上, 将两种模式结合起来, 取长补短, 提出了"学教并重"教学模式和"以教师为主导、以学生为主体"的教学设计模式。"学教并重"教学模式和"主导—主体" ID 模式尤其是基于 Internet 的"学教并重"网络教学模式的理论基础就是当代最有影响的两种"学与教"理论的结合, 也就是奥苏泊尔的"学与教"理论和建构主义的"学与教"理论二者的结合。建构主义理论的突出优点是有利于培养具有创新思维和创新能力的创造型人才; 其缺点则是忽视教师主导作用的发挥, 忽视情感因素在学习过程中的作用, 因而不利于系统知识的传授, 甚至可能偏离教学目标。而奥苏泊尔理论刚好与建构主义相反, 其优点是有利于教师主导作用的发挥("有意义接受学习"理论和"先行组织者"策略都是建立在充分发挥教师主导作用的基础上, 否则无法实现), 并重视情感因素在学习过程中的作用(运用奥苏泊尔的动机理论能较好地控制与引导情感因素, 是指在学习过程中能发挥积极的促进作用, 而不是相反); 其突出的缺点则是强调传递—接受学习, 否定发现式学习, 在教学过程中把学习者置于被动接受地位, 学习者的主动性、创造性难以发挥, 因而不利于创新人才的成长。可见, 二者正好优势互补, 由于"学教并重"这种新型教学模式和与之有关的"主导—主体" ID 模式能兼取两大理论之所长并弃其所短, 因此具有比较科学而全面的理论基础, 不仅适用于指导课堂教学, 也可适用于指导网络教学和多媒体辅助教学课件脚本的设计与开发。

在整个教学设计理论的不同发展阶段, 研究者虽然都以问题解决作为教学设计的一定载体, 但研究的重点又有所侧重。为将问题解决纳入教学过程, 杜威和桑代克最初提出应将教学过程进行设计构想的主张。他们提出应发展一门连接学习理论和教学实践的学科, 建立一套与设计教学活动有关的理论体系。

在行为主义学习理论的影响下, 教学理论研究者应用行为主义学习理论的思想和观点, 构建了教学过程的程序和环节, 开辟了一条教学与技术相结合的新路。由此引发出对教学设计(instructional design)的研究。斯金纳的程序教学就是影响较大的教学设计模式。这种教学设计将问题解决作为测定教学效果的手段, 并由此设定行为目标, 根据学习者问题解决的情况选择教学分支。因此, 这种理论注重外在刺激, 当学习者对特定刺激作出适当反应时, 对学习的结果就作出适当的强化, 以巩固学习成果。由于行为主义这种学习理论强调认识来源于外部刺激, 并可通过行为目标检查、控制学习效果, 在许多技能性训练或作业操练中, 刺激—强化又确实有明显的作用, 因而在 20 世纪 60 年代末和整个 70 年代这种学习理论曾风行一时, 对早期教学系统设计的发展有很大影响。但是由于这种学习理论只强调外部刺激而完全忽视学习者内部心理过程的作用, 对于较复杂认知过程的解释显得无能为力。因而随着认知主义学习理论的发展, 单纯建立在行为主义联结学习理论基础之上的教学系统设计逐渐受到批评。在此背景下，美国著名教育心理学家罗伯特·M.加涅吸收行为主义和认知主义两大学习理论的优点，提出一种折衷观点，即所谓"联结—认知"学习理论。这种理论主张既要重视外部刺激(条件)与外在的反应(行为)，又要重视内部心理过程的作用，即学习的发生要同时依赖外部条件和内部条件，教学就是要通过安排适当的外部条件来影响和促进学习者的内部心理过程，使之达到更理想的学习效果。加涅的"联结—认知"学习理论在 90 年代以前的以教为主教学系统设计中曾产生过较大的影响。

以教为主教学设计系统理论是将问题解决作为隐性课程，教学往往过于强调知识的明确性、问题的标准性和答案的唯一性，因而大量采用了结构良好的问题作为习题进行训练。这些习题对于促进学生对知识技能的巩固有一定意义，但这种习题的结构过于良好，与现实世界中的真实问题有很大的差距，因而对这些习题的训练往往并不能发展学生的实际问题解决能力。以学为主教学设计理论则试图将问题解决作为显性课程，教学活动中设计更多的结构不良问题，注重学生的高水平思维能力的发展。乔纳森(1997)对以学为主的教学设计理论研究和实践影响很大，在他主编的《学习环境的理论基础》一书中强调要用当代建构主义理论作为教学设计的理论基础，认为当代建构主义理论对复杂学习领域、高级学习目标和结构不良领域的教学设计有很好的指导作用。

从以教为主教学设计和以学为主教学设计的演进来看，我们可以发现，注重问题都是各种教学模式的共同特征，即问题是各种教学模式中的特征不变量。因此，即使是不同代的教学设计模式，在问题性上也存在着共同之处。但由于理念的泾渭分明，在问题性上又存在显著的差异。这主要反映在以下方面。

(1) 教学目标：前者仅仅将问题解决作为隐性课程来对待，把问题解决等同于机械训练，作为巩固知识的手段，教学中主要涉及的是结构良好的问题，培养的是学生低层次的思维技能，难以实现学习者实际问题解决能力和高级思维技能发展的目标；后者将问题解决作为显性课程，教学中涉及更多的是结构不良的问题，让学生通过问题解决来学习，注重培养学习者的高级思维技能和实际问题解决能力。

(2) 教学内容：前者指向书本，囿于学科领域，事实上造成问题解决的去情境化，使得问题呈现和解决脱离了原有的问题情境和学生的生活经验；后者指向现实，面对综合领域，强调问题解决的情境化。

(3) 教学方式：前者问题解决以讲授、操练、灌输为主要方式，强调问题解决的划一性和收敛性；后者问题解决以探究、研讨、互动为主要方式，强调问题解决的多样性和发散性。

(4) 学习方式：前者以被动接受、反复练习的学习方式为主，后者以探究性和实践性学习方式为主。

(5) 学习评价：前者以对封闭性问题解答的效率为主，注重纸-笔测验；后者强调学习者的实作性能力考察和在问题解决过程中所形成的持久性理解效果。

回顾问题趋向的教学改革史,"做中学"为什么会遭批评,"发现学习"为什么会放弃,现在的问题式学习又能否逃脱同样的厄运呢?面对历史的训诫,我们必须对问题式学习的基本机制和制约条件作详尽、深入的研究,以避免教学改革中不必要的曲折。在采用问题趋向的教学思路来改革教学时,张建伟(2000)指出以下问题值得注意。

(1) 通过问题解决来学习有其内在条件。问题解决活动可以引发学习者的思考、分析和探究活动,但问题解决与学习毕竟是性质不同的两种活动,问题解决能否导致有效的经验建构,这首先依赖于其内在条件:学习者以何种方式解决何种问题。探明问题解决导致知识经验建构的机制及其条件,这是研究者面临的重大课题。

(2) 不同学习途径的整合。问题式学习有其优势,但它并不能包打天下,不可能也不必让学生完全通过问题解决来学习一切内容,它应该和其他学习途径和方式结合起来,如查阅、听讲、交流讨论等,应发挥不同学习形式的优势,促进知识经验的建构。

(3) 问题式学习需要有力的引导和支持。问题式学习强调学习者的主动探究,但这并不意味着让学习者完全自由探索。在通过问题解决进行学习的过程中,学习者会面临一系列特定的困难,如如何提出假设,如何设计实验,如何分析搜集的数据,如何进行现场调查,以及如何对学习活动进行计划、调节和反思等。而且,当问题的难度比较高时,学习者原有的知识基础可能不足以应付挑战,还需要在知识准备上为学习者提供必要的支持。外在的引导和支持对这种学习活动也是非常必要的。

(4) 新技术的利用。以计算机为核心的信息技术可以为新的教学提供有力的支持。例如,网络与通信技术、计算机外接传感器、实验模拟软件、专门的学习工具软件以及一些普通工具软件(如字处理、数据库、电子表格等软件),等等,这都可以作为有力的建构工具,从不同的角度、以不同的形式支持学习者的问题解决和探索活动。教育技术的发展为教学改革提供了前所未有的有利条件。

(5) 教师培训的重要性。在以问题解决为基础的教学中,教师的作用不是小了,而是更为关键了,他们的设计、引导、支持和促进作用对学习的成功来说是极为重要的。以往许多教学改革之所以失败,忽视教师的作用、忽视教师的培训是个很重要的原因。

## 1.2.4 对已有研究的述评

几个世纪以来,人类问题解决一直是心理学家感兴趣的研究课题。他们从不同的角度对问题解决进行解释:行为主义心理学家强调解决问题的过程是尝试错误而最后成功的过程,格式塔心理学派认为问题解决是"顿悟"的结果,奥苏伯尔等把问题解决看做是填补空白的过程，而信息加工心理学家则视其为搜索算子的过程。例如，Newell 和 Simon 认为问题解决就是在问题空间进行搜索，以找到一条从问题的"初始状态"转化到"目标状态"的通路；加涅将问题解决看成是最高层次规则学习的结果；建构主义则把问题解决视作建构过程。

　　这些研究成果侧重于问题解决学习论的研究范畴，一般研究于实验室情境中。在上述理论研究成果基础上，为了促进学生问题解决能力的提升，以此发展学生高层次的思维技能，以问题为基础来展开学习和教学过程已经成为了建构主义的一条基本的改革思路。基于"问题解决学习"的设计思想便自然引进了教学过程。"基于问题式学习"(problem-based learning)的教学模式最早是在 20 世纪 50 年代中期在美国医学教学中发展起来的，后来经过不断提炼，到目前，在美国高等院校乃至中小学教育中日益受到重视(Hmelo，Ferrari，1997)。这种模式正启发着当前我国基础教育课程改革的基本理念。目前，我国基础教育课程改革的基本理念指向于探究式学习，其具体体现在于"基于丰富资源的学习"、"基于真实情境的学习"、"基于问题解决的学习"、"基于案例的学习"、"基于项目研究的学习"以及"基于合作交流的学习"，实质在于主题与问题式学习。主题与问题式学习是一种与建构主义学习理论及其教学准则相吻合的教学设计思想。建构主义强调用真实情境呈现问题，营造问题解决的环境，以此活化学生问题解决过程中的知识与思维，变事实性知识(陈述性知识)为问题解决的工具(程序性知识)，由此搜索与建构问题解决的策略(策略性知识)。建构主义主张用产生于真实背景中的问题启动学生的思维，以此支撑并鼓励学生问题解决的学习，以拓展学习时空，增强学习能力。

　　我国新一轮基础教育课程改革区别于已往历次改革，不再停留在教科书或教学方法改革层面，而具有明确的课程理念和对课程的整体思考，是一场深刻的思维方式的变革。在这场改革中，数学教育大众化成为课程改革的基本理念；课程不再局限于"文本课程"，而是重视课程的生成性、选择性；教材不再是被神化的"经典"，而成为课程"范例"；教学不再是传统的"客观真理"的呈现，而是师生多维互动、对话交流的动态生命体验过程；除了知识和技能外，数学思考、解决问题、情感态度和价值观成为数学课程目标的重要内容。但从新课程实施反馈情况来看，教学仍停留在模仿和技术操作层面，究其原因，除了受师资水平的制约外，主要是缺乏与新课程理念相适应的教学操作范式的引导。数学问题解决教学为此提供了一条有效的教学思路。让"问题解决"走进数学课堂，基于"问题解决"进行教学设计，得到众多数学教师的青睐，并取得了良好的教学效果。但从现实情况来看，往往缺乏超越具体事实的有效提升，导致低效或无效教学活动的现象仍普遍存在。

　　我国传统的课程内容缺少必要的知识背景、直观基础和实际应用，学生无法看到知识的形成、发展和应用过程，不得不依靠大量重复练习，强化记忆。学生的问题意识差，知识遗忘率高，学习效率低。长期被动地学习，也造成学生思维的依赖性，迷信课本和教师，不敢大胆猜想和合情推理，缺乏创新意识。新课程重视情境认知，关注学习者的经验基础，注重展示数学学习过程和知识的社会协商意义，注重学生思考解决问题的意识和良好情感态度的培养。但现实中为情境、为过程、为协商而出现的停留在生活或经验层面的技术操作、频繁交流互动现象，学生获得的仅是一些"支离破碎"的、缺乏迁移力的东西，缺乏超越具体事实的抽象、概括和提升，忽视了对知识建构和数学本质的阐释，学生仍难以学到"真正的数学"。数学问题解决教学基于"问题"和"问题解决"组织教学活动，注重新课程理念和教学实践的有机结合，重视知识建构和学习创新，适应问题解决对问题提出要求的开放性和统摄性、对过程要求的开放性和挑战性、对结果要求的可迁移性和应用的广泛性。让学生在问题解决的过程中获得灵活的数学知识和技能、学会数学地思考、发展高层次数学思维能力、问题解决能力和应用能力，因而成为有利于实现多维数学课程目标的重要教学方式。但由于受到理念、师资水平和教学资源等条件的限制，在实施过程中仍存在许多问题。综合已有文献，我们认为在数学问题解决教学研究与实践方面主要存在如下不足。

(1) 已有问题解决教学理论的研究并没有真正地转化为指导教师教学实践的指南，在理论与实践之间依然缺乏一个有效沟通的桥梁——教学设计研究。数学教育研究的核心问题是，什么是数学，什么是数学学习，什么又是数学教学，什么是数学教育的根本目标？对这些问题的不同回答反映了人们不同的数学教育观念。英国学者 Paul Ernest 认为，数学观念对数学教师的教学实践会产生直接影响。他认为数学教师的数学观念主要有三个层次：第一个层次是"工具主义"(Instrumentalist)的数学观念。即认为数学是事实、规律和技能的累积，而后应用于某种需要，是孤立但有用的规律和事实的组合。第二个层次是"柏拉图主义"(Platonist)的数学观念。认为数学是一个完美的知识整体，固定不变地等待着人们去发现，即数学知识不是人类的创造，而是人类的发现。第三个层次是"问题解决"(problem solving view of mathematics)的数学观念。认为数学是通过人类的创造、发明而不断扩充的动态领域，是人类文化的成果。数学是不断探索的过程，数学的结果具有开放性，是可以反思的，而不是已经完成且一成不变的。持工具主义数学观念的教师扮演的往往是"指导者"(instructor)的角色，追求正确的表现和熟练的技巧，严格遵循教科书实施教学；持柏拉图主义数学观念的教师往往充当"解释者"(explainer)的角色，注重对数学知识整体的理解，在教学中对教科书内容和方法进行处理，适时补充相应的内容；而持问题解决数学观念的教师所表现出来的教师角色是"促进者"(facilitator)，强调问题提出和问题解决的过程，会进行个性化的课程建设。我们在对实验教师进行培训时，就上述四个问题进行了现场开放式问卷调查，结果很难令人满意！如果教师没有正确的数学教育观念，我们又如何期望他在教学实践中能够真正地落实数学新课程所倡导的数学教育理念呢？诸如"考考教师的法宝，分分学生的命根"，"请让我做题吧，除了做题我什么都不会!"这些现象的出现也就不足为奇了! 事实上，传统的数学教学仅仅将问题解决作为隐性课程来对待，把问题解决等同于机械训练，作为巩固知识的手段，教学中主要涉及的是结构良好的问题，培养的是学生低层次的思维技能，难以实现学习者实际问题解决能力和高级思维技能发展的目标。而且传统数学课程中把问题解决过程的探索和解题策略的研究作为问题解决的核心，即所谓"掐头去尾烧中段"，缺少问题提出过程和应用过程。应强调将问题解决作为显性课程，教学中所设计的问题不应是单一的问题，而是系列的问题，不同类型问题之间应当是有机联系的，既包括那些具有启发性的、本原性的、触及数学本质、能够在教学中起统帅作用的问题，也包括那些用于巩固知识、深化理解的封闭性的问题，更包括那些用于发展学生高级思维技能的半开放或全开放性的问题。问题解决的过程是一个完整的教学系统，不仅包括问题解决的逻辑化思维和策略选择过程，也包括问题的提出和应用过程，而且实际问题解决的过程并非是常规或自动化的，需要广泛地探索和摄取信息，不断地接收和处理不确定性信息，随时反思和调整，追求过程优化的动态过程。我们在课题开展的过程中强烈地意识到，已有问题解决教学理论的研究并没有真正地转化为指导教师教学实践的指南，在理论与实践之间依然缺乏一个有效沟通的桥梁。广大教师在实施数学新课程的过程中，迫切需要"可以理解的"、"可以学到手的"、"能够加以推广应用的"、与新课程理念相适应的教学操作范式的引导——教学设计。

(2) 信息技术环境下基于问题解决的数学教学设计的系统研究比较薄弱，特别是建立在信息技术环境下的问题解决学习机制基础之上的基于问题解决的教学过程理论几乎是空白。由前面的文献可知，问题解决教学思想由来已久，随着学习理论的发展，人们对问题解决教学的实质与功能的认识也在不断深化，但在具体的教学实践中，基于问题解决的数学教学的作用并没有充分地得以发挥，甚至成了"题海战术"的保护伞。教师在具体的教学设计时往往只关注局部而忽视整体，只关注教材内容而忽视教学中的"人"。显然，仅仅有局部点状的思考而忽视教学系统四要素(教师、学生、教学内容、教学媒体)的内在协调是很难作出整体综合性规划和设计的。这样的教学设计仍然难以跳出传统的"以教为主"教学设计的痼疾。这种教学设计的核心在于注重教学行为的设计、淡化学习行为的设计。导致基于问题解决的数学教学实践出现上述问题的原因也许是多方面的，但很显然的一个原因便是在我国教育界一直缺乏一个合适的将理论与实践联系起来有效推进改革的工具。我们认为基于问题解决的数学教学是一种能够充分体现建构主义学习理论的教学思想，而这种教学思想的实现需要科学合理的教学设计操作范式来导引。

教学设计是以人类学习的某些心理学原理，尤其是以学习赖以产生的条件为基础。由于教学和学习的这种紧密联系，所以，教学设计的最本质活动可以表述为这样一个基本原理，即"根据不同的学习结果类型创设不同的学习的内部条件并安排学习的外部条件"(加涅等，2004)。只有搞清楚了影响问题解决学习的主要因素，才能构建出相应的基于问题解决的教学过程理论，进而才能够设计出有效促进学生问题解决学习活动的教学结构、教学模式和教学策略。

(3) 忽视教学系统设计理论与方法指导下的支持学习者问题解决的学习环境设计研究。学习环境是影响学习者数学问题解决学习和能力生成的一个重要的外在因素。基于问题解决的教学是在教师指导下学生指向学习环境的，表现为学生与学习环境、学生与教师、学生与学生和教师与学习环境所构成的关系系统。其中，学生与学习环境的关系是关键和核心，因为基于问题解决的教学之所以必要和可能，就是源于学生与学习环境的不协调。这种不协调的主要表现是学生对问题的困惑、疑虑的产生或新知与旧知的矛盾。通过学生主动地探究而达成问题的解决、疑虑的消除和新旧知识矛盾的适当处理，学生与学习环境达成协调。当然，这只是暂时的协调。学生的成长与发展正是在他们与环境的不协调到协调再到新的不协调的循环往复中逐步达成的。基于问题解决的教学目标应为学生的自我探究、自我调控、主动参与、主动学习与发展而设定。学习环境包括物理学习环境、人际交互环境和技术学习环境。虽然已有文献在不同方面都反映出了信息技术能够为学习者的问题解决认知过程提供理想的数学实验和人际互动的环境与工具，但这些文献同时也特别强调技术并不是所有问题的解决答案，并不是基于信息技术的数学问题解决教学一定能够促进数学学习，真正的问题是如何使用技术，技术对数学学习的效果依赖于如何使用技术。也就是说，在教学中需要根据课程知识内容特点、学习目标、学习任务以及学习者的特点有选择地、恰当地使用技术和设计人际交互环境。但是在具体的教学中，如何根据数学学习的特点，既发挥信息技术在真实数学情境创设、丰富资源的提供、自主学习的认知工具支持、协作学习和交流的平台的搭建等方面的优势，又不忽视师生之间和学生与学生之间的互动与教师主导作用的发挥，将一些传统的教学手段和方法与信息技术有机结合，优势互补，从现有文献看，目前关于如何为学生的问题解决学习创设理想的学习环境的系统研究非常少。已有的研究由于缺乏基于信息技术环境下的科学的、教学系统设计理论和方法的指导，技术的运用始终只能停留在作为传统教学方法的辅助或点缀的层面上，没有形成系统的、能够有效支持学习者问题解决活动的学习环境设计理论体系。

(4) 缺乏数学方法论指导下基于信息技术的数学问题解决教学策略的研究。"问题是数学的心脏"，"探索是数学的生命线"，数学"问题解决"教学的根本意义就在于促进学生由对于合理思想方法的盲目的、不自觉的应用上升到创造性的、自觉的应用。而要实现这个目的，教师不仅需要具备正确的教育思想和教育观念，而且需要采取恰当的能够启发和调控学生问题解决思维活动的教学策略，积极地发挥教师在基于"问题解决"的教学中的作用。而已有的文献在基于问题解决的教学策略方面缺乏系统的研究。例如，如何根据知识类型的特点设计合理的教学方式，如何将课程知识内容转化为需要学生探究的问题，数学问题设计策略有哪些，如何引导学生从真实的情境中发现问题、提出问题，又如何从数学方法论的高度指导学生恰当地利用技术进行问题探究，应当引导学生进行怎样的探索才能最有效地培养和提高学生的数学思维能力？这些都是我们在课题开展过程中，教师迫切需要解答的问题，也是有效推进数学新课程实施亟待解决的问题。我们发现，基于问题解决的数学教学实践中的两种倾向是比较明显的：其一是将"问题解决"理解为"数学解题"。"题海战术"在"问题解决"保护下得以"深入扎实"地开展。其二是将"问题解决"理解为"解数学应用题"。我国中学数学杂志冠以"问题解决"的文章比比皆是，但往往停留在通过机械模仿或操练掌握一些孤立事实、算法程式上。问题解决显然不能停留在解题上，数学课程也不能都像《九章算术》那样，止于实际应用而忽视系统理论研究。具体问题的解决可以作为理论研究的起点，让学生获得那些超越具体事实的概念、原理等更具迁移力的东西，才能从根本上减轻学习负担。问题解决应在数学教学系统中发挥更大的作用。

(5) 信息技术与数学课程整合的广度、深度都很有限。纵观国内外信息技术与数学课程整合研究可以看出，尽管各国都非常重视信息技术与数学课程整合的理论研究和实践探索，在理论和实践中取得了一些成就，产生了一定影响。但信息技术与数学课程的整合仍不够完善，没有实现人们预期的结果和目标。究其原因是因为广大教师并没有真正地理解和落实信息技术与数学课程深层次整合的内涵和目标。教师对信息技术的使用尚处于适应阶段，在很大程度上仍是在维持传统的教学模式，在课堂上以教师为主宰，教师与学生、学生与学生之间的互动不足，学生自主学习和数学交流的机会缺乏。大多数教师在课堂上利用计算机来提供多媒体材料和呈现教材，只有少部分注意到用来与学生互动和交流，课堂上计算机的使用多是作为教师的教学工具，而没有能够为学生数学学习创设优质的实验环境和数学问题解决提供理想的认知工具，核心问题是传统的教学结构没有发生根本性的变化。信息技术与数学课程深层次整合的实质与落脚点是变革传统的教学结构，即改变"以教师为中心"的教学结构，创建新型的、既能发挥教师主导作用又能充分体现学生主体地位的"主导--主体相结合"的教学结构。

另外，国内外对于信息技术与数学课程整合的实践研究主要集中于各类教学软件在数学教学中的应用。文献中体现最多的就是"几何画板"、"Z+Z 智能教学平台"和"图形计算器"在数学中应用的经验总结，此外还有"几何教师"、"Logo 语言"、"几何推理者"、"Mathematics"等教学软件，也是数学教学中应用的重要工具。这些工具软件的使用一定程度上消解了学生对一些抽象概念理解上的困难，有利于突破教学难点和解决一些难以用传统教学媒体讲清楚的问题，但这些工具软件的使用往往局限于教师演示、学生旁观的状态，加之课件制作需要花费教师大量的时间和精力，难以做到常规化，只是在"公开课"、"示范课"上偶尔为之，难以从根本上改变学生获取知识的方式和传统的"以教师为中心"的教学结构。要使信息技术与数学课程教学更好地整合，必须让数学教师都能用较少的时间创作出合适的课件，或不需要花时间制作课件，并在课堂教学中熟练地、经常地使用，就像使用粉笔和黑板一样自然流畅。同时更为重要的是，信息技术不仅仅是教师教学的工具，更应该是学生进行自主学习的理想的工具与环境。Microsoft Math、几何画板、"Z+Z智能教学平台"、"V-class 网络教学平台"等信息技术的使用正在改变传统数学的性质，数学既是演绎科学也是归纳科学。数学教学软件的出现改变了数学只用纸和笔进行研究的传统方式，给学生的数学学习带来了最先进的工具，使得"数学实验"成为学生进行问题解决学习的一种有效途径，一种新的做数学的方法，即主要通过计算机实验从事新的发现。信息技术的有效使用，不仅可以大大增强数学学习的直观性，克服思维发展水平的局限，提高学生学习的兴趣和教学效率，而且有利于改变学生被动接受的学习方式，充分发挥学生的认知主体作用。因此，如何选择和合理使用数学教育软件就是信息技术与数学课程深层次整合能否取得成效的关键。

综合以上已有理论研究和实践探索中的成果和存在的问题，自然奠定了本书研究的起点和需要进一步研究的问题。

# 1.3　研究的思路和总体设计

## 1.3.1　研究的问题

正是基于对研究背景和相关文献的认识，依托何克抗教授主持的国家教育科学"十五"规划重点课题"基于网络环境的基础教育跨越式创新探索试验"(课题批准号：BCA030017)课题和作者 12 年中学数学教学、10 年师范大学从事数学教育教学和研究的经历，我们试图选取信息技术与数学课程深层次整合为研究视角，选取面向学习者的基于问题解决的数学教学设计为研究对象，并以研究视角和研究对象的汇合为研究的起点。更为具体地说，本书将致力于研究："在数学课程改革和教育信息化背景下，如何构建出一种信息技术支持的、面向学习者问题解决能力的、体现数学教学本质的基于问题解决的数学教学设计的理论与方法？"其中的子问题主要有：

(1) 尝试构建课堂网络环境下基于问题解决的数学学习模型；

(2) 探索基于问题解决学习模型的数学教学过程系统结构及其阶段性特征；

(3) 在基于问题解决的数学教学过程理论的基础上提出基于问题解决的数学教学设计过程模式的理论框架；

(4) 探索信息技术环境下基于问题解决的数学教学过程设计方法；

(5) 探索信息技术环境下基于问题解决的数学学习环境设计方法；

(6) 探索信息技术环境下基于问题解决的数学教学策略设计方法;

(7) 通过实证研究来检验信息技术环境下基于问题解决的数学教学设计理论的严密性和实践可操作性。

### 1.3.2　研究的价值

从信息技术与数学课程深层次整合的视角,研究面向学习者的基于问题解决的数学教学设计,具有重要的价值内涵:

(1) 通过构建信息技术环境下的面向学习者的基于问题解决的数学教学设计的理论和方法,希望能够为数学新课程的顺利实施,全面落实数学新课程的先进理念和多维目标,充分发挥数学问题解决教学的功能,为教师的有效教学提供理论指导和操作范式支持。

(2) 探索信息技术环境下的基于问题解决的教学过程设计、学习环境设计和教学策略设计,旨在为教师有效地将信息技术与数学课程深层次整合,促进学生掌握数学知识与技能的同时,提高学生发现问题、提出问题以及分析问题和解决问题的能力,培养学生的合作意识、创新精神和信息素养。

(3) 通过整合应用,提高人们对信息技术与数学课程整合价值的认识,信息技术不仅能够支持效率和通信,而且能够支持学习者的认知发展和高级思维技能的提高。

(4) 通过信息技术环境下基于问题解决的数学教学设计的实践,促进教师专业发展和信息技术技能的提高。

### 1.3.3　研究的方法

#### 1.3.3.1　文献调研法

通过搜集整理文献资料,探索构建信息技术环境下基于问题解决的数学学习模型和基于问题解决学习模型的数学教学过程系统结构及其阶段性特征,在此基础上提出信息技术环境下基于问题解决的数学教学设计过程模式,并对模式的主要构成要素——教学问题、教学过程、学习环境、教学策略、教学模式等分别展开探究,旨在构建面向基础教育数学教学实践的信息技术环境下基于问题解决的数学教学的理论与方法。

#### 1.3.3.2　行动研究法

在文献资料研究的同时,依托课题深入中学教学第一线,通过与课题试验学校中学数学任课教师密切合作,了解数学教学的实际情况,结合实际教学内容、教学环境以及学生特点,将信息技术整合于基于问题解决的数学教学,展开教学实践尝试,并对教学实践中所得的数据和案例进行分析和反馈,总结实践中经验和教训,在行动中研究，在研究中行动，对构建的基于问题解决的数学教学设计理论和方法持续进行修改完善。

### 1.3.3.3 案例分析法

案例是一种有代表性的范型，案例分析法是透过个案现象看本质结构的过程。本书将尽可能地列举出丰富真实的教学案例并作相应的教学分析和点评，从而充分体现出信息技术支持下的基于问题解决的数学教学设计的理论与方法对数学新课程实施的意义。

### 1.3.3.4 质性研究法

学习者对数学学习的情感态度、认知发展和高级思维技能的养成是一个长期的过程，不可能通过完全量化的方法来作简单的测评和断言。因此，在基于问题解决的数学教学研究中，本书还将结合质性研究方法来分析本研究在教学实践中取得的成效和不足之处。

# 2

# 研究的理论基础

从前面的文献可知，基于问题解决的教学思想由来已久，问题解决的学与教是一个多学科关注的领域，心理学、社会学、人类学、数学教育学等学科从不同视角对问题解决的本质、功能等进行了系统的研究，形成了诸多不同的学术观点。随着现代信息技术和学习理论的发展，人们对基于问题解决的教学的实质与功能的认识也在不断深化。为了促进学生问题解决能力的提升，以此发展学生高层次的思维技能，以问题为基础来展开学习和教学过程已经成为了建构主义的一条基本的改革思路，而"信息技术是建构主义应用于教学的先决条件"(何克抗，1997)。鉴于数学的对象主要是抽象的形式化的思想材料，数学的活动也主要是思辨的思想活动，因此，数学新知识的学习就是典型的建构学习的过程(涂荣豹，2004)。有关数学教育的理论很多，荷兰著名数学家、数学教育家汉斯·弗赖登塔尔提出的数学教育思想对现代信息技术环境下基于问题解决的数学教学具有非常重要的理论和实践意义。同时，"数学教学是数学活动(思维活动)的教学"，数学新课程特别强调培养学生的创新意识和实践能力，何克抗教授根据当代心理学和神经生理学研究成果而提出的关于创造性思维的"内外双循环理论模型"(DC 模型)为我们如何在基于问题解决的数学教学中培养学生的创造性思维能力指明了方向。此外，本章还特别提及主导—主体教与学的理论，它是当前我国信息技术与课程整合重要的指导理论，同时也是本研究的重要理论基础。

## 2.1 建构主义学习理论

20 世纪 90 年代初建构主义的介入开辟了教学设计的新道路。如今，建构主义已成为数学与科学教育以及社会科学、艺术、文学教育等领域中最具影响力的思想取向。很大程度上，建构主义已成为当今正规的教育理念中必不可少的组成部分，深刻地影响到了许多发达国家的课程与教学改革。例如，美国的 NCTM 为数学教师制定的资格标准很大程度地倡导了建构主义教学，澳大利亚国家数学纲要及英格兰国家课程均渗透了建构主义思想。我国的教学设计也受到了建构主义的影响。

建构主义有三种主流传统：教育建构主义、哲学建构主义和社会学建构主义。即使教育建构主义又有多种变体，但个人和社会是教育建构主义的两种最基本，也是最重要的取向。

教育建构主义的核心是对人与知识关系的诠释。它的根本信条是：学习是主动建构知识而不是接受知识的过程，教学是支持建构知识而不是灌输知识的过程。

显然，建构主义是与支撑传统教学行为的客观主义认识论相对的新认识论。客观主义认为，世界是由既存事实构成的；知识的目标在于提供一种关于世界是什么样子的原原本本的说明；科学的经验规律和理论命题就是用来提供这些原原本本的描述；教学就是将这样的知识传递给学生。由此可见，建构主义教学与传统教学的根本差异在于对"知识"、"学习"、"建构"，以及支持学习的适当"过程"等有着根本不同的处理。

### 2.1.1　个人建构主义

#### 2.1.1.1　个人建构主义的主要内容

个人建构主义的关键假设是：

(1) 知识通过经验建构而来；

(2) 学习产生于个人对知识的阐释；

(3) 学习是学习者在经验基础上主动建构对意义理解的过程。

认知心理学及人类发展的背景证明这些规则是可靠的。个人建构主义学习理论的先驱可以追溯到皮亚杰，今天以冯·格拉塞斯费尔德(Ernst Von Glasersfeld)和凯茜·弗斯内特(Cathy Fosnot)为代表。这一观点强调人类认识世界过程中个体的建构活动以及建构者的主体性。当学习者个人的认知预期没有被满足，而它又必须解决期望与现实之间的矛盾时，学习发生了。即学习就是发生在学习者努力解决这一认知冲突时的个人建构之中。此时，学习者置身于促进他们同化与顺应的先拥知识和经验之中，主动地、努力地建构起他们自己以及他们的世界。教师和学生同伴的重要作用在于作为一种"扰乱"或"困惑"的来源，以刺激个体的学习。正如冯·格拉塞斯费尔德所认为的，人是促进学习者当前理解的最有效且现成的"困惑"来源。因此，在个人建构主义框架中，关注点是群体中的个体，以及个体头脑中认知的发生。从该角度出发，关于学习的研究主要在于探讨文化对个体心理过程的影响。

#### 2.1.1.2　个人建构主义对教学设计的启示

从教学设计的角度看，既然学习是知识的建构、意义的制定，任何人都是依托其自身的经验去建构知识，而这一建构的动力显然来自学习者与其环境的积极互动。那么，教学就是创设优化的学习环境，以支撑个体对知识的建构，而且这样的学习环境应该以制造适当的"困惑"、帮助并引导学习者解决"困惑"为核心，故以问题制造"困惑"、以目标导引解决"困惑"和以工具/资源和"脚手架"支撑问题解决则是学习环境设计的主要内容。

## 2.1.2 社会建构主义

### 2.1.2.1 社会建构主义的主要内容

社会建构主义的关键假设是：学习是磋商不同观点的社会性协作过程。

这一取向的建构主义发端于维果斯基的社会文化历史学说，而今可在罗萨兰德·德赖弗(Rosaland Driver)的科学教育以及保罗·欧内斯特(Paul Ernest)的数学教育研究中见到清晰的论述。与皮亚杰及冯·格拉塞斯费尔德关注个体建构所不同的是，社会文化取向的建构主义强调认知所嵌入其中的社会与文化的情境脉络。从社会建构主义的代表人物维果斯基、列昂杰夫和巴克廷等的观点来看，这一取向探讨的是认知的社会起源(如个体具有的语言作为中介工具对建构意义的影响)。它关注的是集体行为——共同体，学习发生在当人们参与到彼此分担着努力的社会文化活动中时，在其中，共同体中的所有成员都扮演着主动但往往是不同的角色(沃茨奇，托马，2002)。关注的焦点是共同体中个体参与方式的变化，而不是个体在这样一种活动中的建构(Duffy，Cunningham，2001)。因此，在社会建构主义看来，学习就是一个文化适应的过程，社会和文化过程及其制品是研究的核心。个体要面对世界并搞清楚他们经验的意义：文化适应和语言都被置于社会背景中。

### 2.1.2.2 社会建构主义对教学设计的启示

学习不仅仅是一种个人现象，它同样是一种社会过程。社会建构主义强调了学习是知识的社会协商，是一种社会建构的过程。因此，教学就是要让所有的学生发出自己的声音，允许多元价值的存在，并形成相对共同的价值共同分享。为此，教学设计就是要创建一种超越传统班级授课制的新型学习组织形式——学习者共同体。其间，教师和学生都是学习者，但教师必须以专家学习者的身份引导学生的发展，学生在同伴特别是教师的协助之下，师生在相互促进彼此的发展之中共同成长。

相对于一般的建构主义观点而言，我们明确提倡社会建构主义的立场。社会建构主义的核心就是对数学认识活动与数学学习活动的社会性质的肯定。数学的认识并非是一个封闭的过程，也不是一种直线型的发展，而必然有一个发展、改进的过程；而所说的"发展与改进"则又主要是通过与外部的交流得以实现的，即必然包含有一个交流、反思、改进、协调的过程。

数学学习活动及其构成也不能单纯看作是个人的进程，而是在于学生的共同活动，包括一起分析并寻找联系与解答，一起设计与证明，并实现活动，还一起检验与评估其结果(包括对错误的分析)。共同的活动是自然形成的，个人的认知与能力是在处理各种情境的相互作用、交流与合作的过程中得到发展的。

　　社会建构主义解释了个人与社会相互作用促进主观知识与客观世界相适应的机理，为个人主观知识的建构提供了认识论基础。在教育范畴这一理论体现为主体学习的内涵。"物质和社会的客观制约对主观知识具有塑造作用，这种作用使得主观知识与客观知识之间相一致"（欧内斯特）。因此，教学中学生是主观知识建构的主体，他们以客观知识为参照，借助于个人先前的经验去建构新的知识体系，而个人构筑的主观知识是否与客观知识相一致，需要由社会评判。在教学中教师是主要的评判员，教师依据自己的主观知识去评判学生自我建构的主观知识，从这个意义上说，教师是教学中的另一个主体，而其行为表现出一种"主导"作用（喻平，2004）。

　　对数学本质的现代认识，给数学教学以新的启示：其一，应当把数学教学理解为数学思维活动的教学，其范型为"过程+结果"；其二，数学学习是学生主动建构知识的过程，教师的主体性主要表现为设计利于学生主动建构知识的学习环境。

　　总之，个体的建构必然受到外部世界和社会环境的制约。作为社会建构主义的数学学习观，是把学生看成是一个个的主体，这些主体又和教师一起组成了一个共同体，正是这一"数学学习共同体"为数学学习这样一种主动的建构活动提供了必要的外部环境。教师的责任在于为学生的学习活动创造一个合适的"社会"环境，让学生通过与周围环境的相互作用，通过自身的知识和经验来建构自己的理解。建构观下的发现式数学教学包括问题解决与方法论重建两个基本过程，即教师创设合适的问题情境，学生先独立钻研问题，然后在教师指导下展开交流活动，通过相互启发，使问题得到解决，并从解题过程中得到方法论启示，再把方法应用到解决同类问题的过程中发现一般的原理，从而建构起自己对知识的理解。

## 2.1.3　情境学习与认知理论

### 2.1.3.1　情境学习与认知理论的主要内容

　　情境学习与认知理论的关键假设是：

　　(1) 学习应发生在(或置身于)真实场景(setting)；

　　(2) 评价应整合于任务之中，而不是一种单独的活动。

　　并不是所有的建构主义者都把情境学习与认知理论的观点作为其哲学基础的一部分，但是，情境学习与认知理论与建构主义共享着许多理论假设，许多建构主义者都赞同以上原则。持情境学习与认知理论者提出，思维与其所运用其中的真实生活情境脉络有着解不开的联系(Smith，Ragan，1999)。教育者称这种与情境脉络有关的学习为"情境认知"，这种学习类型叫做"真实性学习"。"抛锚式教学"便是置身于真实问题情境脉络中的一种教学模式。当然，人类学和教育心理学看待"情境认知"的视角是不同的。前者着眼的是生活大背景中的普通人和各个行业的从业者解决问题的过程，认为"学习是社会参与"，并同时提出了实践共同体的概念，肯定了学习者边缘性地参与实践共同体活动的合法性，从而强调学习是知识的意义和学习者的身份的双重建构。教育心理学家则把视角盯在当前极有价值的学校教育场景，强调通过拟真的问题情境脉络创设有利于学习者理解和掌握知识与技能的"实习场"，以解决以往从学校获得的往往是无法迁移和应用的"呆滞"知识的弊病。

　　另一类可归于情境学习与认知理论的建构主义观点认为，评价或评定应该是"真实的"，强调"实作评价"(performance assessment),把实作评价定义为："用于检验在真实世界情境中实际应用的、复杂的高级知识和能力，这样的评价通常伴有需要被评价者花费一定时间去完成的开放性任务"(Smith，Ragan,1999)。真实性评价通常是与学习活动融合为一体的，而不是一个独立的事件。一些建构主义者告诫设计者，尽管使学习者认识到评价是学习的一个组成部分是很重要的，但还必须关注在学习的初始阶段的活动，或解决问题时初始的尝试(包括失败)，以及所产生的反馈。他们认为评价不仅仅是学习过程的某一点上学习情况的标识，而且"可以对学习者经过初步的若干实践和反馈之后已经学到了什么作出更准确的反思"(Hibbard，2000)。

### 2.1.3.2　情境学习与认知理论对教学设计的启示

　　情境学习与认知理论强调了学习的实践参与的本质，即强调学习是人与世界之间的直接对话,所以作为学习方式的问题解决活动应该考虑更加真实、复杂的问题，把实践与学习融合起来，而不是导致两者之间的二元分离，而这一理解对我国的数学教学具有尤其重要的现实意义。在传统的数学教学中，教师在教学之初先讲解所要学习的概念和原理，而后再让学生做一定的练习，尝试去解答有关的习题。学生学习的主要任务是对各种知识的记忆和复述，从模仿到独立操作进而形成操作性技能。这种教学模式的潜在假设是：学和做是两个过程，知识的获得和知识的应用是教学中两个独立的阶段。学生必须先学了，先知道了，才能去做，去解决有关的问题。实际上，学和做、知识的获得和知识的应用是可以合而为一的，这就是"在做中学"，"通过问题解决来学习"(learning through problem-solving)。

　　综上所述,随着学习理论研究的深入,研究者对人的学习本质认识的不断深化，在这样一种状况下，人的学习的建构本质、社会协商本质和参与本质越来越清晰地显现出来，与之相应的新的教学隐喻也逐渐得以确立，这些赋予问题解决以新的功能(乔连全等，2005)。数学新课程明确体现了基于问题的课程开发理念，倡导"基于问题解决学习"的教学设计思想，可是，怎样才能使教师的教学设计不仅考虑数学自身的特点，而且更能遵循学生数学学习的心理规律呢？为此，弗赖登塔尔提出的数学教育思想为我们指明了方向。

## 2.2　弗赖登塔尔的数学教育思想

汉斯·弗赖登塔尔(Hans Freudenthal，1905~1990)是荷兰著名数学家、数学教育家，是 20 世纪最伟大、最具影响力的国际数学教育权威。作为一名数学家，他的主要研究领域是拓扑学和李代数，同时也涉及其他数学分支及哲学和科学史领域。作为一名数学教育家，他非常关注教育问题，很早就把学习和教学作为自己思考和研究的对象，并简单地解释说："我一生都是做教师，之所以从很早就开始思考教育方面的问题，是为了把教师这一行做好"(丁尔升，1997)。在随后长期的数学教育研究实践中，他逐步形成了适应儿童心理发展，符合教育规律，经得起实践检验，并具有自己独特风格的数学教育思想体系。他的这一体系，不仅在很大程度上改变了荷兰数学教育的面貌，也通过世界范围内的相互交流，极大地推动了国际数学教育研究的发展，尤其是他的"数学化"和"再创造"思想对各国中小学数学教育的改革产生了巨大的推动力。作为具有国际盛名的数学教育家，他 1954 年起担任荷兰数学教育委员会主席，1967 年又担任国际数学教育委员会主席，并主持召开了第一届国际数学教育大会(ICME)，创办了世界性数学教育杂志《数学教育研究》(*Educational Studies in Mathematics*)。鉴于他在数学教育方面的巨大成就和贡献，人们把他和伟大的几何学家 F. 克莱因相提并论，认为："对于数学教育，在 20 世纪上半叶是 F. 克莱因做出了不朽的功绩，而在下半叶则是弗赖登塔尔做出了巨大的贡献"(丁尔升，1997)。

弗赖登塔尔的数学教育思想是基于他对数学本质和今日数学特征的特殊认识，以及对数学教育的用处、目的和任务的特殊认识而产生的。在这些认识的基础上，提出了他对数学教育的看法。在他看来，数学教育具有以下五种特征：

(1) 情境问题是教学的平台；

(2) 数学化是数学教育的目标；

(3) 学生通过自己努力得到的结论和创造是教育内容的一部分；

(4) "互动"是主要的学习方式；

(5) 学科交织是数学教育内容的呈现方式。

这些特征又可概括为：数学现实、数学化、再创造。

### 2.2.1　数学现实

数学源于现实，也必须寓于现实，并且用于现实(start from,stay in and apply to reality)。这是弗赖登塔尔"数学现实"(realistic mathematics)思想的基本出发点。

弗赖登塔尔(1995)从巴比伦的数学，到埃及的数学，再到希腊的数学，逐一作了分析和思考之后发现，在巴比伦时代，数学是平民、商人、工匠、测量员以及天文学家的数学；在希腊，占星家和航海人员都需要数学，虽然那是极为贫乏的数学应用。同时得出论断："如果没有应用的推动，数学会变得多么贫乏！数学起源于实用，它在今天比任何时候都更有用！但其实，这样说还不够，我们应该说：倘若无用数学就不存在了。"

在以上认识的基础上，弗赖登塔尔形成了他关于"现实数学"的数学观和数学教育观。

### 2.2.1.1  数学观——现实的数学

对此，弗赖登塔尔(1995)指出，一方面根据数学发展的历史，无论是数学的概念，还是数学的运算与法则，都是由于现实世界的实际需要而形成的，数学不是符号的游戏，而是现实世界中人类经验的总结。数学来源于现实，因而也必须扎根于现实，并且应用于现实。数学不能脱离那些丰富多彩而又错综复杂的背景材料，否则将成为"无源之水，无本之木"。

另一方面，数学是充满了各种关系的科学，通过与不同领域的多种形式的外部联系，不断地充实和丰富着数学的内容。与此同时，由于数学本身内在的联系，形成了自身独特的规律，进而发展成为严谨的形式逻辑演绎体系。

因此，数学是现实的，是现实世界的抽象反映和人类经验的总结。它的过去、现在和将来都属于现实世界，属于社会。

### 2.2.1.2  数学教育观——现实数学教育

在《作为教育任务的数学》中，弗赖登塔尔说："数学的整体结构应该存在于现实之中。只有密切联系实际的数学才能充满着各种关系，学生才能将所学的数学与现实结合，并且能够应用……"并指出："对非数学家而言，与亲身经历的现实的联系将是至关重要的"。他主张数学应该属于所有的人，为此必须将数学教给所有人。他的这一主张成为 20 世纪 80 年代国际数学教育界提出的新口号——"大众数学"，其中包含两层意思：一是数学教育必须照顾到所有人的需求，并使每个人都从数学教育中尽可能多地得到益处；二是指在数学学习中，不同的人可以达到不同的水平，但也应该存在一个人人都能达到的水平。

弗赖登塔尔认为，每个人都有自己生活、工作和思考着的特定客观世界以及反映这个客观世界的各种数学概念、它的运算方法、规律和有关的知识结构。这就是说，每个人都有自己的一套"数学现实"。从这个意义上说，所谓"现实"不一定限于具体的事物，作为属于这个现实世界的数学本身，也是"现实"的一部分，或者可以说，每个人也都有自己所接触到的特定的"数学现实"。大多数人的数学现实世界可能只限于数和简单的几何形状以及它们的运算，另一些人可能需要熟悉某些简单的函数和比较复杂的几何,至于一个数学家的数学现实可能就要包含希尔伯特空间算子、拓扑学以及纤维丛等。

值得注意的是,弗赖登塔尔所说的"数学现实",是客观现实与人们的数学认识的统一体,并非先有一个"理论",然后去联系一下"实际",也不仅仅是从具体例子引入,然后做几个应用题就算完事。所谓"数学现实"乃是人们用数学概念、数学方法对客观事物的认识的总体,其中既含有客观世界的现实情况,也包括个人用自己的数学水平观察这些事物所获得的认识。因此,"数学现实"强调的是客观现实材料和数学知识体系两者密不可分,你中有我,我中有你,真正地融为一体。

因此,数学教学设计的要旨就在于,应该确定各类学生在不同阶段所必须达到的"数学现实";随着学生所接触的客观世界越来越广泛,必须了解并掌握学生所实际拥有的"数学现实";从而据此采取相应的方法,予以丰富,予以扩展,以逐步提高学生所具有的"数学现实"的程度并扩充其范围。通过这样的过程,数学教育将随着不断地扩展的现实而发展,同时数学教育本身又促使了现实的扩展,正像数学与现实世界的辩证关系一样,数学教育也应该符合这样的规律。

### 2.2.2 数学化

#### 2.2.2.1 "数学化"的含义

弗赖登塔尔认为,人们运用数学的方法观察现实世界,分析研究各种具体现象,并加以整理组织,以发现其规律,这个过程就是数学化(mathematization)。简单地说,数学地组织现实世界的过程就是数学化。他提出"数学应该被看待为人类的一种活动"的教育信念,形成了一套具有现象学特色的数学教育理论,这套理论的出发点是教育和教学两个方面的实践,而不是将数学看待为一个已经定型的系统的传承。他认为数学必须连接现实,必须贴近孩子,必须与社会联系,要体现人的价值,即数学应该以普通常识为起点,并立足于普通常识。弗赖登塔尔认为普通常识不是静态的,如一个数学家拥有的常识就不同于一个数学外行所具有的常识。另外,他强调常识会随着学习过程的延续而发展。他没有把数学简单地看做被传递的对象,而是认为数学是一种人类活动;教育必须为学生提供"指导性"机会,让他们在活动中"再创造"数学。弗赖登塔尔强调数学教学的重心应该放在应用方面,而欲将学校数学更广泛地应用到不同的脉络背景,数学化应该是数学教学的主要方式。

弗赖登塔尔所强调的数学化的对象可分为两类,一类是现实客观事物,另一类是数学本身,以此为依据数学化思想被分解为两大类:横向数学化和纵向数学化。横向数学化——对客观世界进行数学化,结果是数学概念、运算法则、规律、定理和为解决具体问题而构造的数学模型等;纵向数学化——对数学本身进行数学化,既可以是某些数学知识的深化,也可以是对已有的数学知识进行分类、整理、综合、构造,以形成不同层次的公理体系和形式体系,使数学知识体系更系统、更完美。

数学化可以包括公理化、形式化及模式化，弗赖登塔尔还认为，任何数学都是数学化的结果，不存在没有数学化的数学，不存在没有公理化的公理，也不存在没有形式化的形式(徐斌艳，2000)。

基于上述"数学化"思想，弗赖登塔尔指出：与其说让学生学习数学，不如说让学生学习"数学化"；与其说让学生学习公理系统，不如说让学生学习"公理化"；与其说让学生学习形式系统，不如说让学生学习"形式化"。(《21 世纪中国数学教育展望》课题组，1993)学生"数学化"的过程，就是将学生的数学现实进一步提高、抽象的过程。传统数学教学强调数学化后的结果，而忽视数学化过程本身，囿于数学知识的"封闭圈子"，教师只是传递数学知识，而不是设法去让学生发现数学知识。但是，在数学化的过程中，教师为学生提供"指导性"的机会，让他们在活动过程中"再创造"数学。所以说，数学教育的重点不是让学习者在一个封闭的系统中处理数学，而是让他们在一种积极的活动、一种数学化的过程中学习数学，这个"数学化"的过程必须是由学习者自己主动完成的，而不是任何外界强加的。事实上，横向数学化让学生从生活世界走进符号世界，利用数学作为工具处理和解决以现实为背景的问题，将非数学事物数学化，根据客观现实形成基本的数学概念、法则、定理，这正好是数学产生的路径。纵向数学化是在水平数学化之后进行的数学化，是从符号的世界到数学的世界。纵向数学化是在数学的范畴之内对已经符号化了的问题作进一步抽象化处理的数学化，是数学内部的活动，让符号语言得以在数学范畴中塑造、被塑造，以及被操作等过程，即对数学本身的数学化，以已有的数学知识为基础进行综合、演绎、整理，从而构造出整个数学大厦，这正好是数学不断发展、壮大的过程。综上所述，"数学化"不仅是数学知识的应用，也可以是数学知识的"再创造"。图 2.1 所示可视为"数学化"的全面理解。

$$\text{数学}\begin{cases}\text{横向数学化}\begin{cases}\text{从现实世界到数学知识}\\\text{从数学知识到实际问题}\end{cases}\\\text{纵向数学化——数学知识内部的迁移、调整}\end{cases}$$

图 2.1    数学化的含义

### 2.2.2.2    问题解决的实质是数学化的过程

对于"问题解决"，人们普遍地认为：问题解决主要是数学知识的应用过程，主要在于解决实际问题，通过问题解决的教学可以提高学生问题解决能力。我们认为，这种对问题解决的理解有失偏颇。事实上学习者对数学知识的建构过程本质上是问题解决的过程，而问题解决过程实质上是数学化的过程。

这里需要强调的是，"问题解决"不仅仅是应用数学知识的过程，它也可以涉及数学知识的"再创造"和"再构建"过程，即应当全面理解"问题解决"的含义，特别是要结合数学化来认识问题解决过程。

一方面，问题解决是数学化的目的和原动力，并且为数学化提供方向和目标，要求学习者在数学化的同时须自我监控、自我调节，沿着问题解决的方向前进。另一方面，只有经过数学化，问题的解决才成为可能，没有数学化，实际问题将处于一种模糊状态，无法定量地表达它，更不可能认识、解决它。由此可见，问题解决的过程即是数学化的过程，它们共同交织在数学学习过程中，学习者以问题为基础，通过数学化来实现问题的解决，同时在问题解决的过程中，可以再创造"自己"的数学知识，从而实现数学化。

### 2.2.3　再创造

弗赖登塔尔指出，一个学科领域的教学论就是指与这个领域相关的教与学的组织过程。而通过数学化过程产生的数学必须由通过教学过程产生的数学教学反映出来，因此，他认为数学教学方法的核心是学生的"再创造"（recreation），这和我们常说的"发现学习"并不等同。这里理解的创造，是学习过程中的若干步骤，这些步骤的重要性在于再创造的"再"，而"创造"则既包含了内容又包含了形式，既包含了新的发现又包含了组织。

根据对数学的看法及数学发展历史进程的分析，弗赖登塔尔认为数学的根源在于普通常识，数学实质上是人们常识的系统化，它与其他科学有着不同的特点，是最容易创造的科学。为此，在教学时，教师不必将各种规则、定律灌输给学生，而是应该创造合适的条件，提供很多具体的例子，让学生在实践活动的过程中，自己"再创造"出各种数学知识。即应该让每个人在学习数学的过程中，根据自己的体验，用自己的思维方式重新创造有关的数学知识。当然，这也并非机械地重复历史，只是在某种意义上重复人类的学习过程，重复数学创造的历史。这种创造并非按照历史的实际发生过程进行，而是假定我们的祖先在过去就知道了更多的现有知识以后，情况会怎么发生——可能发生的历史。

弗赖登塔尔认真分析了两种数学，一种是现成的或者是已完成的数学，另一种是活动的或创造的数学。其中，"现成的数学"以形式演绎的面目出现，完全颠倒了数学的实际创造过程，给予人们的是思维的结果。对此，他指出，数学家向来都不是按照他创造数学的思维过程去叙述他的工作成果，而是恰好相反，把思维过程颠倒过来，把结果作为出发点，去把其他的东西推导出来，并将这种叙述方法称为"违反教学法的颠倒"。而"活动的数学"则是数学家发现数学过程的真实体现，它表现了数学是一种艰难而又生动有趣的活动。弗赖登塔尔指出：传统的数学教育传授的是现成的数学，是反教学法的，学习数学唯一正确的方法是实行"再创造"，也就是由学生自己去把要学的东西创造或发现出来，教师的任务是引导和帮助学生进行这种再创造工作，而不是"生吞活剥"地把现成的知识灌输给学生。他认为这是一种最自然、最有效的学习方法。说它最自然，是因为生物学上"个体发展过程是群体发展过程的重现"，这条原理在数学学习上也是成立的。即数学发展的历程也应该在每个人身上重现，这才符合人的认识规律。当然这其中走过的弯路、进过的死胡同，这样的历程就不必让它在学生的身上重现。而说它最有效，是因为只有通过自己的再创造而获得的知识才能被掌握且可以灵活应用。

对于"再创造"学习方式的依据，弗赖登塔尔除了给出以上数学方面的依据外，还给出了以下合理的教育学方面的依据。

(1) 通过自身活动所获得的知识与能力，远比别人强加的要理解得透彻、掌握得更好，也更具有实用性，一般来说还可以保持较长久的记忆。

(2) "再创造"包含了发现，而发现是一种乐趣，因而通过"再创造"来进行学习能引起学生的兴趣，并激发学生深入探索研究的学习动力。

(3) 通过"再创造"方式，可以进一步促使人们借助自身的体验形成这样的观念：数学是一种人类的活动，数学教学也是一种人类的活动。

数学教育问题有两个方面，一方面教的内容是数学，这是一门以严谨的逻辑演绎体系为特征的科学；而另一方面作为教育，它又与社会有着千丝万缕的联系，社会需要、社会的变化时刻在影响着它，因而解决教育问题不能通过一篇论文，而要通过一个过程。解决数学教育问题，也不能单靠数学家或是教育家，而是必须依靠教育过程的参与者——教育者与受教育者。"再创造"原则的提出就是为了更好地反映出教育过程必须通过教师与学生双方的积极参与才能解决问题，尤其是更体现了"学生是学习的主体"这一思想，让受教育者——学生的活动更为主动、有效，以便真正积极地投入到教育这个活动中去。

伟大的教育家夸美纽斯有一句名言："教一个活动的最好方法是演示。"他主张要打开学生的各种感觉器官，那就不仅是被动地通过语言依赖听觉来吸收知识，也包括眼睛看甚至手的触摸及动作。弗赖登塔尔将这一思想进一步发展成为"学一个活动的最好方法是做"(the best way to learn an activity is to perform it)。这一提法的目的是将强调的重点从教转向学，从教师的行为转向学生的活动，并且从感觉的效应转为运动的效应。就像游泳本身也有理论，学游泳的人也需要观摩教练的示范动作，但更重要的是他必须下水去练习，老是站在陆地上是永远也学不会游泳的。

当然，由于每个人有不同的"数学现实"，每个人也可能处于不同的思维水平，因而不同的人可以追求并达到不同的水平。为此，在教学中对于学生各种独特的解法，甚至不着边际的想法都不应该加以阻挠，应让学生充分发展、充分享有"再创造"的自由，让他们走自己的路。但学生的这种自己行走不应该是盲目的、无序的，它需要教师在适当的时机引导学生加强反思，巩固已经获得的知识，点拨学生思维的关键点，以提高其思维水平。其中，尤其必须注意加强有意识地启发，使学生的"创造"活动逐步由不自觉或无目的的状态发展成为有意识、有目的的创造活动，以便尽量促使每个学生所能达到的水平尽可能地提高。即学生从事的应是一种"有指导的再创造"学习活动。

特莱弗斯曾经列出了下列五条原则(唐瑞芬，2000)，简洁而系统地阐述了"有指导的再创造"中的指导方法。这个简短的说明包括了所有的原理，同时也给更为详尽的阐述留有充分的余地。

(1) 在学生当前的现实中选择学习情境，使其适合横向的数学化。

(2) 为纵向数学化提供手段和工具。

(3) 相互作用的教学系统。对于教与学的过程，是观察还是加强，是使它们结合还是使它们分离，确实需要而且应该允许有灵活性。相互影响意味着教师与学生双方既都是动因，同时又都对对方起作用，教与学应该是相辅相成的。

(4) 承认和鼓励学生自己的成果。这是有指导的"再创造"教学中最基本的一条原则。每个人都有自我实现的愿望，自我价值的实现对学生积极主动的高效学习有极大的推动作用，是学生学习愿望的源泉。这正如原苏联教育家苏霍姆林斯基所说："儿童学习愿望的源泉，就在于进行紧张的智力活动后体验到取得胜利的欢乐。"

(5) 将所学的各个部分结合起来。对所学的各个部分的结合应尽可能早地组织，并且应该尽可能延续得更长，并尽可能不断地加强。在不可避免地出现杂乱状态时，唯一可以继续下去的机会就是能够和别的内容联系起来，使之成为一个交织的起点，并合乎逻辑地延续下去。

以上是对弗赖登塔尔数学教育思想的介绍，总而言之，不难发现弗赖登塔尔数学教育思想的着眼点在于数学；出发点是数学的本质和特性：数学是人们常识的系统化，是人类对现实世界经验的总结，数学具有抽象性、精确性和应用的极其广泛性；关注的是如何把数学以最好的方式教给不同的人。

## 2.3　何克抗的创造性思维理论

何克抗(2002)教授根据当代心理学和神经生理学研究成果而提出的关于创造性思维的"内外双循环理论模型"(DC 模型)表明，创造性思维结构应当由发散思维、形象思维、直觉思维、逻辑思维、辩证思维和横纵思维六个要素构成。这六个要素并非互不相关、彼此孤立地拼凑在一起，也不是平行并列地、不分主次地结合在一起，而是按照一定的分工，彼此互相配合，每个要素发挥各自不同的作用。对于创造性突破来说，有的要素起的作用更大一些(甚至起关键性作用)，有的要素起的作用相对小一些，但是每个要素都是必不可少的，都有各自不可替代的作用，从而形成一个有机的整体——创造性思维结构。在创造性思维结构的六个要素中，发散思维只解决思维的目标指向，即思维的方向性问题；辩证思维和横纵思维主要为高难度复杂问题的解决提供哲学指导思想与心理加工策略,以缩短灵感或顿悟的形成过程;形象思维、直觉思维和逻辑思维则是人类的三种基本思维形式,也是实现创造性思维的主要过程(即创造性思维主体)。换言之,六个要素中,一个用于解决思维过程的方向性(相当于指针,起指引作用),两个用于提供解决高难度复杂问题的指导思想与策略,另外三个用于构成创造性思维的主体。如下面所示:

一个指针(发散思维)——用于解决思维过程的方向性;

两条策略(辩证思维、横纵思维)——用于提供宏观的哲学指导策略和微观的心理加工策略,以缩短灵感或顿悟的形成过程;

三种思维(形象思维、直觉思维、逻辑思维)——用于构成创造性思维的主要过程(即创造性思维主体)。

这就是创造性思维活动中六个要素的不同作用以及它们之间的相互关系。所谓创造性思维结构就是由这六个要素按上述关系组成的有机整体。如上所述,这个整体中的每一个要素都有各自不可替代的作用,所以必须系统地、全面地看待创造性思维结构(即不应将其中的某一个或某几个要素孤立出来或割裂开来单独加以强调)。由于创造性思维结构是理解和掌握创造性思维活动的钥匙,也是对青少年进行创造性思维培养与训练的总纲,因此,对这个结构及其中各个要素的作用与特性,必须有一个全面、正确的认识。何克抗教授的创造性思维理论为我们深入认识数学思维的特征,进而为在信息技术环境下基于问题解决的数学教学中培养学生的创造性思维能力奠定了基础。

# 2.4　主导—主体教学理论

主导—主体教学理论是在兼取建构主义以"学"为主的学与教理论和奥苏贝尔的有意义学习理论等以"教"为中心的学与教理论之长、避两者之短的基础上提出的。

## 2.4.1　以"学"为主的教学理论的基本观点

以"学"为主的教学理论强调以学生为主体,强调学生是信息加工的主体,是知识意义的主动建构者;认为知识不是由教师灌输的,而是由学习者在一定的情境下通过协作、讨论、交流、互相帮助(包括教师提供的指导与帮助),并借助必要的信息资源主动建构的。所以"情境创设"、"协商会话"和"信息提供"是建构主义学习环境的基本要素。教师要成为学生主动建构意义的帮助者、促进者,课堂教学的组织者、指导者,而不是课堂的"主宰"和知识灌输者。

## 2.4.2　以"教"为主的教学理论的基本观点

以"教"为主的教学理论强调学习者已有的认知结构对新的学习的影响,强调学习者的情感因素对教学的影响。教学的目的是促进学习主体的有意义学习，也就是要使得学习内容/知识与学习者原有认知结构中的某个方面(表象、概念、命题或图式)之间建立起稳定的、有逻辑的非任意联系，即要将外在客观事物的本质属性、规律、结构关系等，通过同化或顺应等建构过程，内化成学习者的认知结构。

### 2.4.3 主导—主体教学理论的核心内容

主导—主体教学理论强调所有的教学活动都要围绕着学习者来展开，要充分尊重学生的学习主体地位，要让学生有多种机会在不同的情境下去应用他们所学的知识，并尽可能让学生根据自身行动的反馈信息来形成对客观事物的认识，要充分考虑学习者的需求、学习者的认知风格、学习者的认知特点以及学习者的个性特征。一切活动偏离了学习者这个主体，必然取不到很好的效果。另外，则强调教师要在教学过程中起着主导作用，这种主导作用不是替代学生思考，而是帮助选择学习内容、创设学习环境、设计学习活动、解决学习问题、激发学习动机、组织学习过程等，也就是教师要利用一切手段和方法，促进学生针对具体的学习内容进行独立思考，使其思维的广度扩大、深度加深，在教师的诱导和帮助下，促进学习的主动性、学习的投入性、学习的创造性。当学习者心智发展尚不成熟，或者学习者面对一个完全陌生的领域时，教师的主导意义则显得尤为重要，教师的主导可以避免无谓的时间与精力的浪费，可以使学习者符合社会的主流需求，可以使学习过程更加顺利地展开，可以激发并维持学习动机。

主导—主体教学理论多年来一直是我国信息技术与课程整合的指导性理论，其核心思想与当前国际上所倡导的 blending learning 的思想内核一致。所谓 blending learning 就是要把传统学习方式的优势和 E-learning(数字化或网络化学习)的优势结合起来；也就是说，既要发挥教师引导、启发、监控教学过程的主导作用，又要充分体现学生作为学习过程主体的主动性、积极性与创造性。目前国际教育界的共识是，只有将这二者结合起来，使二者优势互补，才能获取最佳的学习效果(何克抗等，2003)。目前"主导—主体"教学理论随着国际上 blending learning 思想的提出，其深刻的思想内涵和理论价值日益彰显，被人们所重新认识。

# 3

## 基于 Web-based MPSL 模型 的数学问题解决教学设计理 论框架

在对已有文献和相关理论基础的分析中，我们可以看到，问题解决是国内外各门学科普遍流行和深入人心的教学模式，问题提出和学习环境对问题解决的影响却是我们研究和教学中受到忽视的方面。在数学教育中，关于问题解决框架的论述大都来自于波利亚(1982)提出的问题解决阶段理论。该理论将数学问题解决的工作分为四个阶段：理解问题、制订计划、执行计划、回顾。可是，波利亚的所谓"阶段"比通常我们说的解题"程序"或"步骤"更灵活。首先，将工作分为四个阶段，是为了将那些与有用的典型的思维活动相关的，可有多种表达方式的普遍的与常识性的问题进行适当分组。其中，从一个阶段到另一个阶段不是单向固定的。其次，在波利亚看来，问题解决是做数学的一个主要的主题，其中最重要的是教学生思考。怎样思考(how to think)是进行真正的数学探究和问题解决的重要基础，然而需要注意的是，教学生在问题解决中"怎样思考"不能变成教学生"想什么"(what to think)或"做什么"(what to do)，后者是强调问题解决的程序性知识的一个副产品。再次，虽然波利亚没有明确地谈论问题提出，但在他的问题解决的每一阶段，尤其是回顾阶段中有许多例子体现了问题提出的精神和提出问题的形式。此外，在对教师提问的方法提出许多建议的同时，他还指出，"提问的方法不是一成不变的，……它可以而且应该这样来实施，使得教师所提的问题可以由学生自己提出来"。因此，在问题解决过程的每一阶段都存在许多问题提出或变换问题的机会。例如，最初学生也许会以一个问题开始，并通过提出问题、回顾已有知识经验或其他活动来理解这个问题，并尝试制订一个计划，在制订计划的过程中可能发现需要更好地理解问题；或当一个计划形成的时候，他便尝试去执行该计划，当他发现该计划不可行时，下一活动可能是尝试制订新的计划；或通过回顾，返回到理解问题这一阶段发展对问题的新的理解，或提出一个新的问题(可能是与原来的问题相关的)。这样的过程继续下去，直至获得问题的解答，而这又可能成为下一个问题解决活动的起点：从已解决的问题中发现新问题。由此可见，真正的问题解决是一个包含问题提出的具有动态性和循环性特征的认知过程。

此外，里斯特(Lester,1980)认为有许多因素影响数学问题解决，其中有四种主要因素：问题自身——任务变量，即问题本身的结构、难度以及所涉及的数学知识直接影响着问题的解决；解题者的特征——主体变量，即解题者的知识结构、能力及认知风格对解题的影响；解题行为——过程变量，解题者在解题过程中的外显及内隐行为对解题的影响；环境特征——指示变量，外部环境对解题的影响。于是，里斯特认为对问题解决的研究应在这四个方面中展开。

分析已有问题解决学习理论，我们可以发现，波利亚的问题解决阶段理论虽然深刻地揭示了数学问题解决的认知过程，但对问题解决系统的两个子系统(提出问题和解决问题)之一"提出问题"和问题解决的影响因素缺乏深入的分析，忽视元认知、情感因素以及学习环境对问题解决的影响；而里斯特注重分析影响数学问题解决过程的因素，而对问题解决的认知过程缺乏深入分析。总之，已有数学问题解决学习理论重视问题解决和问题解决学习内部认知心理过程的研究，重视问题解决学习策略的研究，重视学习者的个体差异对数学问题解决学习过程和结果的影响，体现了现代数学教学由重视"教"向重视"学"的方向转变，但这些研究不同程度地存在忽视情意因素和元认知、忽视学习环境对问题解决过程的影响、忽视学生问题提出能力的培养、没有有效鉴别促进问题解决学习的内外部条件、主要针对自然环境下的问题解决学习、缺乏信息技术环境下的问题解决学习研究等问题。为此，本研究在吸收已有问题解决学习理论和其他相关学习理论研究合理内核的基础上，从有助于构建课堂网络环境下基于问题解决的数学教学设计理论框架的角度出发，对课堂网络环境下基于问题解决的数学学习的过程和特点进行探讨，尝试构建了一个包含问题提出的、基于课堂网络学习环境的、具有动态性和循环性特征的数学问题解决学习模型——Web-based mathematics problem solving learning model，简称Web-based MPSL 模型。

## 3.1　Web-based MPSL 模型的构建

构建 Web-based MPSL 模型(图 3.1)的目的，并不是想提出一种全新的数学问题解决学习理论来替代已有的数学问题解决学习理论，而是希望在吸收有关问题解决学习理论研究的最新成果的基础上，对已有的学习理论重新加以梳理，考虑网络环境对数学问题解决学习过程的影响，以形成对数学问题解决学习问题的一种较为全面和完善的认识。这样的学习模型应尽可能比较全面地揭示网络环境下有效学习发生的过程和条件，鉴别出对问题解决学习产生直接的、重要影响的因素，能为有效教学提供更具有直接指导意义的学习观念。

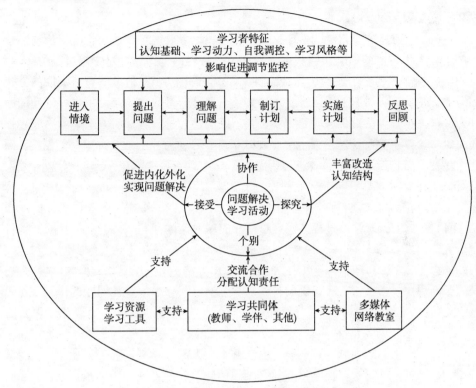

图 3.1　Web-based MPSL 模型

### 3.1.1　Web-based MPSL 模型的系统构成及其内涵

本模型主要由四个系统组成。它们是学习者特征系统、问题解决学习的认知过程系统、问题解决学习活动系统和学习环境系统。每个系统内部又包含若干要素。

#### 3.1.1.1　学习者特征系统

位于模型图上方的是学习者特征系统，包括学习者的认知基础和个性特征系统。学习者的认知基础显然应当被看成成功的解题活动的一个必要前提，即学习者必须掌握一定的数学知识(包括数学技能)；另外，与单纯的数量相比，我们应更加强调知识的良好组织。事实上，波利亚已清楚地认识到了"知识的良好组织"的重要性，他指出："良好的组织使得所提供的知识易于用上，这甚至可能比知识的广泛更为重要。至少在有些情况下，知识太多可能反而成为累赘，它可能会妨碍解题者去看出一条简单的途径，而良好的组织则有利而无弊。"有研究表明(郑毓信，2006)，人们在面对新问题时，往往是通过"类型识别"来从事解题活动的，也就是努力将所面临的新问题归结为先前已掌握的某种"类型"，从而就可通过调动头脑中所储存的关于这类问题的各种知识获得关于如何去求解目前所面临问题的重要启示或必要帮助。

此外，学习者的学习动力、自我调控能力和学习风格等个性化特征对网络环境下的学习产生重要的影响，它集中地体现了学习者的个体差异对学习过程的影响，它们将影响学习者对信息的选择性注意、加工编码的方式、信息储存和提取的方式和策略，进而对认知加工活动产生重要影响。学习动力系统涉及学生学习活动的原动力，它决定个体活动的自觉性、积极性、倾向性和选择性。动力水平的高低和强弱决定着个体信息加工的质量、水平和效果。学习动力并不是某种单一的结构，而是由多种要素构成的一个系统，包括需要、态度、兴趣、爱好等心理成分，一般人们习惯于将学习动机等同于学习动力。数学是"思而知之"、"解惑知之"，而非"读而知之"、"授而知之"。因此，数学教学过程并非"授—受式"教授过程，而应当是"问题—探究式"学习过程。探究总是在应对一定的问题困境时产生。问题是科学研究的出发点，是开启任何一门科学的钥匙。没有问题就不会有解释问题和解决问题的思想、方法和知识，所以说，问题是思想方法、知识积累和发展的逻辑力量，是生长新思想、新方法、新知识的种子。学生学习同样必须重视问题的作用。现代教学论研究指出，从本质上讲，感知不是学习产生的根本原因(尽管学生学习是需要感知的)，产生学习的根本原因是问题。没有问题也就难以诱发和激起求知欲，没有问题，感觉不到问题的存在，学生也就不会去深入思考，那么学习也就只能是表层和形式的。所以新课程学习方式特别强调问题在学习活动中的重要性。一方面强调通过问题来进行学习，把问题看做是学习的动力、起点和贯穿学习过程中的主线；另一方面通过学习来生成问题，把学习过程看成是发现问题、提出问题、分析问题和解决问题的过程。这里需要特别强调的是问题意识的形成和培养。问题意识是指问题成为学生感知和思维的对象，从而在学生心里造成一种悬而未决但又必须解决的求知状态。问题意识会激发学生强烈的学习愿望，从而注意力高度集中，积极主动地投入学习；问题意识还可以激发学生勇于探索、创造和追求真理的科学精神。没有强烈的问题意识，就不可能激发学生认识的冲动性和思维的活跃性，更不可能激发学生的求异思维和创造思维。总之，问题意识是学生进行学习的重要心理因素。

自我调控系统主要由元认知知识、元认知体验和元认知监控三个要素构成，它们通过计划、评价、控制和调节等方式对学习者内部认知加工活动的各个环节发生作用。元认知能力的强弱直接影响到个体信息加工活动的计划性、目的性、灵活性和有效性。应当明确，在国际上的许多学者看来，对于元认知的强调正是自波利亚以来在"问题解决"的理论研究上所取得的最重要的进展之一。正如前面文献所提及的，自波利亚开始直至20世纪80年代中期，国外关于"问题解决"的研究主要都集中于数学启发法，而忽视了"元认知"这一对解题活动的成功性同样有着十分重要影响的因素。事实上，初学者(不成功的解题者)与专家(好的解题者)的诸多比较研究清楚地表明了元认知水平的高低正是决定解题活动成功与否的一个重要因素。

　　具体地说，不成功的解题者所采取的往往是"盲目干"的做法，即其往往不假思索地采取某一方法或解题途径，或总是在各种可能的"解题途径"之间徘徊，而对自己在干什么，特别是为什么要这样干始终缺乏明确的认识。另外，在沿着某一解题途径走下去时，则又往往不能对自己目前的处境作出清醒的评估并由此而作出必要的调整，却只是"一股劲地往前走"，直至最终陷入僵局而一无所措。与此相对照，"好的解题者"在这一方面则往往表现出了如下的"良好素质"：在具体采用某一方法或解题途径前能对各种可能性进行仔细的考虑；在整个解题过程中则能做到"心中有数"，即清楚地知道自己在干什么及为什么要这样干；他们能对目前的处境作出清醒的自我评估，从而也就能够及时地作出必要的调整；特殊地，即使出现了错误，他们也不会简单地抛弃已有的工作，而是力图从中汲取有益的成分；最后，在成功地解决了问题以后，他们又能自觉地对已进行的工作作出回顾，特别是深入地思考是否还存在更为有效的解题途径。

　　显然，从教学的角度看，以上分析也就十分清楚地表明了这样一点：经常地问及以下三个问题正是促进学生元认知能力的一个有效手段(郑毓信，2006)：

　　(1)　"什么？"(what)("现在在干什么？"或"准备干什么？")；

　　(2)　"为什么？"(why)("为什么要这样做？")；

　　(3)　"如何？"(how)("这样做的实际效果如何？")。

　　当然，这方面的更高目标即是应当努力促进学生在这一方面的自觉性，即能够养成在上述方面经常自觉进行自我反思的良好习惯。

　　学习动力系统和自我调控系统分别对个体的认知加工过程发挥调控作用的同时，两个系统之间也相互联系、相互影响。学习风格指在学习情境中个体表现出的比较稳定的处理方式和倾向，包括感觉通道偏好、认知风格、社会性环境偏好等，其中认知风格涉及学习者所偏向和习惯的处理信息的方式，与网络学习关系密切。由于主体的数学思维方式和习惯的不同，可以将个体的思维方式和习惯分为三种类型。

　　(1) 分析型——个体具有高度发展的语言逻辑成分，但很少具有视觉表象的概括能力，因而解决问题时，更多地倾向于运用抽象模式进行运算，很少能用表象化的模型来支持，例如：

设 $x, y \in \mathbf{R}$，且 $x^2 + y^2 + 2x < 0$

求证：$x^2 + y^2 + 6x + 8 > 0$

对于分析型的个体，他可能采用如下纯分析的解法：

由已知及 $y^2 \geq 0$，得 $x^2 + 2x < 0$，解出 $-2 < x < 0$。

故

$$x^2 + y^2 + 6x + 8 \geq x^2 + 6x + 8 = (x+3)^2 - 1$$

由于 $-2 < x < 0$，结论成立。

(2) 几何型——个体具有发展地非常丰富的视觉形象成分，常常能够形象地解释抽象的数量关系，因而，解决问题时总是力求以形象表示取代逻辑分析，表现出较大的思维独创性。对于上例，几何型的个体更倾向于采用形象思维占主导地位的下列解法：设

集合 $A = \{(x, y) : x^2 + y^2 + 2x < 0\} = \{(x, y) : (x+1)^2 + y^2 < 1\}$

集合 $B = \{(x, y) : x^2 + y^2 + 6x + 8 > 0\} = \{(x, y) : (x+3)^2 + y^2 > 1\}$

这样，原题就转化为证明：在平面上以 $(-1, 0)$ 为圆心、以 1 为半径的圆内(不含边界)各点，一定都在以 $(-3, 0)$ 为圆心、以 1 为半径的圆(不含边界)之外，即若 $(x, y) \in A$，则 $(x, y) \in B$。

因为两圆外切于 $(-2, 0)$ 点，所以 $A \subset B$，因此，所证结论成立。

(3) 综合调和型——个体在语言逻辑成分的主导下，语言逻辑成分和视觉形象成分充分结合，既注重逻辑思维方法，又兼顾形象思维和直觉思维方法，因而在解决问题中常常"数形结合"地同时注意两种思路，而且更多地遵循"优化"原则，选择自认为最佳的一种。

### 3.1.1.2　问题解决学习的认知过程系统

模型中位于学习者特征系统下的是数学问题解决学习的认知过程系统。这是模型图的核心部分，它由进入情境、提出问题、理解问题、制订计划、实施计划和回顾反思六个阶段构成。需要特别指出的是，问题解决学习认知过程系统的六个阶段并非是一个静止的、线性的认知过程，而是一个体现了完整的、真正的问题解决历程的动态的、非线性特征的认知过程。

知识源于思维，思维源于探究，探究源于问题，问题源于情境。创设情境既可是提出一个需要解决的、明确的问题，也可仅仅是提供一个可以生成问题的背景或材料。进入情境是指学习者必须首先融入到教师根据教学内容、学生原有的知识经验、认知结构水平而创设的真实的、完整的数学学习情境。它不仅包含与主题内容相关的信息，还包含那些与问题联系在一起的事物背景。情境问题的重要性在于，它能使学生已经具备的那些常识性的、非正规的数学知识，以及已经在先前的学习中获得的知识派上用场。这里需要强调的是，要为学生设计他们能够想象的问题情境，这可以是真实的问题，也可以是一种模拟真实，如计算机软件模拟的问题情境，甚至形式的数学世界都能成为问题情境，只要它们在学生的头脑中是真实的。

提出问题意在通过创设学生熟悉的真实情境，激发学生活化思维、发现问题、提出问题的意识和能力。在面向学习者的基于问题解决的数学教学设计中，教师首先从学生原有的经验出发，为学生提供一个符合学生的认知结构水平的、真实的、

完整的数学学习情境，或借助网络、多媒体技术的支持创设一个虚拟的、逼真的数学学习情境。在提出问题时，教师必须善于启发引导，创造性地设计数学"问题"情境，将情境内容转化为学生认识的矛盾和内在的需要，从而激发学生学习数学的兴趣和好奇心。

在理解问题阶段，我们应当考虑：什么是已知的，什么是所要求的，什么是可以引进的？(后者是指引进适当的表格或图象对已知的东西进行整理，或是引进适当的符号以使对象更加易于处理。)以计算机为核心的信息技术为学习者进行问题的多元表征和可视化直观理解提供了理想的环境与工具。

在制订计划阶段，主要的工作就是提出猜想及对猜想进行改进。信息技术为学生提出猜想、验证猜想提供了理想的实验环境和工具。

在实施计划阶段，主要的工作就是实现求解计划，并检验每一步骤。

就反思回顾的阶段而言，则应当包括以下几项工作：对解答进行复查，对解题过程中的主要思想进行回顾、提炼，对已有的结果进行推广。同时考虑能否用不同的方法去求解，能否用特例使之具体化，能否转化为已知的结果，能否由此提出新的问题？等等。

现代教育技术对实现感知可视化、想象可视化、推理可视化、创意可视化、思想可视化、观念可视化等提供了技术支持，从而实现信息来源的多样化，学习方式的个性化,学习过程的主动化，学习结果的创新化，为优化课堂教学提供了现实可能性。

### 3.1.1.3　问题解决学习活动系统

多样化的问题解决活动是学习者的内部认知建构与外界环境相互作用的中介，是影响或支持学习者内部认知加工过程的重要外部条件。问题解决学习活动对个体发展具有决定性的意义。现代教学论认为，活动是个体发展的决定性力量。个体借助活动与环境亲密接触，从环境中获取发展的力量；环境也通过活动而对个体产生影响，实现它对个体发展的制约机制。活动的数量与质量决定着个体的发展水平。在课堂教学中，学生的发展同样离不开活动的开展。人们提出了各种学习和教学模式，而每种模式都是建立在一定的学习理论的基础上的。各种学习理论流派的分歧主要体现为两个核心维度(陈琦，张建伟，1998)：①外部输入—内部生成；②个体—社会。与此相应，学习活动模式中也存在两个基本维度(连续体)，即接受学习—探究学习,个别学习—协作学习。这两个维度的组合又可以出现四种典型的学习模式，即个别接受学习、个别探究学习、协作接受学习和协作探究学习，每种模式都有其核心目的和有效条件。当前的教学模式大都是这些活动类型的具体变化组合。我们始终认为，这两个维度的两端不应该完全是互相排斥、互相否定的，而应该在教学中互相补充、互相配合，应该辩证地处理接受学习与探究学习、个别化学习与协作学习的关系。在现实的数学教学实践中，我们必须根据具体的教学目的和内容、学习者特征、学习环境限制等因素综合利用这些学习模式，实现学习模式的最佳整合和教学过程的最优化。借助上述学习活动，不仅有助于学习者获取大量的多种表征形式的知识，促进学习者的内部加工活动，使存在于各学习主体间的外部的共享知识转化为学习者内部的主观知识，更为重要的是，学习者可以将内化了的、经过个体建构的知识，通过外显课堂活动加以外化，使个体认知活动外显化，这样一方面可以促使学习者对知识进一步加工；另一方面，可以间接地提高学习者对学习的自我调控能力，进而提高学习者的自主学习能力，同时基于丰富学习资源和学习工具及多向人际交互支持的多样化的外部学习活动，能够满足学习者不同的学习需要，适应不同的学习风格，促进学习者个性的发展。

### 3.1.1.4　学习环境系统

模型图中最下面的一部分是由多媒体网络教室、多样化的学习资源和学习工具、由教师和学生及其他成员组成的学习共同体所构成的个体学习的微观学习环境。由信息技术所构成的网络学习环境有多种形式，在图 3.1 中的网络学习环境是以教室为基础的课堂网络学习环境，它在强调多媒体网络对教学的支持时，并不排斥学习者和教师在利用网络进行交互的同时，进行面对面的交流。而且，对于问题解决学习来说，师生之间和学生与学生之间的面对面地交流将是主要的交流形式，这是由数学学习的特点所决定的。社会、文化等因素构成学习者学习的宏观环境。学习者的学习是在一定的社会、文化背景下进行的，但在正规的学校教育中，相对而言，微观的学习环境对个体的学习产生更为直接的、显著的影响；微观的学习环境和宏观的社会文化背景通过多样化的学习活动与学习者的内部认知建构相互作用、相互影响。

在现代学习环境中，学习工具一般是指与通信网络相结合的广义上的计算机工具，如多媒体教学平台、网络教学平台、数学专题学习网站等。但是，本研究所谓的学习工具同样包括一些基于计算机环境下的数学学习工具软件，如几何画板、Z+Z 智能教育平台、Microsoft math、Mathematica、MathCAD、MatLab 等，还包括目前发展比较迅速的手持移动技术，如图形计算器等设备。此外，还需要指出的是，除了通常意义上的物化的工具和设备外，我们所构建的模型中的学习工具还包括那些有助于促进知识表征、调节认知和反思学习过程的智能化的工具与技术，如美国诺瓦克等开发的被称为"认知地图或概念地图"、用以查明学生原有知识以及新知识与旧知识之间联系数量和质量状况的研究工具。学习工具为个体学习、学习共同体的学习、个体与学习共同体之间的社会性建构学习提供支持。

国家基础教育数学新课程标准倡导研究性学习的课程理念，并主张基于"丰富资源学习"的数学理念，这在一定程度上是为了拓展教师的教学空间和学生的学习空间。拓展空间的关键在于创设合适的教学情境和课堂氛围，并营造学生有效学习的外部环境。"只要创设合适的课堂气氛和问题情境，学生也能像数学家那样去做数学"(张雄，2001)。由于教师是课程实施的组织者、促进者，也是课程的开发者和研究者，因此，教师必须充分发挥和利用教材以外的课程资源，充分利用多媒体网络技术的优势为学习者提供自主学习、合作交流的学习资源，最大限度地统整教学内外资源，以扩大教学的外在效度。

由教师、学生和其他成员构成的人际环境也是学习环境的重要构成要素。科学家认为，使人类区别于其他动物的主要能力之一是人与人之间的交流能力，这种交流能力是人在日常交往活动中逐渐形成的，人与人之间的成功交流与人的自我意识紧密相关。数学课堂是一个小型的数学共同体，它可以成为共同体成员之间交流数学思想的场所。教师应当开发学生的思想和疑问，以适当的方式把它们揭露出来，以使它们成为进一步思考和加工、讨论和完善、提炼和概括的对象，促使学生的思维能力能够纵深发展，从而培养学生的思维自我监控能力。

值得注意的是，问题、活动和情境是问题解决学习理论的三个关键词(图3.2)，这三个词尽管提法不一样，但事实上它们有着内在的同一含义，即都是基于所明确的知识与目标向学习者提供展开学习及理解的大环境。问题要素主要是从知识的角度展开分析。众所周知，数学知识的发展历史就是一个问题的不断提出与解决的历史，问题对于数学知识的拓展与深入是十分重要的。无怪乎有学者直接指出："问题是数学的心脏，数学的真正组成部分是问题和解"(赵振威，2000)。因此，教学设计中的重要环节就是为知识理解设计合理的问题。活动要素主要是从学习者的侧面展开分析。长久以来，越发公认的一个观点就是"数学是人类的一种活动"，它内涵广泛，包括猜想、假设、归纳、演绎、交流、反驳、证明等诸多成分的有机整合，这实质上彰显了数学发展过程中的人类创造性活动本质。如果说问题为活动提供了目标与平台，那么活动则为问题的纵深发展给予了动力支持。从这个意义上说，问题与活动是既有区别，但又密不可分的。情境则从知识与学习这两个角度共同提出了对问题与活动的双重内涵的认识。情境一方面指面向知识的问题情境，另一方

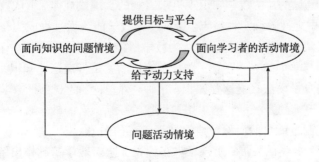

图 3.2　问题、活动和情境之间的关系结构

面也指面向学习者的活动情境,两方面的有机结合构成了促进理解的问题活动情境(吕林海, 2005)。

总之, Web-based MPSL 模型是由学习者特征系统、问题解决认知过程系统、问题解决学习活动系统与学习环境系统协同构成的复杂的数学问题解决学习系统。数学问题解决认知过程系统反映了完整的、真正的问题解决历程是一个动态的、非线性的循环认知过程,这一复杂认知过程的实现必须借助于多样化的学习活动,而多样化的学习活动需要丰富的、多元的、强有力的学习环境来支持。特别地,所有这些活动过程的完成都离不开学习者特征系统的知识组织、动力支持和监控评估。

### 3.1.2 Web-based MPSL 模型所反映的数学教育观念

#### 3.1.2.1 动态数学观

为什么要进行信息技术环境下基于问题解决的数学探究学习,在数学教学中引导学生进行探究学习是否必要, 是否是"走过场"或"作秀"? 从与教学一线教师交流反馈的情况来看, 大多数教师存在这样的疑惑。我们认为, 如果不从根本上认识数学探究学习的意义,教师的教学理念不转变,那么数学探究学习的实施只能沦为"走过场"或"作秀"。为此有必要从数学知识观和数学观的视角探讨数学探究学习的本体论基础和认识论基础。因为, 数学探究活动能否卓有成效地展开, 关键还在于数学教师的正确指导和潜移默化的影响,这就要求教师首先应当具有探究学习所需的正确数学观。

数学学习的过程是数学知识的学习过程,因此对数学知识的不同认识,将会直接影响到人们对获取数学知识的不同方式的选择。数学知识问题不仅是一个重要的数学哲学问题, 也是数学教育学的焦点问题, 历来备受关注。围绕"如何看待数学知识?"这一经典问题, 历史上曾出现了影响颇为深远的几种数学知识观。源自柏拉图时代的理性主义知识观,认为数学知识不同于纯粹感性认识所产生的个人意见或主观信念,而是来源于不可感觉的、独立于时间和空间之外的理念实践。凡真正的数学知识都是确定的、必然的、由无异议的绝对真理所构成,仅能为我们的理智所把握。这种绝对主义的数学知识观追求客观的真理或规律,承认数学知识的客观性、普遍性和中立性等确定性特点。这就使得数学的认识过程成为与求知者本人无关的活动。反映在数学教育上,即认为教学所涉及的数学知识是一种客观的知识,是外在于教师与学生的客观存在,教育者的目的就是传递这些知识,学习者只需以一种旁观者的身份设法接受这些知识。这种"外塑论"的观点把数学知识看成是由外部输入的, 追求的是一种"把一切知识教给一切人"的教学观。传授知识、接受学习和教师控制也就自然而然地成为数学教育的图景。

但是, 随着数学的发展, 出现了许多悖论无法对数学基础作出解释,从而对绝对主义产生了致命的威胁。为了维系绝对主义的数学哲学, 历史上相继产生了逻辑主义、形式主义和构造主义三个数学哲学流派。然而数学哲学的三大思想流派最终都未能证实数学知识的可靠性。实际上，20 世纪的一些主要数学哲学家，如拉卡托斯、罗素、普特南、费仑克尔、歌德尔等，都认为数学知识不是绝对真理，它没有绝对的有效性，数学真理是可误且可纠正的，持有数学知识的"相对主义观"。

承认了数学知识的不确定性和未完成性，也就承认了数学是一个探究和认识的过程；承认了数学知识不是超然物外的客观真理，也就隐喻了数学知识的创生和发展是个人参与下的探究——建构过程。无论是数学研究者还是数学学习者都在不同层次上创造着相应数学知识，这就是数学知识获得的"参与者知识观"。

在"参与者知识观"视野里，数学知识不是纯粹传递与接受的结论性产品，而是个人参与构建、探究的生产性过程。数学知识的增长过程蕴涵着个人的体验与感悟、个人的理解和热情投入。绝对主义数学知识观向相对主义数学知识观的演变，本质上反映出由静态的、绝对主义的数学观向动态的、相对主义的数学观的发展。前者把数学看作静态的、有终极界限的客观知识体系，认识数学意味着要掌握一些被奉为经典真理的集合体；后者则把数学看成人类的一种创造性活动，认识数学问题或获得数学知识要经过猜测、探究、讨论、反驳以及修正等动态的实践活动过程(王光生等，2006)。

Web-based MPSL 模型以"数学问题解决认知过程系统"为核心，以多样化的问题解决学习活动系统为中介，以学习者特征系统和学习环境系统作为展开学习活动的内外部支持，旨在实现学习者的问题提出能力、问题解决能力以及高层次思维能力和个性的全面、和谐发展，比较充分地体现了"数学本质上是人类活动，数学是由人类发明的"(Rolfbeiehler et al，1998)这一动态数学观。

### 3.1.2.2　建构性学习观

数学观的现代演变给数学教育的启示则是明确的。数学本质是一种人类的创造活动，类比、归纳和推广是数学发现的重要思想方法。从全息现象的角度来分析，正是由于这一部分和那一部分在形态上的类似，在信息上的关联，类比才可能成功，也是由于个别的、特殊的数学对象存在一般对象的信息、规律的胚芽，归纳、概括才能进行，推广才能实现。因此，归纳、类比和推广都可以视为数学全息律的一种应用，同时也是学习者进行问题探究、提出猜想、建构知识的重要思维方法。数学不同于其他学科，数学联系紧密的知识结构、数学知识创生和发展的过程，以及诸多数学家的发明和创造，为学生的数学探究学习提供了丰富的资源，这些资源的开发可以为学生的探究学习提供前提条件。例如，借助数学知识结构链之间的内在联系，学生可以进行类比的猜想；借助数学与生活之间的联系，学生可以进行经验的猜想；凭借对数学问题的敏感，学生可以进行直觉的猜想；在猜想的验证与结论的获得过程中，数学可以提供学生发现的方法和思维的策略，能够给学生以智慧和力量，有了这样的方法和策略、智慧和力量，学生就有可能实现数学知识的"再创造"。在数学探究学习的过程中，不仅可以使学生了解知识创生、发展的过程，而且可以使学生形成科学的态度、掌握研究的方法、体验探索的艰辛和发现的快乐。因此，在数学教学中引导学生进行探究学习不仅是可能的，也是必要的。数学学习应当更多地重视探究、发现的过程，突出数学知识的发生发展过程，"在做数学中学数学"，体验从现实生活开始，沿着从生活中的问题到数学问题、从具体数学问题到抽象数学概念、从了解特殊关系到发现一般规则的人类活动轨迹，使已经存在于学生头脑中的那些经验性的数学知识和数学思维方式上升发展为科学的结论，逐步通过自己的发现去学习数学、建构知识，实现数学的再发现和再创造。

作为现代认知主义学习理论对传统行为主义学习理论的批判成果之一，随着现代教育技术的发展，建构主义学习理论受到越来越多的重视。建构主义使得传统的教数学转变为学数学。学数学强调发挥学生的主体性作用，强调知识的获取是一个从具体到抽象的过程，应该在具体的情境中进行学习，应该是学生通过积极的思考和活动，通过合作、交流主动建构知识。

"问题解决"是数学教育界在 20 世纪 80 年代的主要口号，即认为应当以"问题解决"作为学校数学教育的中心，它反映了时代的要求和数学观的转变。

作为方法论，问题解决起源于波利亚的数学启发法。波利亚不但强调问题解决对数学能力培养的重要性，而且指出问题解决应当集中在启发法上，即不是追求机械地从问题到算法的解题术的能力的培养，而是发展学生的创造性能力及一般思想方法或模式。波利亚通过对怎样解题、如何发现、合情推理等方法与模式的研究，揭示了数学的演绎与归纳的二重性。不过，在波利亚那里，解决的是一种纯粹的思维活动、波利亚式的问题，即只是纯粹的数学问题。

进入现代以来，问题解决大大拓宽了它的范围，以反映时代的要求，即教育改革应当适应社会发展，人人都应该掌握有用的数学，精英教育走向了大众教育。正如中国科学院院士吴文俊在《数学教育不能从培养数学家的要求出发》一文中指出的："任何数学都要讲逻辑推理，但这个只是问题的一个方面。更重要的是用数学去解决问题，解决日常生活中、其他学科中出现的数学问题。学校给的数学题目都是有答案的，已知什么，求证什么，都是清楚的，题目也一定是做得出的。但是将来到了社会上，所面对的问题大多是预先不知道答案的，甚至不知道是否会有答案。这就要求培养学生的创造能力，学会处理种种实际问题的方法。"因此，数学建模、计算机求解等方法也被引入数学教学中。

总之，问题解决强调数学教学的实践性和目的性，它将数学的学习不再看做无目的的为学而学，而是一个学以致用，用以促学的统一过程。因此，数学教育又有了新的内容，即用数学。

主体、活动、问题、环境、探索、协作、建构，随着建构主义、问题解决等理论的融合，以及计算机技术的发展和广泛运用，集以上诸观念于一身的研究性学习作为一种崭新的课程和学习方式很自然成为教育界关注的热点。

研究性学习是指在教学过程中以问题为载体，创设一种类似科学研究的情境和途径，让学生通过自己收集、分析和处理信息来实际感受和体验知识的生成过程，进而了解社会，学会学习，培养分析问题、解决问题的能力和创造能力。

对于数学教学而言，研究性学习的最大特点是其综合性。它不仅强调主体性(学)，也强调目的性(用)，更强调整个过程的丰富性与具体性，它把数学从课堂活动还原成一种真实的因而是不断尝试的、探索式的实践活动，即做数学。做数学是贯通和连接教数学、学数学、用数学的线索和驱动。通过做来消化教的内容，推动学的积极性，达到用的效果。并且，由于以计算机为主的信息技术在模拟情境、快速计算、信息处理、交流互动等方面的优势，从而使得做数学很大程度上是依赖于信息技术而进行，即在信息技术环境下做数学。

总而言之，从教数学到学数学、用数学、做数学，反映了静态的数学观向动态的数学观的转变。数学不再是由数学命题或理论表示的纯客观的知识，因而其教学也不单纯是知识的加工与传递。数学是人类活动与其产物的统一，由此数学教学也应该是这种统一的再现，即由教、学、用、做共同形成的活动统一体。这个统一体蕴涵着数学能力及数学素质。这个统一体的展开过程，也就是学生获得数学素质的过程。

这就提出了一个问题：这种借助信息技术进行的以"做数学"为特色从而将教、学、用、做整合于一体，以培养学生数学素质为目标的现代数学教学形式是什么呢？

### 3.1.2.3 问题解决教学观

数学课程改革是当下数学教育改革的主要内容，改革的根本动因则是"时代对人才的要求所带来的学校数学教育目标的新变化"。而近来数学教育目标的最主要变化特征是把重心放在通过问题解决提高学习者数学综合素质上。这一点在大多数国家的数学课程标准或大纲上均有不同程度的反映，已经成为数学教育目标相关研究的焦点所在。

问题探究能力主要是指通过独立或合作探究提出并解决数学问题的能力，这是一种以思维探究为主的能力。问题是数学的心脏，问题是数学教学的心脏，数学教学过程实质上是数学问题的凸现与数学问题解决的认知操作过程，数学学习能力集中体现于数学问题解决能力，所以数学探究学习应把数学思维能力、创新能力的培养放在首位，不但要使学生掌握适量的数学知识，而且要能够通过独立或合作探究提出并解决一些较为复杂、精细、不可完全预见的问题。数学在表达和论证上是需要严格的，所以它经常采用的是演绎方法；但从实际问题抽象出概念和模型、构思证明方法等，则是一种归纳方法与严密思考相结合、直观与严格相结合的抓住事物本质进而构成系统的抽象过程，这是一种独特的数学思维方式。数学探究学习的目标在于培养学生问题探究能力方面，更重要的是培养学生这种数学思维方式，并将它应用于日常生活和工作。

"问题解决"自从 20 世纪 80 年代提出以来，一直是国际数学教育领域关注的热点问题。但随着学习理论的发展和人们对数学本质认识的不断深化，在不同阶段表现出了不同的侧重点和研究视角。特别地，随着学习理论研究的深入，研究者对人的学习本质认识的不断深化，在这样一种状况下，人的学习的建构本质、社会协商本质和参与本质越来越清晰地显现出来，与之相应的新的教学隐喻也逐渐得以确立，这些赋予问题解决以新的功能(乔连全等，2005)。

1) 问题解决是一种能够促进理解和意义建构的认知方式

随着对学习是知识建构的认识，以及随着对知识建构是通过不断解决问题而逐渐建构的认识，学者们逐渐意识到问题解决的目的不仅可以帮助学生掌握数学概念性知识与技能性知识，问题解决还是一种有效的、能够促进理解和知识意义建构的认知方式，借助这样一种方式有助于培养学生学会数学地思维，而不仅是增加了一些数学解题的技巧。这种认识与美国数学课程标准中所提出的"做数学"的建议是一致的："'认识'(knowing)数学就是'做'数学。"对问题解决功能的这一认识，可通过表 3.1 得以展示。

表 3.1    对数学问题解决认识的转变

| 传统数学问题解决研究 | 数学问题解决的新认识 |
| --- | --- |
| 问题解决作为数学教学的一种目标 | 促进理解和知识意义建构的认知方式 |
| 教问题解决 | 通过问题解决进行数学学习 |
| 学生在数学学习中处于被动地位 | 学生是个人数学学习中的主人，主动性、积极性增强 |
| 知识接受 | 意义建构 |
| 问题往往是结构良好的 | 问题往往是结构不良的 |
| 培养的是解决数学问题的具体技能、方法、策略 | 培养的是提出问题、分析问题、解决问题的连贯性的、能动的数学思维，以及乐于学习、善于学习的终身学习的素养 |
| 对数学问题本身以及数学问题解决的过程进行细化、分解 | 提供蕴涵真正数学问题的困惑(dilemmas),数学问题从困惑中形成 |

2) 问题解决有助于构建学习共同体

随着"学习是知识的社会协商"这一有关学习的新的隐喻的出现，相应地有关建立"学习共同体"、"学习者共同体"的新的教学隐喻也已呈现并受到关注。美国温特贝尔特大学匹波迪学院认知与技术小组在进行学术研究的同时，亲身实践着自己的学术理想，总结出作为新型学习共同体的八条特征。其中，问题和蕴涵问题的项目是其中的一项重要元素，而这主要是由问题的交际功能决定的，这在上面学习共同体的特征中也已有显现。

众所周知,交往是作为个体的社会存在的一个重要方面,它表明了人与人作为主体相互作用的一种独特形式,人正是在交往过程中与他人进行着活动、活动的方式与结果、观念与思想、兴趣与情感的交换。因此,可以说交往是参与者之间个体差异的表现与个体发展的极其重要的条件,而交往的过程离不开一定的对话,作为支撑交往对话的基本形式,原苏联著名心理学家马秋斯金认为就是"问题—回答"。马秋斯金指出,在现实生活中,如果没有相互之间的提问,就不可能有对话,人正是凭借问题吸引他人对自己的注意,建立起与他人的接触或激励他人的行为,并由此产生共同的情绪体验。她把这些功能称为问题的交际功能,并认为问题产生于交往,并以交往为目的。可见,正是由于问题的存在促进了对话的产生,塑造着学习者之间的关系,从而它是形成学习者共同体所不可缺少的重要因素。

3) 问题解决有助于实现情境学习的理念

情境学习与认知理论强调了学习的实践参与的本质,即强调学习是人与世界之间的直接对话,所以作为学习方式的问题解决活动应该考虑更加真实、复杂的问题,把实践与学习融合起来,而不是导致两者之间的二元分离,而这一理解对我国的数学教学具有尤其重要的现实意义。与数学教学中的应用题的做法不同,森杰(Senge)提出了一种创设实习场(practice fields)的做法。所谓实习场,是一种情境脉络,在这种情境脉络中,学习者能够实践那些他们将在校外遇到的活动,即所有的努力是为了把这些真实的活动安置在一种环境之中,这种环境就是学习者在校外参与这些活动时出现的环境。

"问题是数学的心脏",解决数学问题是数学研究乃至数学学习的典型形式。我们所构建的 Web-based MPSL 模型的特色之处正在于提出并解决数学问题,这是介于一般解题练习与数学研究之间的一类极其重要的活动。探究性的问题与常规的数学习题并不存在本质的区别,某些练习性的习题可以引导到更深入的探究层次。问题解决活动的几个关键环节,即进入情境、提出问题、理解问题、制订计划、实施计划、反思回顾,既涉及归纳、类比、直觉、猜想等与数学发现密切相关的合情推理活动,又涉及抽象、概括、演绎等与数学证明密切相关的逻辑推理活动。这些活动的顺利展开有赖于学习者特征系统和学习环境系统的支持。因此,从某种意义上说,数学学科探究学习的研究应立足于问题探究活动,力求通过这种普遍的活动发展学生的思维力和创造力。如果能在这方面作出成绩,对缓解"题海战术"的压力将会大有裨益。

## 3.2　基于 Web-based MPSL 模型的数学问题解决教学过程

Web-based MPSL 模型揭示了数学问题解决学习的过程机制,明晰了影响学习者数学问题解决学习的主要因素。下面我们试图以此为基础，构建有效促进学习者问题解决学习活动的教学过程模型，以便切实落实 Web-based MPSL 模型所体现的数学教育理念。数学教学是教师教数学、学生学数学的统一活动，本质上，数学教学是数学活动的教学。数学教学活动是一个复杂的系统，包括多种成分和因素，正确认识这些成分和因素是提高数学教学水平的重要环节。

### 3.2.1　基于 Web-based MPSL 模型的数学问题解决教学过程系统模型

关于教学过程因素的提法有多种，主要有二因素论(教师、学生)、三因素论(教师、学生、教学媒体)、四因素论(教师、学生、教学内容、教学媒体)、多因素论等。笔者认为，基于 Web-based MPSL 模型的信息技术环境下数学问题解决教学过程主要有四个因素，即教师、学生、数学问题解决任务、学习环境(物理学习环境、人际交互环境、技术学习环境)，它们的关系如图 3.3 所示。其中，教师、学生、数学问题解决任务的相互作用构成数学问题解决教学活动系统。综观图 3.3，两个同心圆由外到内，分别代表学习环境系统和数学问题解决教学活动系统；外层为内层提供支持服务，学习环境系统为数学问题解决教学活动的顺利展开提供必需的主题任务、具体内容、相关资源、工具和人际互动支持。学习环境系统是教学过程顺利展开的外部条件，在教学过程中发挥着重要作用，但其作用的大小取决于主体(教师和学生)对它开发的程度，教学条件自身并不能发挥能动作用。而数学问题解决

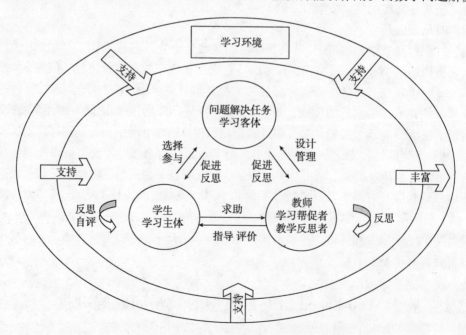

图 3.3　基于 Web-based MPSL 模型的数学问题解决教学过程系统模型

教学活动系统是整个教学过程系统的核心，包括教师和学生两个行为主体，具有能动作用。从主体能动行为的角度去考察，数学问题解决教学活动系统又可分为两个子系统："教"的子系统和"学"的子系统(杨光岐，2006)。

从系统管理的角度研究"教"的子系统，其必然经历"计划、实施"、"总结"三个阶段。在"计划"阶段，教师对教学进行准备，设计教学方案等，可称为"教学设计"；"实施"阶段，教师通过师生交往互动，指导学生完成数学问题解决学习任务，促进学生建构知识体系，可称为"师生互动"；"总结"阶段，教师通过教学目标完成情况，检验教学方案的得失，进行反思，以求改善，主要在课堂教学之后发生，可称为"总结反思"。由此把"教"的子系统划分为三个相对应的分支系统：教学设计系统、师生互动系统、总结反思系统。

在课程改革背景下，学生由知识的接受者转变为知识的建构者，在教学过程中必然要对学习进行管理。从系统管理的角度研究"学"的子系统，也必然经历"计划"、"实施"、"总结"三个阶段。

"计划"阶段，学生要进行课堂学习准备，这是为课堂上能够自主建构知识而进行的"条件"准备，包括心理准备(动机、态度、责任)、方法准备(学习方法、方式)、知识准备(预习、搜集学习资源、必要的信息技术技能)，可把这三个方面的"条件"准备统称为"自能"(学生自主学习与发展所初步具备的一般能力)。

"实施"阶段，指课堂内外的学习，在教师指导帮助下通过"师生互动"的方式学生进行自主建构，也称为"师生互动"。

"总结"阶段包括两个环节：一是课堂上的总结、评价(教师的反馈和自我评价)，改善学习，努力实现学习目标；二是课堂之后的总结反思，针对在课堂上没有实现的学习目标，在课后继续改善，以求达到目标。可把这两个环节称为"自为"(学生自我内化和建构)。因此，把"学"的子系统划分为三个相对应的分支系统，即学生自能系统、师生互动系统、学生自为系统。

在数学问题解决学习活动系统中，"教"的子系统和"学"的子系统各自包括三个分支系统，双方共有一个"师生互动系统"，它成为师生的"学习共同体"。教师和学生在学习共同体内发生交往，形成一种相互制约、相互促进、相辅相成、共同发展的关系。

### 3.2.2　基于 Web-based MPSL 模型的数学问题解决教学过程

既然教学过程是一项系统工程，那么，只有从具有能动作用的"教"与"学"两个子系统交互作用的准备、发生、发展的过程去考察，才可能比较准确地把握"教学过程"的阶段性特征。

就"教"的子系统所经历的发展阶段看，除了课前的"教学设计"和课后的"总结反思"两个阶段之外，在信息技术环境下数学问题解决课堂教学的"师生互动"

中，不论教师的教学风格如何，大体上必须经历三个环节：呈现情境，启动学习；创设学习环境，指导学生探究；引导学生反思回顾，促进学生建构知识。这样，从实践全程上就可以把"教"的子系统的进程划分为五个具体阶段，即设计方案、启动学习、指导帮助、评价反馈、总结反思。

就"学"的子系统所经历的发展阶段看，除了课前的"自能"和课后的"自为"两个阶段之外，学生在课堂上的"师生互动"中的学习是受教师的教学方式制约的。在新课程背景下，随着教师教学方式的转变，在"师生互动"中学生的学习行为与教师的教学行为相呼应，大体上须经历三个环节：进入情境、问题探究和反思建构。这样，从实践全程上就可以把"学"的子系统的进程划分为五个具体阶段，即自能、进入情境、问题探究、反思建构、自为。

当我们从"教"的子系统与"学"的子系统交互作用的角度考察教学过程的阶段时，"师生互动"的过程不是"教"与"学"两个子系统各自阶段的简单重合，而是"教"与"学"两个子系统交互作用的复合过程。这个过程具有如下明显特征(杨光岐，2006)：①师生互动的每一个阶段，既包含着"教"的行为，又包含着"学"的行为，体现为两种主体行为的交互作用；②"教"的行为与"学"的行为相互制约，相辅相成；③师生互动的阶段进程，应体现学生建构知识的心理过程；④"教"的行为只有顺应学生建构知识的心理规律，符合学生认识发展的实际，才能最大限度地促进学生知识的建构。

综合上述特征，在课堂教学视野下，基于 Web-based MPSL 模型的信息技术环境下数学问题解决教学过程中，师生关系大致分为两个方面：一是角色关系，我们强调以教师为主导，学生为主体的角色关系；二是行为关系，即教师的教学和学生的学习之间的关系，二者是发展与促进的关系。在基于 Web-based MPSL 模型的信息技术环境下数学问题解决教学过程中，学生是课堂教学活动的参与者、反思者；教师是数学问题解决学习活动的设计者、评价者，教师要精心组织、规划每一次学习活动，并且保证学习活动的有效实施。师生之间在其行为关系上应当实现教师指导与学生自主活动的统一。基于师生之间的角色关系和行为关系，笔者将基于 Web-based MPSL 模型的信息技术环境下数学问题解决课堂教学过程按照教师行为和学生行为两个维度分为"呈现情境启动学习——进入情境明确问题"、"调设环境支持探究——利用环境解决问题"、"评价反馈促进建构——反思回顾建构知识"三个阶段。

需要指出的是，这里的教学环节仅涉及课堂上师生的行为表现，没有包括课前和课后两个阶段师生的行为。关于教师的课前教学设计，是一个必须深入探究的问题，我们在下面的章节进行探讨。

**阶段 1：呈现情境启动学习——进入情境明确问题。**
在这一环节，教师首先从学生原有的经验出发，为学生提供一个符合学生认知结构水平的、真实的、完整的数学学习情境，或借助网络、多媒体技术的支持创设一个虚拟的、逼真的数学学习情景。然后，学生必须从真实复杂的情境中，识别或提出他们必须解决的问题。旨在通过创设学生熟悉的真实情境，引导学生进入情境，激活已有知识经验，将情境内容转化为学生认识的矛盾和内在的需要，从而激发学生学习数学的兴趣和好奇心，培养学生从情境中发现问题、提出问题的意识和能力，为进一步解决问题奠定基础。在面向学习者的数学问题解决教学设计中，这一提出问题的过程是教学过程中非常重要的一环。正如爱因斯坦所说："提出一个问题往往比解决一个问题更重要，因为解决问题也许仅是一个数学上或实验上的技能而已。而提出新的问题，新的可能性，从新的角度去看旧的问题，却需要有创造性的想象力，而且标志着科学的真正进步。"问题能够表征教学目标，问题能够突出教学主题，问题能够承载教学内容、演绎教学逻辑。

与教师的教学行为相对应，学生在这一阶段的主要任务是投入情境，发现问题，提出问题，明确问题解决任务，作好自主探究活动的准备。

**阶段 2：调设环境支持探究——利用环境解决问题。**

此阶段是数学问题解决教学的中心环节，它主要包括学生、教师、学习同伴、问题解决任务、学习环境五个要素，它们之间的关系如图 3.4 所示。图中实线为事务流，表示教师或学生需完成的事务；虚线为信息流，表示信息流向。

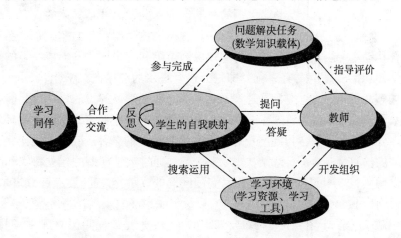

图 3.4　"调设环境支持探究——利用环境解决问题"阶段各要素之间的关系

对于"问题解决"，人们普遍地认为：问题解决主要是数学知识的应用过程，主要在于解决实际问题，通过问题解决的教学可以提高学生问题解决能力。我们认为，这种对问题解决的理解有失偏颇。事实上学习者对数学知识的建构过程本质上是问题解决的过程，而问题解决过程实质上是数学化的过程。数学教学领域的"问题解决"包括三个阶段。

　　数学问题解决的第一阶段,即数学地组织经验材料。教师根据课程内容的特点,从现实世界出发,依据学生现有的知识经验创设情境性问题或真实生活的情景问题。所提出的问题要能够把问题解决的活动与其隐含的基本概念、法则、原理联系起来,要让学习者进行聚焦性的、反省性的探究。允许学生自己去寻找解决这些问题的方法和策略,问题的解决过程必然伴随着学生的"自由创造"以及情境的某些方面的"一般化",然后在教师的指导下,实现学生非形式的、经验的知识向形式的、一般化的数学知识的自然跨越,从而产生出学生"自己"的结果——某些数学概念、运算法则、原理等。通过情境性问题的解决,学生实现了数学知识的"再创造",这里的"再创造"即弗赖登塔尔的"横向数学化"——日常生活中事实的数学化。

　　问题解决的第二阶段,即数学材料的逻辑组织化。　在上一阶段系列情境问题"数学化"的过程中,学生明确了主题学习目标,通过观察、操作、归纳、猜想、推理、建立模型、提出方法、合作、交流等学习活动,亲身体验了数学新知识的产生、发展过程,感受了学习新知识的意义,体会了新、旧知识之间的联系,积累了数学活动经验,形成了有关知识的表象,为进一步从数理逻辑角度揭示概念的内涵和外延、定理的结论与证明奠定了直接经验。但数学教学不能止于直观感性认识的层次,而要在此基础上进一步进行理性思维,将"发现"的结果逻辑化、系统化。"逻辑化、系统化"的过程伴随着一类数学"问题"的解决,与"情境性问题"相比较,"数学问题"是已经形式化了的、抽象的问题,离开了具体的现实世界、现实情境,是一种基于数学符号的"情境"。这类"数学问题"的解决是"在符号世界中进行移动",是学生已获得的数学知识的重组和有序化并且形成一定的结构,此处数学知识的"重组、有序化"即是弗赖登塔尔的"纵向数学化"。

　　问题解决的第三阶段,即数学理论的应用。数学学习的目的之一就是能够应用所学的数学知识解决实际问题,这类"实际问题"广泛来源于现实的生活环境、工作环境,与常见的"数学习题"相比较,它没有充分的条件、确定的结论,至多有一个要解决的目标,为了实现解决的目标,必须通过数学模型的建立将实际问题抽象为数学问题,这个目标的达成过程是实际问题的数学化过程,在弗赖登塔尔看来,它属于"横向数学化"。

　　问题解决过程既是学生建构数学知识的手段,也是建构知识的目的。问题解决的三个阶段构成了数学课堂学习活动的完整过程。"经验材料的数学组织化、数学材料的逻辑组织化、数学理论的应用"这三个阶段,顺应了学生学习过程的心理规律,体现了"直观—思维—实践"这一认识发展规律的阶段性特点。数学课堂学习中,忽视或丢弃了以上哪个层次的做法都是不对的,任何单纯的某一层面上的学习,都构不成数学学习活动的完整过程。

　　这里需要强调的是,"问题解决"不仅仅是应用数学知识的过程,它也可以涉及数学知识的"再创造"和"再构建"过程,即应当全面理解"问题解决"的含义,特别是要结合数学化来认识问题解决过程。图 3.5 所示有助于实现上述理解。

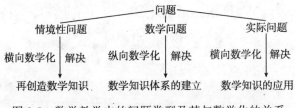

图 3.5 数学教学中的问题类型及其与数学化的关系

一方面，问题解决是数学化的目的和原动力，并且为数学化提供方向和目标，要求学习者在数学化的同时须自我监控、自我调节，沿着问题解决的方向前进。另一方面，只有经过数学化，问题的解决才成为可能，没有数学化，实际问题将处于一种模糊状态，无法定量地表达它，更不可能认识、解决它。由此可见，问题解决的过程即是数学化的过程，它们共同交织在数学学习过程中，学习者以问题为基础，通过数学化来实现问题的解决，同时在问题解决的过程中，可以再创造"自己"的数学知识，从而实现数学化。

教师是整个问题解决活动过程的组织者、合作者、促进者、评价者。

**阶段 3：评价反馈促进建构——反思回顾建构知识。**

教师对学生数学活动效果的评价主要有两个方面：一是鼓励成功，二是指明错误。对于一些与学生相适应的问题，学生能在教师设计的教学模式中予以解决，得出正确或基本正确的结论，这时教师应及时给予肯定，作出正确的导向，它能使学生享受成功的喜悦，从而强化进一步参与学习活动的动机，使学生在将来的活动中产生更强的内驱力。然而，学生在学习活动中的进展不是一帆风顺的，往往会出现多种类型、不同程度的错误，或仅仅得出一些初步的或粗糙的结论，这时，同样需要教师的评价。教师一般是先肯定学生结论中的合理成分(哪怕是点滴成功)，然后才是对结论的错误进行评判。哪怕是完全错误，教师也应鼓励学生参与的积极性。同时，学生通过反思自己的认知过程，分析获得成功的原因，从而取得认知经验。这种认知经验逐步积累，对学生日后的参与活动是大有裨益的。教师指明学生错误后，至于错在哪里，怎样改正，教师不要包办代替，而要让学生自我反思。在对所犯错误的反思过程中，学生将重新调整自己的认知活动，从其他方向得出结论。自我反思能使学生吸取经验教训，提高元认知能力，逐步走向成功。

在评价数学活动的过程中，无论是教师还是学生都应明确：评价的目的不是辨别学生的好坏，而是帮助学生反思自己的学习过程，促进他们的发展；评价的内容不但包括学习的结果——数学知识意义的建构，还包括学习的过程；教师不是评价的唯一主体，学生应积极参与对自己学习的评价和反思，如概括知识结构，升华思想方法；归纳问题解决的范围、策略与方法；总结经验教训，写出学习心得体会等。

## 3.3　基于 Web-based MPSL 模型的数学问题解决
## 教学设计过程模式

　　基于课堂网络学习环境的数学问题解决学习模型比较清晰地揭示了影响学习者问题解决认知过程的主要因素,在此基础上我们又深入地分析了数学问题解决教学过程系统构成要素及其运行的阶段性特征,即对问题解决学习和问题解决教学过程已有了比较清晰的认识,这为我们进一步构建信息技术环境下基于问题解决的数学教学设计过程模式奠定了良好的基础。

### 3.3.1　关键概念界定

#### 3.3.1.1　数学问题与问题解决界定

　　什么是"问题解决",数学教育中要解决什么样的问题? 人们的看法并不一致。
　　美籍匈牙利著名数学教育家波利亚在《数学的发现》一书中曾对数学"问题"给出明确含义,并从数学角度对问题作了分类。他指出,所谓"问题"就是意味着要去寻找适当的行动,以达到一个可见而不立即可及的目标。《牛津大词典》对"问题"的解释是,指那些并非可以立即求解或较困难的问题,那些需要探索、思考和讨论的问题,那些需要积极思维活动的问题。第六届国际数学教育大会(ICME-6)"问题解决、模型化及应用"专题组对"问题"给出了更为明确而富有启发意义的界定,指出"问题"是对人具有智力挑战性质的、没有现成的直接方法、程序或算法的待解问题情境。该课题组主席奈斯(M. Niss)还进一步把"数学问题解决"中的"问题"具体分为两类,即一类是非常规的数学问题,另一类是数学应用问题。对"问题解决"中的"问题"无论怎样表达,无论采用哪种角度去界定,有些特征是共同的:①可接受性;②障碍性;③探究性。如果一个问题可以使用以前学会的算法轻易地解答出来,那么它就不再被认为是一个问题了。需要指出的是,问题这一概念具有因人因时的相对性。问题具有明显的针对性或相对性,对于某人是问题,而对于他人并非一定是问题;对于某人,此刻是非常规问题,随着知识与能力的增长,过后可能变成常规的问题,或者构不成真正的问题。在"问题"特征感召下,数学教学中的数学问题应构建更多的"真问题"。只有构建数学中的"真问题",才能使数学教学真正成为"基于问题解决学习"的教学、"基于丰富资源学习"的教学、"基于对话交流学习"的教学、"基于自主研究性学习"的教学。美国著名数学教育家伦伯格(Lunbegle)指出,解决非单纯练习题式的问题正是美国数学教学改革的一个中心议题。受此启发,我国基础教育数学新课程改革的目标与理念也倡导"研究性学习"、"问题解决式学习"。

关于"问题"的外延(分类)，比较一致的看法是："问题"不仅包括教科书上的问题，也应包括那些来自实际的问题；不仅包括常规的问题，也应包括非常规的问题；不仅包括条件充分、结论确定的封闭性问题，也应包括条件不充分、结论不确定的"开放性问题"；不仅包括形式化的纯数学问题，还包括非形式化的非数学问题。

本书所构建的信息技术支持下的面向学习者的基于问题解决的数学教学设计着眼于数学教学实践的现实，围绕"主题"单元进行规划设计教学过程，对于"问题"这个概念，我们采用广义的解释。其表现形式可以是一个"疑问句"，可以是一项任务或目标的陈述，一个矛盾的呈现，也可以是一种情境的创设。为了实现学生整体的发展目标，通过问题解决来学习，基于问题解决建构知识，"问题解决教学设计"中的"问题设计"是关键，所设计的问题，不应是单一的问题，而是系列的问题，不同类型问题之间应当是有机联系的。既包括那些具有启发性的、本原性的、触及数学本质、能够在教学中起统帅作用的问题，也包括那些用于巩固知识、深化理解的封闭性的问题，更包括那些用于发展学生高级思维技能的半开放或全开放性的问题。

在对"问题"不同角度界定的基础上，长期以来，国际上对"问题解决"的含义与用意也有着不同的理解，概括起来，大致有六种不同的理解方式或角度(付海轮，1999)。

(1) 从教学目的的角度定位"问题解决"。美国的贝格(Begle)教授认为，教授数学的真正理由是因为数学有着广泛的应用，教授数学要利于解决各种问题，学习怎样解决问题是学习数学的目的。因此，20 世纪 80 年代以来，世界上几乎所有国家都把提高学生的问题解决能力作为数学教学的主要目的。当把问题解决能力作为数学教学的主要目的时，这一观点自然就影响到对数学教学设计的重新定位，使人们对数学教学设计的逻辑生长点有了新的界定。

(2) 从学习基本技能的角度定位"问题解决"。美国教育咨询委员会(NACOME)认为问题解决是一种数学学习的基本技能，由此出发，这种基本技能就不可能是单一技巧，而是若干技巧或技能的整合，它需要人们从具体内容、问题的形式出发，构造数学模型，设计求解模拟的方法，并从多方面综合考虑问题解决的渠道。将问题解决作为基本技能，有助于我们将日常教学中的技能、概念以及问题解决的具体内容组织成一个整体。

(3) 从教学形式的角度定位"问题解决"。英国教育家考克罗夫特(Cockcroft)等认为，应当在教学形式中增加讨论、研究问题解决的形式，在此定位下，教学类型应当同构于问题解决的类型，即教师应当把问题解决的活动形式作为教学的基本类型。

(4) 从学习过程的角度定位"问题解决"。美国全国数学管理者大会(NCSM)在《21 世纪的数学纲要》中提出"问题解决"是学生应用以前获得的知识投入到新的或不熟悉的情境中的一个过程，而个体已经形成的有关过程的认知结构又被用来处理个体所面临的问题。这种定位事实上是抽象出学生用以解决问题的方法、策略和猜想，而且侧重于对问题解决过程的感悟。

(5) 从问题解决的法则定位"问题解决"。《国际数学教育辞典》中指出，"问题解决"的特性是用新颖的方法组合两个或更多的法则去解决一个问题，这种定位着眼于问题解决法则的整合方法。

(6) 从学习能力的角度去定位"问题解决"。1982 年英国的《考克罗夫特报告》认为，问题解决应当是将知识应用于各种情况的一种能力，问题解决本身在于能力的体现，并非抽象形式的体现，这种定位强调问题解决的先决条件与问题解决的绩效表征。

虽然人们从不同角度去描述问题解决的内涵与用意，但问题解决从本质上讲有些特征是共同的，即它可以成为数学教育的中心，或是贯穿于数学教学的主线。正是基于此，数学课程可以围绕问题解决来组织和设计。共同特征依承于教学过程中问题解决的价值取向(朱德全，2002)。

(1) 问题解决的价值取向于教学的用意。由此，教学应指向于帮助学生解决实际问题，并通过解决实际问题引发学生学会学习、学会思考，进而提升问题解决能力，因此，问题解决应当贯穿于教学过程的始终。

(2) 问题解决的价值取向于认知过程的目标。问题解决一般被理解为一种认知操作过程，是一种以思考为内涵、以问题为目标、以知识为材料的一系列有目的指向的认知操作过程。这种认知操作过程引发于人们从面临新的问题情境、新课题中所产生的主客观认知冲突。由此，问题解决是从问题情境开始，动用已有的认知经验，克服认知矛盾冲突，积极主动地寻找和达到问题解决的过程。

(3) 问题解决的价值取向于学习的途径。问题解决过程是学生自主探索、自主学习的过程。在此过程中，学生学习目的明确、学习内容丰富、学习过程灵活，能充分体现问题解决过程中学习的主动性与创造性，也更能体现问题解决过程中知识的意义建构过程，学生问题解决的认知风格也能充分展现出来。问题解决的学习就在于方法的学习、策略的学习，以便积累经验。因为，只有经验的积累才能使问题解决的探索形式趋于有效化，也才能真正体现与形成自己的认知风格或强化自己的认知风格。因此，基于问题解决的学习才是真正意义上的建构性的学习，这样的学习才能体现知识逻辑、认知逻辑与学习逻辑的有效整合。

在本书中，"问题解决"的价值取向于教学的用意。"问题解决"作为数学教学的一种模式，不仅培养学生的解题能力。"问题解决"教学为学生提供了一个探索、发现、创新的环境和机会，为教师提供了一条培养学生创新意识、实践能力和应用数学知识解决问题能力的有效途径。"问题解决"教学指向于教师数学教学思想的更新和学生数学学习方式的转变，力图在数学新课程的实施过程中更好地落实数学新课程的基本理念和整体目标，因此"问题解决"在本书中的含义是广泛的。它不仅是指获得问题的答案或结论，还包括任务的完成、目标的达成、冲突的解决、数学实验的设计、行动方案的策划、解决问题方法的获得,也包括数学知识的再发现、再创造以及数学知识体系的形成等知识的构建。其成果形式可以是文本的也可以是行动的或行为的,可以是精神状态的也可以是物质形态(如学生制作的数学模型、数学学习课件等)的。由于我们采用广义的"问题"界定,即问题不仅是那些传统的封闭性的问题,更包括半开放或全开放的问题,因此问题解决也包括封闭性问题的解决,更包括半开放或全开放性问题的解决。"问题解决"贯穿于整个主题单元教学过程,使学生对主题单元的认识螺旋上升,不断深化,学生的知识不断地得到重组与内化,从而使学生形成完整的知识体系和良好的认知结构。

### 3.3.1.2 信息技术环境下基于问题解决的数学教学的界定

所谓信息技术环境下基于问题解决的数学教学,是指围绕"主题"组织教学,把主题学习内容分为六个活动过程:主题内容情境化,情境内容问题化,问题内容数学化,数学内容理论化,理论内容应用化,主题学习反思化,并以一系列精心设计的类型丰富、质量优良的有效数学教学问题(集)来贯穿教学过程,通过基于信息技术的学习环境支持和数学方法论指导,促进学生主动发现、积极探索、实践体验、解决问题,以便深层理解并掌握和运用基本知识,完成主题知识内容的意义建构,实现从能力到人格的整体发展,成为有效的问题解决者的一种教学模式。该定义既保留我国教学的优良传统——对基本知识掌握的关注,又紧紧盯住当前课程改革的总体目标——学生能力、情感、态度、价值观等的整体发展目标。

信息技术环境下基于问题解决的数学教学有利于培养学生的问题意识。美国的教育家认为:学生应该带着问题走进教室,之后还能够带着更多的问题走出教室。因此,评价教学成功与否的一个主要方面是看学生是否产生了相关的问题。而我们目前的教学过于侧重知识和技能的传授,衡量教师教学成功的标志就是在教学后学生没有问题,教学的目标是让每个学生都没有问题。这种教学中教师和学生看到的只是知识,看不见问题;教学中不仅丢失了问题的价值,更是丧失甚至异化了问题解决的价值。要知道,困惑与好奇是孩子特有的财富,没有问题恰恰是最大的问题。通过基于问题解决的教学可以激发学生的好奇心,培养学生提出问题的意识与能力,迎合了孩子们求知好问的本真天性,成为能够主动思考的真正的学习者。

信息技术环境下基于问题解决的数学教学是一种进行有意义教学的途径和方式。在基于问题解决的数学教学的过程中,学生可以在教师指导下进行自主探究和意义建构,在转化问题空间的同时不断减少认知世界与现实世界的矛盾和差距,修正和扩展认知结构,从而成为真正的认知主体。另外,通过基于问题解决的数学教学,教师不仅可以对学生的学习结果进行评价,还可以对其学习的过程进行及时的评价和反馈,从而达到了过程与结果并重的双重评价功能,实现评价为了教学、评价促进学习的重要功能。

信息技术环境下基于问题解决的数学教学是教师充分发挥教学机智的过程,是教师专业发展的快速通道。通过具体学科实施教学向来都是教育发展的根本途径，教师便是学校教育的具体实施者。教师素质不高，则任何好的理念与技术都将成为摆设。一名数学教师，不仅要在学科专业知识方面努力成为一名数学家，而更主要的任务是当好教育家，要将教育的各级目标贯穿在基于数学科学对学生的教育之中，然而，他们的教育究竟能否有效地促进学生的学习与发展还取决于他们头脑中是否拥有了先进的数学学习理论和有关教育教学的知识，以及针对每一个学生的特性，在教学的情境脉络中能否将这些知识激活，从而将其转化为个人实践知识的一部分。专家数学教师具备了这些特质，从而创造了成功的数学教学。然而，面对国家教育发展的需要专家教师还为数太少! 我们看到了这种现象：当一名数学教师缺乏有关数学的学习理论以及教育教学知识的时候，便会将教科书和课程标准奉为法典，会极力地依赖课程开发者和教材出版商为其开具并印制教学处方。

### 3.3.2　信息技术环境下基于问题解决的数学教学设计过程模式的构建

在问题解决学习模型和问题解决教学过程系统及其运行机制研究的基础上，本书进一步提出基于课堂网络环境的促进学习者数学问题解决学习的教学设计过程模式，如图 3.6 所示。

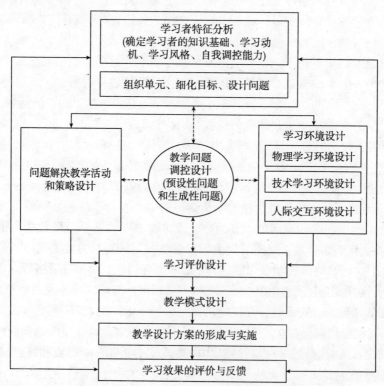

图 3.6　信息技术环境下基于问题解决的数学设计过程模式

信息技术环境下基于问题解决的数学教学设计过程模式是以数学教学问题和问题解决作为教学设计的关注焦点,根据教学系统各要素之间的内在联系来进行建构的。教学设计是以满足数学课程教学目标要求,以期达到在掌握数学的知识结构与解决实际问题中所获知识的随机性之间保持一定的平衡,实现学习者在知识与技能、数学思考、问题解决与情感态度价值观各方面的整体发展,进而最终实现数学教育目的。

需要指出的是,信息技术环境下基于问题解决的数学教学基于中观教学设计理念,在课程内容的整体组织上,通常采用主题单元的形式来实现上位统整。主题单元教学意指围绕某个主题所进行的单元化课程组织。通过这种形式,设计者可以把各种资源、工具、媒体和教学方式进行多样化、弹性化的整合,形成以主题为黏合点、以单元为设计范畴的课程系统。主题单元能够在不同数学内容和技能领域之间建立起有意义的联结,为学习者提供一个富有价值的认知焦点。它在新旧知识、数学知识逻辑与学生认知逻辑之间建立的联结,将有助于学习者获取整体的、全面的、网状的知识,鼓励学习者从广泛的视角进行思考,从而有助于提高学习者的学习迁移能力、高级思维技能和问题解决能力(胡小勇,2005)。

## 3.4 信息技术环境下基于问题解决的数学教学设计的理念和原则

### 3.4.1 信息技术环境下基于问题解决的数学教学设计的基本理念

自 20 世纪 80 年代以来,"问题解决"作为一种新的教育理念,被广泛应用于数学教育领域。波利亚是让"问题解决"走进教学领域的有力倡导者。1980 年 NCTM 在《关于行动的议程》(An Agenda of Action)中提出,"必须把问题解决作为学校数学教育的核心"。此后,世界各国纷纷响应,都把提高学生的问题解决能力作为数学教育的目标之一。问题解决在数学教学中的应用特点可归纳为:第一,让学生通过问题解决的实践活动来组织学习,基于问题解决的数学学习是以能力为本位的,而不是以知识为本位的;第二,通过问题解决尤其是具有实践意义的问题的解决,让学生充分认识学习的意义,并逐步树立起学习的信心;第三,强调问题解决过程本身的价值,重视数学的内在逻辑过程、学习者的经验和体验;第四,坚持学校教育的最终目标在于提高学生的问题解决能力,强调以学生的学习为中心,让学生主动参与,学会数学地思考,发展数学创造性思维能力。

教学设计是根据教学对象和教学内容,确定合适的教学起点和终点,将教学诸要素有序、优化地安排,形成教学方案的过程(张大均,1997)。教学设计必须确定教学目标,组织教学内容,优化教学过程,把握教师和学生的特点及经验,评价和调控教学质量等。将"问题解决"引入数学教学，将学生的学习置于复杂的问题情境中，可以有效地激发和调动学生的学习动机。同时，要以整体、综合的方式组织课程内容，以加强问题解决学习的系统性和内在逻辑性，提高问题解决的整合效益，通过解决问题让学生理解和掌握数学问题背后的知识及相关知识之间的内在联系，促进学生知识、技能和能力的有效迁移；改变传统教学设计中教学目标重视客观性忽视行为化和可操作性、教学过程重视单向传递忽视生成性和选择性、教学评价重视学生的知识掌握而忽视其发展的弊病，让学生学会数学地思考和解决问题，获得灵活的数学知识和高层次的问题解决能力，增强自主学习、终生学习的意识和能力。

在传统的数学教学中，教师在教学之初先讲解所要学习的概念和原理，而后再让学生做一定的练习，尝试去解答有关的习题。学生学习的主要任务是对各种知识的记忆和复述，从模仿到独立操作进而形成操作性技能。其教学程式为

$$\boxed{\text{教师讲}} \longrightarrow \boxed{\text{学生练}}$$

这种教学模式的潜在假设是：学和做是两个过程，知识的获得和知识的应用是教学中两个独立的阶段。学生必须先学了，先知道了，才能去做，去解决有关的问题。实际上，学和做、知识的获得和知识的应用是可以合而为一的，这就是"在做中学"，"通过问题解决来学习"。问题解决是人类思维的典型形式，当学生围绕真正的问题进行分析和解决问题的时候，也就调动起了他们的高水平思维。

"通过问题解决来学习"是探究性教学的一条核心思路，也是当前各种建构主义的学习模式所广泛采用的基本思路。"通过问题解决来学习"，即就学习内容设计问题，或由学生提出问题，让学习者通过解决问题来获得相应的问题图式(problem schema)以及相关的概念性理解(conceptual understanding)。问题解决活动有可能使学习者更主动、更广泛、更深入地激活自己的原有经验，理解分析当前的问题情境，通过积极的分析、推论活动生成新理解、新假设，而这些观念的合理性和有效性又在问题解决活动中自然地得以检验，其结果可能是对原有知识经验的丰富、充实，也可能是对原有知识经验的调整、重构。因此，在问题解决活动中，新、旧经验双向的相互作用得以更充分、更有序地进行，这使得学习活动真正切入到学习者的经验世界当中，而不只是按照教学设计者预先确定的框架和路线来生成知识间的联系。问题解决为新、旧经验的同化和顺应提供了理想的平台。通过问题解决来学习，基于问题解决来建构知识，这是各种探究性学习活动的重要特征。当然不同模式的具体特征可能有异，如学生的独立探索程度如何，要探索的问题的复杂性、真实性程度如何，外部支持引导的程度如何，等等(张建伟，孙燕青，2005)。

按照"通过问题解决来学习"的思路，教师和学生可以针对所要学习的内容提出具有思考价值的、有意义的问题，首先让学生去思考、去尝试解决，在此过程中，教师可以提供一定的支持和引导，组织学生讨论、合作，但这都不应妨碍学生的独

立思考，而应配合、促进他们的问题解决过程。在问题解决中，学习者要综合运用原有的知识经验，并查阅有关的资料，从而进行合理的综合和推论，分析、解释当前的问题，形成自己的假设和解决问题的方案。在此基础上，教师可以再进行提炼和概括，使得学习者所建构的知识更明确、更系统。其教学程式是

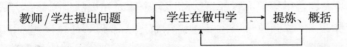

在以斯金纳的操作性条件反射理论和加涅的学习层级说等为基础的传统教学中，基本上是自下而上地展开教学进程。斯金纳主张将知识分为一个个小单元，让学生按一定的步调一步步地学习，最终掌握整体知识。加涅提出了学习层级说，认为知识是有层次结构的，每个知识技能都有其前需性知识技能，教学要从基本子概念子技能的学习出发，逐级向上，逐渐学习到高级的知识技能。在以他们的思想为基础进行教学进程的设计时，首先对要学习的内容进行任务分析，逐级找到应该提前掌握的知识，而后分析学生既有的水平，确定合适的起点，设计出向学生传递知识的方案。在展开教学时，让学生从低级的基本的知识技能出发，逐级向上爬，直到达到最终的教学目标。

当今的建构主义者批评传统的自下而上的教学设计，认为它是导致教学过于简单化的根源。在教学进程的设计上应该遵循相反的路线：自上而下地展开教学进程。即首先呈现整体性的任务，让学生尝试进行具有完整意义的问题的解决，在此过程中，学生要自己发现完成整体任务所需首先完成的子任务，以及完成各级任务所需的各级知识技能。在教学中，首先选择与儿童生活经验有关的问题(这种问题并不是被过于简单化的)，同时提供用于更好地理解和解决问题的工具。而后让学生单个地或在小组中进行探索，发现解决总问题所需的基本知识技能，在掌握这些知识技能的基础上，最终使问题得以解决。通过问题解决来学习这种教学思路在很大程度上体现了自上而下的教学设计路线。当然，在具体教学中也需要避免这种教学设计的弊端，即难度过大、忽视知识的结构层次关系。无论是自上而下还是自下而上的教学设计，都必须适应一定的教学目标和教学内容，根据具体的教学目的和条件而定。

认知心理学家奥苏泊尔(Ausubel)从儿童习得知识的角度，提出了处理教材的两个原则(李晓文，王莹，2000)，即一是设计先行组织者，二是逐渐分化。所谓先行组织者，是指一些与教学内容相关、包摄性较广、比较清晰和稳定的引导性材料，它提供了帮助理解和记忆新知识的脚手架。先行组织者的设计有两种方式：一是说明性组织者，它的作用是为学生提供新知识学习的上位概念或知识大框架，使学生在说明性组织者的引导下形成对新知识本质属性的总体印象；二是比较性组织者，它的作用是为学生提供新知识学习的类比或分辨参照，使学生在比较性参照体系的引导下形成对新知识内在特征的清晰认识。所谓逐渐分化，是指学生首先应学习最

一般、包摄性最广的观念，然后根据具体细节对它们逐渐加以分化。或者说，教学中应先学习上位概念，然后在上位概念的同化之中学习下位概念。

奥苏泊尔认为，学生从已知的包摄性较广的整体性知识中掌握分化的部分，比从已知的分化部分掌握整体性知识难度要低，而且从整体到分化，或者说从上位到下位的安排，是与人类习得知识内容的自然顺序和个体对知识的组织储存方式相吻合的。

波利亚指出，"掌握数学就意味着善于解题，不仅善于解一些标准的题，而且善于解一些要求独立思考，思路合理，见解独到和有发展创造的题"。这里的题不仅仅指教科书上的"习题"，更主要的是指数学领域的"问题"。从这个角度审视，问题就是数学的心脏，数学学习的核心就是数学问题求解能力的培养，数学教学的生长点就是问题和问题解决，数学教学设计的逻辑起点就是数学问题设计(胡小松，朱德全，2000)。在数学教学设计中，教学目标需要问题来展现，教学过程需要问题来活化，教学环境需要问题来诱发，教学策略需要问题来导引，教学对象需要问题来触动，只有围绕问题和问题解决，整个教学设计才能做到以目标为导向，过程设计为主体，环境设计为重点，策略设计为手段，评价监控设计作反馈强化，进而才能形成一个整体优化的动态系统。

综上所述，并参考有关学者的论述(李红婷，2006)，我们所构建的信息技术环境下基于问题解决的数学教学设计的理念可概括如下。

1) "问题解决"是数学教学设计的逻辑起点

强调以问题为导向，基于"问题解决"进行数学教学设计。通过呈现真实情景中的实际问题，激发学生的问题意识，鼓励学生积极探索问题解决的方法。问题解决是数学教学设计的起点和归宿，数学教学过程实质是学生在问题解决中认知能力和问题解决能力不断提升的过程。

2) 数学教学的核心是培养学生的数学问题解决能力

基于问题解决的数学教学力图改变传统教学重知识传递、学生学习重知识获取、学科知识界限分明等弊端，强调有效教学和学生有意义的学习，重视培养学生综合运用知识解决实际问题的能力，围绕培养学生的问题解决能力开展数学教学活动。

3) 问题解决认知过程体现课程的综合性和行为化

基于问题解决的教学设计重视课程内容的整合和知识的问题化处理，强调通过问题启动学习过程，激活学生原有的知识经验，活化数学知识。问题解决的过程是学生综合运用各种知识，进行策略、方法选择和取舍的行为化过程，问题解决中认知的整合和归纳过程也是生成具有综合性特点的数学课程的过程。

4) 问题解决过程是主体主动认知的过程

传统数学教学中的问题通常是既定的、客观的、抽象的，难以激发学生解决问题的内部动力。基于问题解决的数学教学力图通过开放性问题情境和问题解决过程的设计，激发学生的好奇心、求知欲。问题解决过程的可选择性和生成性，为学生创造了广阔的思维空间，学生的主体意识和创新意识得到不断强化。

5) 教师是问题解决活动的引导者和促进者

基于问题解决的数学教学强调让学生承担起学习的主要责任。教师通过设计开放性问题情境，引导学生围绕问题展开探究学习活动，利用师生共建的合作交流、多维互动的课堂教学交互平台促进学生学习活动的深入开展。

6) 信息技术为问题解决活动提供了理想的工具和环境

基于计算机的 Microsoft Math、几何画板、"Z+Z 智能教学平台"等信息技术的使用正在改变传统数学的性质，数学既是演绎科学也是归纳科学。数学教学软件的出现改变了数学只用纸和笔进行研究的传统方式，给学生的数学学习带来了最先进的工具，使得"数学实验"成为学生进行问题解决学习的一种有效途径，一种新的做数学的方法，即主要通过计算机实验从事新的发现。数学教学软件既是学生验证猜想的工具，又是学生进行探索实验的平台，信息技术为学生的数学问题解决活动提供了理想的工具和环境。

我们所构建的信息技术环境下基于问题解决的数学教学设计重视从宏观上、整体上让学生把握数学学科的基本结构，倡导"整合认知，框架推进"。把那些"尽量带有迁移力"、"尽量简要"的中心概念和原理等置于类型丰富、与现实生活和学生已有的知识经验密切相关的一系列问题情境之中，并作为支持学生课程内容学习的先行组织者，通过这一系列问题设计和问题解决实现学生对所学课程内容的意义建构和高级思维技能的发展。从前面所论述的学习理论的发展可见，随着学习科学的发展，人们对问题解决功能的认识也发生了转变。问题解决不仅仅是针对需要学生掌握的数学概念知识与技能知识，问题解决还是有效的、能够促进理解和知识意义建构的认知方式，一种有助于知识意义的社会协商的平等对话的组织方式，一种创设从数学角度面对真实世界原始问题的、做中学的社会实践方式。数学教学要从原来单纯"教问题解决"转变为创设能提供认知工具、蕴涵丰富的学习资源、利于学生进行数学知识建构的学习环境中来。学习不是被动地接受知识，而是在解决实际问题的过程中以及与他人互动、磋商中制定意义的过程。为此，教师在进行教学设计的过程中，首先要对课程内容进行重新审视，从整体上、内部结构上把握知识之间的内在联系，尽量把相关、相近的内容放在一起，构成一个"主题"，也就是要对教材进行"二次开发"或整合，设计类型丰富的系列问题和相应的学习活动，并充分发挥信息技术的优势，旨在提高课堂教学质量和效率。

这种对课程内容的处理方式集中体现了从中观层面、以单元为单位对数学教学进行系统设计的理念，本质上要实现对数学课程内容以及信息技术与数学课程的"双重整合"，有利于克服课程内容"切块式"处理的弊端。过去教师在教学设计时，基本上是以课时为单位进行教学设计，对课程内容按逻辑结构进行切块处理，通常情况下，主题划分为概念、定义、定理、应用等多块，一环一巩固，并通过多个课时完成教学任务。学生在学习时看不到每一块知识的来源和它在整个知识体系中的地位与作用，因此学习是被动的，学到的知识是零散的。学生往往被局限于对一些小环节的反复操练上，限制了学生的思维空间，学生不知道为什么学，学了有什么用，更不知道怎么学，再加上一些困难环节难以逾越，会使学生丧失学习信心。

### 3.4.2　信息技术环境下基于问题解决的数学教学设计的基本原则

1) 整体性和结构化

围绕课程目标对现有课程资源进行有效开发和重组，以整体的、综合的思维方式组织课程内容，重视知识体系的内在联系和多重关系，以优化学生认知结构，求得知识和能力的整合效应与有效迁移；充分考虑课程的层次性和结构化，促进学生学习活动诸方面的内在联系、相互协调和整体发展。

2) 预设性与生成性

预设性对课程的实施起定向、导航作用，它可以避免学习活动的形式化和严重偏离目标的现象；如果预设性太强，也会出现教师"牵着"学生走的现象。课程的生成性要求为学生提供可选择的内容以及多层次、多类型的数学活动，以满足学生对不同学习内容和学习过程的需要，展示个体的思维特点及创造力。预设性通常体现在问题解决的目标规划和宏观定向方面，选择性和生成性则发生在具体问题的认知解决过程中。

3) 探究性和有效性

以"问题"为起点，以"探究"为过程，以"学习环境"为支持，追求数学学习的有效性。探究是指教师不把构成教学目标的有关概念和认知策略直接告诉学生，而是创造一种适宜的认知合作学习环境，让学生通过探索发现有利于开展这种探索的学科内容要素和认知策略(Anderson, 1995)。问题解决能够有效地激发学生的内在学习动机，培养其独立自主意识和创新精神。需要注意的是，必须纠正教学中过度追求重复人类发现过程而使学习效率低下甚至严重偏离教学目标的现象，注重教学活动的绩效，注重技术学习环境和人际互动环境的创设，追求有效教学。

4) 主导性和主体性

遵循"教师主导、学生主体"的教学原则，一方面，教师要通过对课程资源的有效整合进行教学设计；另一方面，要让学生从问题入手自主处理信息，通过相互讨论和自我反省获得知识。教师要进行预先的教学设计和具体的学习指导。同时，充分发挥小组学习共同体的作用，让学生共同承担起责任和任务，建立多边多向的交流和合作共建关系，满足学生自主学习和有差异学习的需要，使每一位学生都能参与到学习过程中来。只有发挥学生的自主性，教师的主导与促进作用才能真正落实到位。

教学设计是要将学与教的理论与教学实践连接起来，谁能最终促成这一连接的实现? 当然要靠理论研究者和专业设计者的努力,更离不开广大一线教师的身体力行。因此,真正实现面向学习者的基于问题解决的数学教学设计,必须培养一支置身于学习者真实学习情境中的数学教师设计者队伍。这样说来,数学教师只有成为一名好的教学设计者和教学实施者,才能通过数学科学与教育的完美融合,实现藉由数学问题解决教学促进学生发展的教育宗旨。与此同时,研究者的肩上被赋予了更多的责任,他们要为帮助数学教师成为优秀的设计者提供支撑,特别是有关数学学与教的理论和设计科学的支撑。因此,在受助于研究者支撑的基于问题解决的数学教学设计的互动中,数学教师会迅速成长,因为基于问题解决的教学设计不同于传统的教案设计,需要教师在分析学生现状的基础上对教材进行再分析、再创造,设计出以课程内容主题为焦点、以问题系列为主线、以问题解决为导向、以信息技术为环境和工具的合理高效的教学程序,这其中的每一个教学环节的设计都会凝结教师的智慧和心血,都需要教师调用学科知识、教育学知识、心理学知识、信息技术技能等多种理论知识以期得到综合的支撑,而基于问题解决的教学的实施将会对教师提出更高的要求。教师为了设计出优秀的信息技术环境下基于问题解决的数学教学而必须不断地学习新理论、新方法、新技术,不断地学会反思与行动。于是,信息技术环境下基于问题解决的数学教学设计不仅具有研究的理论价值,还为数学教师的专业发展提供了可行的道路,也为教育的理论与实践走向切合找到了一条出路。

在教学设计领域有一句名言,"那些无论在学科内容还是教学设计上都不拥有专家知识的人,很难判断自己应该知道些什么才能设计出令人满意地获得知识的方法"(Smith,Ragan,1999)。这一对教学设计者专业发展的启示在今天的教育文化中被诠释成一条教学设计者实现专业发展的道路: 在设计中求得发展。由此决定,教学设计者也是学习者,探索无止境(裴新宁,2005)。

## 3.5 信息技术环境下基于问题解决的数学教学模式

基于 Web-based MPSL 模型的数学问题解决教学过程比较清楚地揭示了信息技术环境下基于问题解决的数学教学过程所具有的阶段性特征,为我们宏观地把握教学过程指明了方向。本节在此基础上,依据 Web-based MPSL 模型所揭示出的数学问题解决学习的认知过程特征,进一步探讨信息技术环境下基于问题解决的数学教学模式。需要指出的是,教学方法、教学策略、教学模式是教学论研究领域使用频率很高、同属于解决"如何教"这类问题的概念,它们相互之间的联系比较密切,但也很容易混淆。另外,教学结构、教学模式与教学策略是信息技术教育应用研究领域中常被论及、分属不同层级范畴的概念,也是易混淆的概念。下面,我们分别对教学方法、教学策略、教学模式、教学结构的含义及相互间的联系与区别作一个简要的回顾。

### 3.5.1　教学模式概念的界定及其与相关概念的辨析

要对教学模式的概念有一个比较全面的认识和了解,需要我们首先确定教学模式概念的基本内涵,然后在此基础上,通过与其相关的几个概念的辨析,分析它们之间的区别和联系,才能达到对教学模式的比较全面和深入的掌握。

#### 3.5.1.1　教学模式及相关概念

**1) 教学模式**

通常认为是由乔伊斯等最早提出教学模式这一概念并进行较系统的研究,才使教学模式逐渐成为教育领域中的一个独立范畴,国内外有关教学模式的定义比较多。

乔伊斯等在其《教学模式》(Models of Teaching)中的定义:"教学模式是构成课程(长时的学习课程),选择教材、指导在教室和其他环境中教学活动的一种计划或范型"(Joyce et al., 1999)。

"教学模式俗称大方法。它不仅是一种教学手段,而且是从教学原理、教学内容、教学的目标和任务、教学过程直至教学组织形式的整体、系统的操作样式,这种操作样式是加以理论化的"(叶澜, 1993)。

"教育模式是在一定的教育理念支配下,对在教育实践中逐步形成的、相对稳定的、较系统而具有典型意义的教育体验,加以一定的抽象化、结构化的把握所形成的特殊理论模式"(朱小蔓, 1999)。

上述定义分别从不同的侧面揭示了教学模式的含义,从这些定义我们可以看出,教学模式至少具备以下一些特点:①以一定的理论为指导;②基于规定的教学目标和内容的完成;③表现为一定教学活动序列及其方法策略。一个完整的教学模式应该包含主题(理论依据)、目标、条件(或称手段)、程序和评价五个要素(张武升,1988)。这些要素各占有不同的地位,起着不同的作用,具有不同的功能,它们之间既有区别,又彼此联系,相互蕴涵、相互制约,共同构成了一个完整的教学模式。

因此,我们可以认为,教学模式是在一定的教育思想、教学理论和学习理论指导下的,为完成特定的教学目标和内容而围绕某一主题形成的比较稳定且简明的教学结构理论框架及其具体可操作的教学活动方式,通常是两种以上方法策略的组合运用。可见,教学模式属于方法策略的范畴但又不等同于一般的方法策略;一般的方法策略是指单一的方法、单一的策略,教学模式则是指两种以上方法策略的组合运用。教学模式是教学理论与教学实践的桥梁,既是教学理论的应用,对教学实践起直接指导作用,又是教学实践的理论化、简约化概括,可以丰富和发展教学理论(何克抗等, 2006)。

**2) 教学策略**

《辞海》对"策略"一词的解释是"计策谋略",而在较为普遍性的意义上,策略涉及的是为达到某一目的而采用的手段和方法。国内外学者对教学策略有很多界定，这些界定既呈现出一些共性，又表现出一些明显的分歧，如下三种观点：

"教学策略是指教师在课堂上为达到课程目标而采取的一套特定的方式或方法。教学策略要根据教学情境的要求和学生的需要随时发生变化。无论在国内还是在国外的教学理论与教学实践中，绝大多数教学策略都涉及如何提炼或转化课程内容的问题"(施良方，1996)。

"所谓教学策略，是在教学目标确定以后，根据已定的教学任务和学生的特征，有针对性地选择与组合相关的教学内容、教学组织形式、教学方法和技术，形成的具有效率意义的特定教学方案。教学策略具有综合性、可操作性和灵活性等基本特征"(袁振国，1998)。

"教学策略是为了达成教学目的，完成教学任务，而在对教学活动清晰认识的基础上对教学活动进行调节和控制的一系列执行过程"(和学新，2000)。

尽管对教学策略的内涵存在不同的认识，但在通常意义上，人们将教学策略理解为：教学策略是指在不同的教学条件下，为达到不同的教学结果所采用的手段和谋略，它具体体现在教与学的相互作用的活动中。

3) 教学方法

关于教学方法的概念，有广义和狭义之分。广义的教学方法指为达到教学目的，完成教学任务，而采用的一切手段、途径和办法的总称，即某种教学理论、原则和方法及其实践的统称。这一概念具有普适性，教学原则和教学规律都被包括在内。而狭义的理解则是认为教学原则是教学方法的指导思想，所谓教学方法是指为达到既定的教学目的，实现既定的教学内容，在教学原则指导下所进行的师生相互作用的活动方式和措施，既包括教师教的方法，也包括学生学的方法，是教法和学法的统一。本书中所讨论的教学方法即是指这种狭义的理解，如讲授法、演示法、实验法、练习法等。需要指出的是，教学方法不同于教学工具或教学手段。教学方法是对工具和手段的选择。

### 3.5.1.2 相关概念之间的联系与区别

1) 教学策略与教学模式(何克抗等，2005)

对于教学策略和教学模式两者之间的关系，也有不同的见解。有人认为，教学策略可作为教学模式的同义词。有的学者则认为，教学模式规定着教学策略、教学方法，属于较高层次，教学策略比教学模式更详细、更具体，受到教学模式的制约。其实，教学模式与教学策略都是教学规律、教学原理的具体化，都具有一定的可操作性，其主要区别在于教学模式依据一定的逻辑线索指向于整个教学过程，具有相对的稳定性；而教学策略尽管也以一整套的教学行为作为表征形式，但其本身则是灵活多变的，一般而言没有结构性，而且往往并不指向于整个教学过程，而是指向于单个或局部的教学行为。如前所述，教学模式通常是多种教学策略的组合运用，而不是某种单一的策略，所以也可以称为大方法。

2) 教学策略与教学方法(何克抗等，2005)

在教学模式、教学策略、教学方法(这里的教学方法是狭义上的，并不是指广义上的大方法)三个概念中，教学方法是师生互动的方式和措施，是最为具体、最具有操作性的，在某种程度上可以看作为教学策略的具体化。但教学方法是在教学原则的指导下，在总结教学实践经验的基础上形成的，因此相对于教学策略来说具有一定的独立性，其形成和运用不可避免地受到教学策略的影响，但并不完全受到教学策略的制约。而教学策略不仅表现为教学的程序，而且还包含对教学过程的元认知，对教学过程的自我监控和自我调整，在外延上要大于教学方法。

3) 教学结构、教学模式与教学策略

所谓教学结构是指：在一定的教育思想、教学理论、学习理论指导下的、在某种环境中展开的教学活动进程的稳定结构形式，它将直接反映出教师按照什么样的教育思想、理论来组织自己的教学活动进程，是教育思想、教学理论、学习理论的集中体现，也是教学系统四个要素(教师、学生、教学媒体、教材)相互联系、相互作用的具体体现(图 3.7)。

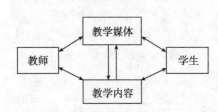

图 3.7　教学结构组成的四个要素

教学结构与教学模式不同，教学结构是客观的，它的各个要素之间客观存在着相互作用、相互依存的关系,受一定构成规律的制约；教学模式带有主观性,它是人们在对教学规律(其中包含教学结构要素及其构成规律)认识的基础上，从教学实践中探索、创作出来的。因此，我们不能把教学模式混同于教学结构(李定仁，徐继存，2001)。

从结构性强弱的视角，我们认为教学结构、教学模式与教学策略是处于三个不同层次上的概念(图 3.8)，教学结构处于较为宏观的层次，用于反映一定教育教学

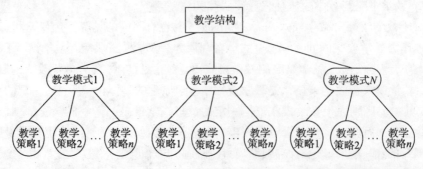

图 3.8　教学结构、教学模式和教学策略三者关系结构图

理论中四个核心要素在教学中所展开的动态进程。教学模式则是教学结构在具体的学科领域中的体现,同一教学结构在不同的教学内容、教学环境与教学对象中展开,则可衍生多个用于指导具体教学进程展开的教学模式。教学策略是最为具体的概念,指教学过程中所使用的技巧,在某个教学模式中,可以采用多种教学策略,同时,一个教学策略可用于多种教学模式中。

### 3.5.2 信息技术环境下基于问题解决的数学教学模式体系

信息技术环境下基于问题解决的数学教学设计的基本思路是以"主题"为轴心,以数学教学问题和问题解决为焦点,让学生经历主题内容问题化、问题内容数学化、数学内容体验化、体验内容理论化、理论内容应用化、主题学习反思化这样一个完整的知识建构过程,以期提高学习者学习迁移能力、高级思维技能和问题解决能力。为了实现上述基本思路,"问题解决"应当成为数学教学的基本模式。也就是说,"创设情境—提出问题—分析问题—解决问题—理性归纳—实践应用—提出新的问题"这一"问题解决"流程在整个教学过程和每一个环节中循环使用,使学生对主题单元的认识螺旋上升,不断深化,学生的知识不断地得到重组与内化,从而使学生形成完整的知识体系和良好的认知结构。

这个数学教学的基本模式与我们所构建的 Web-based MPSL 模型中数学问题解决学习的认知过程是相对应的。其基本思路是,教师首先呈现蕴涵课程内容主题的真实生活情境,学生以个体或小组的形式投入情境,发现情境中蕴涵的共同现象,并据此提出需要探究的问题;教师与学生一起就学生需要探究的问题进行筛选、归类,从而让学生明确需要共同探究的问题,然后学生投入到问题解决活动过程中,教师提供必要的帮助;引导学生就问题解决过程进行反思,从数学思想、方法、知识等方面进行理性归纳,形成知识体系;再次引导学生把所获得的理论知识迁移到新的情境中进行实践应用,并生成新的问题。

在上述基本教学模式的基础上,可以进一步根据面向学习者的基于问题解决的数学教学各个环节的特点灵活选择不同的教学模式,从而构建出一个完整的信息技术环境下基于问题解决的数学教学模式体系。各教学环节教学模式的选择可以从教学内容和教学形式两个视角进行考虑。从教学组织形式角度,应当主要研究讨论模式体系、信息技术支持下的实验模式体系和课内外结合模式体系。从教学内容角度,应当主要加强发现模式、应用模式和建构模式的研究(郭立昌,2000)。

1) 发现模式体系

发现教学模式的理论基础是布鲁纳的教学理论。他认为学生的认识过程与人类的认识过程有共同之处,要求学生在教师的指导下,利用材料,主动地探究发现,而不是消极地接受知识。这种教学模式主要适用于概念、规则、公式、定理、例题等知识形成过程的教学,体现了学生参与发现过程的主体地位,注重了发现知识策略和方法的培养训练，程序如下：

创设情境 ⟶ 分析探究 ⟶ 猜想假设 ⟶ 论证评价

对于每个环节，针对课程内容和教学实际，又可以赋予不同的内涵，可有下列形式：

而对于每一种类型，又要结合教学实际采用不同的方法，如"实验"，可以有度量、运算、作图、计算机操作等多种形式。

在这种教学模式中，加强了创新思维和能力的培养，在整体结构上突出了"猜想"和"证明"两大环节，而这正是数学发现中的基本策略和途径。在这两个环节中把形象思维、直觉思维、逻辑思维的训练与培养结合起来，体现了数学的两重性(数学从本质上具有两重性，它既是系统性的演绎科学，又是一门实验性的归纳科学)。

2) 建构模式体系

数学具有系统性的特征，数学的定义、公理、定理、法则、公式具有它们的逻辑系统和结构。建构模式体系有利于让学生了解数学理论的建立、发展过程，学会建构理论的方法，形成良好的认知结构。它的程序如下：

整体结构 ⟶ 部分研究 ⟶ 形成系统 ⟶ 整体结构

每个教学环节同样包含不同内涵，形成多种变式，如

```
┌─ 整体结构框架 ⟶ 分析探究 ⟶ 组合连接 ⟶ 形成结构 ─┐
│  系统类比 ⟶ 迁移分析 ──⟶ 转换连接 ⟶ 形成新系统    │
│  分析结构 ⟶ 研究发展 ──⟶ 建立连接 ⟶ 形成新结构    │
└─ 整理知识 ⟶ 整理方法 ──⟶ 充实补充 ⟶ 系统总结 ─────┘
```

对于第一种形式，主要体现把一个主题单元教学进行"整—分—整"地设计，引导学生在主题内容情境化、情境内容问题化、问题内容数学化、数学内容理论化、理论内容应用化、主题学习反思化的基础上，实现所学知识理论化、系统化、结构化的过程。第二种形式，适用于两部分知识内容、研究思路、方法类似的主题单元，引导学生进行类比迁移的探究，自主完成后一主题内容的学习。第三种形式，主要用于分析知识结构，找到新的知识生长点或存在的矛盾和问题，引导学生探究，完成知识结构的发展过程。第四种形式主要用于主题内容学习反思和总结。

3) 应用模式体系

数学知识的应用是培养创新精神和能力的一个重要途径。而数学建模是解决实际问题的基本思路，也就是从实际问题出发，通过认真审题，去粗取精，弄懂题意，

联想有关的数学知识，建立相关的数学模型，把实际问题转化为一个数学问题。通过对这个数学问题的求解，然后再回到实际问题中去。数学建模的意识、思路和能力是创新教育的重要组成部分，为了强化这种意识和能力，应当成为一种应用模式体系，程序如下：

$$实际问题 \longrightarrow 数学建模 \longrightarrow 模型求解 \longrightarrow 实际问题得解$$

对于每个教学环节，要根据课程内容和教学实际，按照创新教育的原则，因材施教，精心设计，如下所示：

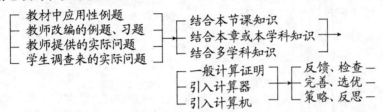

当前的数学教育改革特别关注变革学生的学习方式，提倡向数学课堂注入新的学习文化，重视"学习情境"、"主动探究"、"过程体验"等方面。数学学科自身的特点使得数学教学难以完全摒弃传统的课堂教学，传统的数学课堂教学又往往以教师传授为主，在"为学生提供参与探索、自主建构知识的环境"方面相对欠缺；而计算机的运用对学科课堂教学产生了巨大的影响，具有无可取代的优势。因此，探讨如何将二者优势互补，即"如何利用计算机辅助数学教学、促使'探究学习'的精神不只停留在研究性学习、网络合作学习等活动中而渗透到所有数学课堂(包括较为传统的数学课堂)中去"，就具有重大的现实意义。信息技术与数学课程整合的关键就是：如何运用有效的教学手段和策略来支持学生的"探究"活动、增加学习中的主动体验和独立思考机会。

能实现新型教学结构的教学模式很多，而且因学科和教学单元而异。每位教师都应结合各自学科的特点，并通过信息技术与课程的深层次整合去创建新型的、既能发挥教师主导作用又能充分体现学生主体地位的"主导—主体相结合"教学结构。教学模式的类型是多种多样、分层次的。从最高层次考虑，大致有四种实现信息技术与课程深层次整合的教学模式，即"探究性教学模式"、"专题研究性教学模式"、"创新思维教学模式"和"数学实验教学模式"。"探究性教学模式"适用于每一个知识点的常规教学(这种模式可以深入地达到各学科认知目标与情感目标的要求，且文、理科皆适用)；"专题研究性教学模式"适用于培养学生的解决实际问题能力(包括发现问题、提出问题、分析问题、解决问题的能力)；"创新思维教学模式"适用于培养学生的创新思维能力(包括发散思维、逻辑思维、形象思维、直觉思维和辩证思维能力)；"数学实验教学模式"即利用计算机根据或隐或显的参数进行"任意性"实验，吸引学生探索、验证或者修改自己的猜想并最终解决问题和动态生成自己的理解。这是一种"归纳式"的学习。以上教学模式都有各自不同的实施步骤与方法，但它们都是基于"问题解决学习"的教学模式，都体现了"基于问题解决来学习，通过问题解决来建构知识"的教学思想。大量实践证明，如能掌握这些模式的实施步骤与方法并加以灵活运用，定能取得深层次整合的理想效果。

## 3.6　信息技术环境下基于问题解决的数学教学设计概念图

本章在吸收已有数学学习理论和其他学习理论研究合理内核的基础上，尝试构建了信息技术环境下数学问题解决学习模型，在此基础上深入分析了信息技术环境下基于问题解决的数学教学过程系统结构和阶段性特征，并进一步构建了信息技术环境下基于问题解决的数学教学设计过程模式以及教学设计的基本理念、原则和教学模式，从宏观上、整体上对信息技术环境下基于问题解决的数学教学设计的理论框架进行了探索与思考。后续章节将对教学设计过程模式中的主要设计要素分别进行论述。因为本书所构建的信息技术环境下基于问题解决的数学教学设计的基本思路是以"主题"为轴心，以数学教学问题和问题解决为焦点，以学习者个性特征系统和学习环境系统为支持，旨在引导学生通过问题解决来学习，通过问题解决来建构知识，所以教学设计者首先需要组织教学单元，确定分析主题内容知识类型，并在此基础上设计教学方式、教学问题系列、教学过程、学习环境和教学策略。具体教学设计过程框架如图 3.9 所示。

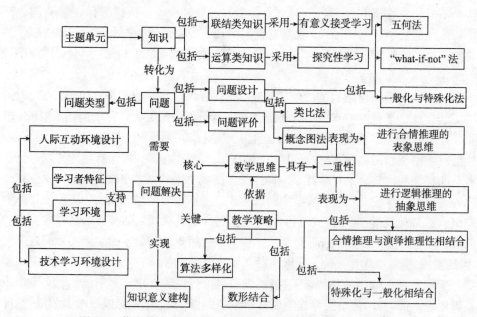

图 3.9　信息技术环境下基于问题解决的数学教学设计概念图

# 4

# 信息技术环境下基于问题解决的数学教学过程设计

伴随信息爆炸和技术的快速发展，新时期的学习者正面临着越来越复杂的挑战。因此，教育者应该使学习者具备更好的思维技能和学习能力。加涅曾指出，教育的关键核心问题就是教会学习者思考，学会运用理性的力量，成为一个更好的问题解决者。数学课程作为基础教育阶段的核心课程，理应承载起培养学生思维能力的重任。但是，许多学生并不是因为喜欢数学而学习，甚至视数学为畏途，避之唯恐不及。然而当今的世界却需要数学。科学、工程、经济、金融、管理、社会、人文科学都要求它的工作者有良好的数学素养与能力。这样就形成了一个很大的矛盾：学数学很难，数学又必须学(张奠宙，2004)。

究其原因是因为我国传统数学课程体系基本上是单一的"逻辑演绎推理"形式的课程体系。课程内容以"定义—定理—推论—例题—习题"等形式化方式呈现，课程体系的逻辑性、严谨性成了课程开发设置的首要原则。课程内容进行"切块式"处理并尽量拔高，对名词和术语等细节的处理上，过分追求严谨，破坏了知识的系统性和结构性，冲淡了课程的实质内容，增加了学生理解的难度。课程内容的"切块式"处理，还造成了学生在学习某一块内容时，不知道为什么学，学了有什么用，学习目标不明确，进而失去学习信心。课程内容由于缺乏必要的知识背景、直观基础和实际应用，学生无法看到知识的形成、发展和应用过程，不得不依靠大量重复练习，强化记忆，知识遗忘率高，学习效率低。如此长期被动地学习，也造成学生思维的依赖性，迷信课本和教师，不敢大胆猜想和合情推理，缺乏创新意识。

事实上，在更宽泛的层面上，课程编制者正在倾向于采用基于问题的方式进行课程开发。近年来在课程教学领域内出现的诸多问题教学、问题解决教学模式等，正反映出这样一种面向问题探究、以问题为基础的课程组织方式，以期增强学习者对问题的敏感程度和解决能力。因此，目前世界各国都将教学设计指向于问题解决的教学设计，教学过程侧重于问题解决学习的过程。我国正在进行的基础教育课程改革也遵从"基于问题解决学习"的教学设计理念，将问题解决作为显性课程纳入教学过程中，以此作为"开放性学习"、"合作探究性学习"、"对话交流性学习"、"主题性学习"的教学载体。基于问题解决的教学设计侧重于师生在教学中共同观察事物、发现问题、分析问题和解决问题，在问题解决中通过师生交流与对话活动，学生进行知识的建构和价值认同的自主性学习。将问题解决作为显性课程进行教学设计是"课堂上创设有效而有趣的教学实践"的真正体现。它有助于真实教学情境的有效创设，有助于教学目标行为化，更有助于培养学生与现代社会相适应的创新能力。

# 4.1　信息技术环境下基于问题解决的 数学教学过程设计的理论基础

## 4.1.1　面向问题解决的课程范式迁移

　　"问题解决教学"形式的数学课程，是运用"问题教学"和"数学教学是数学活动的教学"理论去吸收"问题解决"形式和"逻辑演绎推理"形式的数学课程的优点，相互渗透构建而成的。它既克服了"逻辑演绎推理"形式的数学课程"重结果轻过程"、"重形式轻实质"、"强逻辑弱应用"等问题，又解决了"问题教学"形式的数学课程忽视学生基础知识、基本技能的学习、学生认知结构不系统、不完整等问题。其课程呈现形式是："开放性问题—问题解决的策略与方法—问题解决过程中所产生的经验材料的数学组织化—数学材料的逻辑组织化—逻辑知识的应用"，一系列相互联系、渐次加深的主题链构成了数学课程(李红婷，2001)。

　　已经有研究者指出，通过用现实生活中或模拟的问题来作为学习焦点，学习者能真正地学会如何学习(Bridges,1992; Boud, Feletti,1996)。考虑到课程开发迁移的发展趋向，Tan(2000)总结了面向问题的课程开发特征，简洁地阐明了课程范式的迁移(图 4.1)：从模式 A 转向模式 B，即从"内容+学生+讲授者"转向"问题+问题解决者+指导者"。通过以真实问题作为焦点，学习者作为积极的问题解决者，而教师作为指导教练，课程学习的范式将向强调获取高级思维技能的方向迁移。

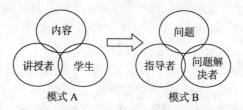

图 4.1　课程迁移模式图

　　基于当前课程开发理念的发展趋向,基础教育数学新课程核心内容的展开结构为"问题情境—学生活动—意义建构—数学理论—数学运用—回顾反思"。核心内容展开的"六步结构"的编写意图分别为发现数学、体验数学、感知数学、建立数学、运用数学、理解数学。数学新课程体现了基于问题的课程开发理念。因此，从问题的视角对数学课程教学进行再建构，将"知识问题化"，并非是一种假想，而是成为一种正在实践的行为。教学设计应当是人的发展的"学程"设计，而不单纯是以学科为中心的"教程"设计。教学应关注人的变化发展，人的变化发展应体现在问题解决之中。现代心理学认为，人的发展包括认知和非认知两方面的协调发展，两种发展又有其发展的内核，其中认知的内核是思维，非认知的内核是情感体验，集中促成两种内核的发展是教学设计的关键。一方面，一切思维都源于问题，教学要促进学生思维的发展就应当培养学生的问题意识，问题意识往往产生于各种教学情境以及个体的认知矛盾引发的最近发展区中。问题意识往往固化在问题解决的探究过程中。因此，问题系统的构建与问题系统的解决是促成学生课堂思维活化的教学目标指向，它是理性教学的最佳教学载体。另一方面，一切的情感体验伴随于新的问题发现和问题解决后成功感的满足，由此刺激学生非认知深层系统的良性运行，使其产生"乐学"的余味，学生学习的积极性与主动性在教学中便自发生成。因此，问题系统的构建与问题系统的解决也是非理性教学的最佳载体。在此意义上，我们可以认为数学教学设计应是基于"数学问题解决学习"的教学设计(朱德全，2002)。我们所构建的信息技术环境下基于问题解决的数学教学设计，正是这样一种以关注数学教学问题为出发点，用精心设计的数学教学问题来组织和实施数学新课程教学的教学设计模式。

### 4.1.2　单元教学中的中观教学设计

从课程设计范域来看，可分为微观、中观、宏观三个层面的教学系统设计。微观设计是指针对某节课层面所进行的教学系统设计；宏观设计是指针对某一学科课程或整本教材进行的教学系统设计；而中观设计，则是指介于课程与课时之间所展开的教学系统设计，通常是针对课程单元或模块的设计。

从当前实际情形来看，宏观教学设计主要由各级学科课程的开发者来规定，学科教师基本不参与其中，他们的精力大多只集中于微观层面的教学设计。有研究者指出(栾树权等，2004)：宏观上的设计由于其涵盖内容的繁杂，很难整合，所以最终往往只是停留在制订教学计划这一浅层次上；而微观上的设计，又往往使教师拘泥于具体内容中的就课论课，缺少了整体把握。因此，目前教学设计的现状是，教师们的教学设计视野通常只是在单个课时内"打转"，对各种教学要素的选择与应用缺乏回旋余地，很难在同一课时内对各种有益方法策略兼收并蓄，缺乏弹性考虑，无法展示和提升更高层面的教学设计技能。

中观教学设计，正好有助于实现这种弹性。从中观层面展开教学设计的实质，一方面是使宏观层面的课程设置落到实处，在系统方法论中，中观层面上的系统概念乃是对宏观层次上的系统观点的深化；另一方面则是使微观教学设计的范域更加弹性化了(钟明，1997)。单元设计取课程与课时之中，能体现出中观教学设计的益处。对于学科教师而言，它虽然比传统上以单课时为单位的设计更具挑战性，但同时又处于他们可展开教学尝试的"临近发展区"之内。通过面向单元，教师的设计视野从单课时的微观范畴跳转到了更宽阔的设计范畴，教和学变得更加富有弹性，它让宏观的课程标准得以深入执行，同时又使得教师能弹性地动态选择、混合采用多样化的教学策略，从而优化教学效果(胡小勇，2005)。

哲学家卡尔·波普尔在《知识的增长：理论和问题》一文中提出："科学与知识的增长永远始于问题，终于问题——越来越深化的问题，越来越能启发新问题的问题。"这对数学也不例外。那么，怎样利用"问题"展开教学，自然就成为中学教研的一个课题。

"问题解决教学"重视从宏观上、整体上让学生把握数学学科的基本结构，倡导"整合认知，框架推进"。把那些"尽量带有迁移力"、"尽量简要"的中心概念和原理等，作为支持课程内容的重要知识点，并通过这些知识点的连接形成一个概括化、网络化的结构，通过沟通联系，迁移和扩展，建构数学课程内容(李红婷，2001)。为此，教师在进行教学设计的过程中，首先要对课程内容进行重新审视，从整体上、内部结构上把握知识之间的内在联系，尽量把相关、相近的内容放在一起，构成一个"主题"。这种对课程内容的处理方式集中体现了从中观层面、以单元为单位对数学教学进行系统设计的理念，有利于克服课程内容"切块式"处理的弊端。

从中观层次、以单元为单位的信息技术环境下数学问题解决教学设计建立在"拟经验化数学教学观"、"数学化"思想、"主导—主体"教学结构理论、"问题解决教学"理论、系统科学以及多元智慧理论基础之上。信息技术环境下基于问题解决的数学教学设计围绕"主题"组织教学，把主题学习内容分为六个活动过程：主题内容情境化，情境内容问题化，问题内容数学化，数学内容理论化，理论内容应用化，主题学习反思化。每一环节的设计意图分别是发现数学、体验数学、感知数学、建立数学、运用数学、理解数学。这一活动过程与数学新课程核心内容的展开结构即"问题情境—学生活动—意义建构—数学理论—数学运用—回顾反思"是一致的，也是"横向数学化"与"纵向数学化"和谐统一、交替实现的过程(王光生，2006)。

## 4.2　信息技术环境下基于问题解决的数学教学过程设计的主要环节

信息技术环境下基于问题解决的数学教学过程设计的主要环节如图 4.2 所示。

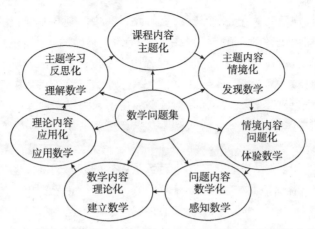

图 4.2 信息技术环境下基于问题解决的数学教学过程设计的主要环节

如图 4.2 所示，围绕教学问题展开的问题解决活动过程设计以课程内容主题化为设计起点，经主题内容情境化、情境内容问题化、问题内容数学化、数学内容理论化、理论内容应用化、主题学习反思化。在这七个环节中，前两个环节主要是针对教师"教"的设计，后五个环节主要是针对学生"学"的设计。值得注意的是，整个设计流程都内在地包含了师师、师生、生生之间的交互作用，同时学习动机、评价要素和认知工具支持渗透于七个基本环节之中，每一个环节都必须考虑动机因素、评价因素和学习环境因素。此外，七个环节不一定在同一节课中同时出现，有时需要几节课才能完成一个环节，但在每一个主题的教学中应有相对完整的体现，只是对不同层次的学生、不同水平的教师可有不同的要求。主题可大可小，在每一环节各种教学模式可灵活选用。

环节 1：课程内容主题化。

课程内容主题化中的"主题"是由数学课程中一组具有高度相关性的知识内容组织而成。它包括数学课程的既定内容，以及与该主题密切相关的部分拓展内容。Noe 和 Fulwiler 强调"有意义的主题"的重要性，指出："有效的主题单元，必须能在学习者脑海中形成有关概念和意义的复杂网状关系，以便提高学习者的高级思维技能、情感和理解力。即使学习者将所学的孤立事实全部忘记，在其头脑和心智中仍能保持着对关系、规则的深刻理解。"

课程内容主题化的本质是将编者知识(即课程内容)转化为教师知识的过程。中学数学课程的基础教育性质决定了它是国家意志、专家思想的符号表征系统，编者在建构这一符号表征系统时是基于中学数学课程标准而展开的，是中学数学教育共性的体现。教师教学的根本任务就在于引导学生将这一共性知识转化为个体知识，并在个体意义建构的过程中获得自身的发展。要实现这一任务的一个前提就是教师也必须将编者知识转化为个体知识，并在转化过程中实现数学课程的再开发。在教学过程中编者知识、教师知识与学生知识之间的关系如图 4.3 所示。

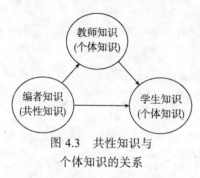

图 4.3　共性知识与个体知识的关系

课程内容主题化教学的优势和特点是：①主题来源于数学学科高度相关、相近的知识，内容相对收敛，便于教师操作和开发，可大量融合渗入到常规数学课程教学之中；②实施周期短，通常为 3~6 学时；③实施目标是在主题背景下培养学生对数学内容的理解力和问题解决能力；④模块分解的依据是主题单元知识的连接属性、学生认知心理特点、学习活动规律等；⑤教学模式、教学资源和工具可以根据不同环节特点灵活选用。

环节 2：主题内容情境化。

主题内容情境化就是根据课程内容的特点，从现实世界出发，依据学生现有的知识经验创设情境性问题或真实生活的情境问题。情境问题是指与某些具体情景融会在一起的问题(孙晓天，1996)。它不仅包含与主题内容相关的信息，还包含那些与问题联系在一起的事物背景。情境问题的重要性在于，它能使学生已经具备的那些常识性的、非正规的数学知识，以及已经在先前的学习中获得的知识派上用场。这里需要强调的是，要为学生设计他们能够想象的问题情境，这可以是真实的问题，也可以是一种模拟真实，如计算机软件模拟的问题情境，甚至形式的数学世界都能成为问题情境，只要它们在学生的头脑中是真实的。值得注意的是，数学现实教育强调的情境性问题不同于传统的、机械的数学教育意义下的问题。传统数学教育把数学知识本身与数学知识的运用分开来处理，应用的问题一般放在一部分内容的最后，在考虑应用问题之前，有关的概念和方法都已经构造好了，情境性问题仅仅作为一个应用领域，在解决情境性问题时学生只是机械地应用他们以前所学的知识。而数学现实教育采用了与此相反的途径，学生刚刚接触到某种知识素材之后，马上就要去考虑应用的问题了。情境性问题是学习过程的源泉，换句话说，情境性问题和真实生活情景被用来构造和应用数学概念，处理情境性问题的时候，学生能够发展他们的数学工具和数学理解。他们首先开发与情境紧密结合的策略，然后情境的某些方面越来越一般化，即情境逐渐具有了模式的特征，这样就能用这个模式来解决其他相关的问题。最后，通过这些模式学生逐渐逼近形式的数学知识。

现实数学教育的出发点是将情境性问题作为学生自己再创造数学的依托，而有指导的再创造能为学生提供一种跨越非形式知识和形式数学知识间鸿沟的方法，帮助学生逐渐掌握形式数学。在再创造过程中，情境性问题起着关键作用，精心选择的情境性问题将为学生提供机会开发非形式的、高度基于情境的解决策略，这种非形式的解决过程可以作为创造的立足点，或作为形式化和概括化的催化剂。显然，情境性问题是实现数学化的基础。教学设计者的任务是创设一系列情境性问题，使之引起一系列横向和纵向数学化过程，导致数学的"再创造"。

因此，主题内容情境化的本质就是通过创设情境性问题，建立和沟通现实生活与数学学习之间、具体问题与抽象概念之间的联系，引导学生充分挖掘情境性问题中隐含的知识信息，并利用已有的知识经验去发现新的概念和方法，在解决问题的过程中发现数学、学习数学。

环节 3：情境内容问题化。

在数学教学设计中，教学目标需要问题来展现，教学过程需要问题来活化，教学环境需要问题来诱发，教学策略需要问题来导引，教学对象需要问题来触动，只有围绕问题和问题解决，整个教学设计才能做到以目标为导向，过程设计为主体，环境设计为重点，策略设计为手段，评价监控设计作反馈强化，进而才能形成一个整体优化的动态系统。情境内容问题化意在通过创设学生熟悉的真实情境，激发学生活化思维、发现问题、提出问题的意识和能力。在提出问题时，教师必须善于启发引导，创造性地设计数学"问题"情境，将情境内容转化为学生认识的矛盾和内在的需要，从而激发学生学习数学的兴趣和好奇心。此环节的设计意图是引导学生在充分理解真实情境的基础上提出需要解决的问题，体现数学源于现实，因而也必须扎根于现实，并且应用于现实的理念。

环节 4：问题内容数学化。

人们运用数学的方法观察现实世界，分析研究各种具体现象，并加以整理组织，以发现其规律，这个过程就是数学化；简单地说，数学地组织现实世界的过程就是数学化。事实证明，只有将数学与它有关的现实世界背景紧密联系在一起，也就是说，只有通过"数学化"的途径来进行数学的教与学，才能使学生真正获得充满着关系的、富有生命力的数学知识，使他们不仅理解这些知识，而且能够应用。在实际问题转化为数学问题和数学问题解决的过程中，必然会用到一些已有的相关概念、方法和结论，同时问题及问题解决过程中也蕴涵需要学习的新概念、新方法和新结论。在系列问题"数学化"的过程中，让学生明确主题学习目标，通过观察、操作、归纳、猜想、推理、建立模型、提出方法、合作、交流等学习活动，亲身体验数学新知识的产生、发展过程，感受学习新知识的意义，体会新、旧知识之间的联系，积累数学活动经验，形成有关知识的表象，为进一步从数理逻辑角度揭示概念的内涵和外延、定理的结论与证明奠定直接经验。本环节的设计意图在于通过问题设置和问题解决引导学生感知数学，发展直觉思维、形象思维及合情推理能力。

环节 5：数学内容理论化。

在这一环节，要按照数理逻辑的要求，充分调动学生在上一环节的活动体验，引导学生揭示概念的内涵和外延，对概念下定义，对结论确定其表达方式并作出证明。这一过程是建立在对概念的定义方式、结论的表述方式和证明方法等进行反复筛选、优化的基础上。值得注意的是，在这一环节的教学中，教师也要创设问题情境，组织学生观察、试验、归纳、类比、猜想。教学活动围绕数学知识的逻辑化形成过程及推理过程展开，突出过程与方法，重视逻辑化知识的系统归纳和整合，使学生理解知识，形成概念，掌握主题基本结论的表达形式和推理证明方法，充实和完善原有的认知结构。本环节的设计意图在于通过问题设置和问题解决引导学生建立数学知识体系，完善认知结构。

环节 6：理论内容应用化。

首先是前面各环节中所建构的数学逻辑知识的应用，包括巩固性应用和变式应用，要让学生感知和体验数学知识应用的基本规律和方法，对练习中学生表现出的知识缺陷和问题，及时进行矫正和补偿。其次是逻辑知识的实际应用，既向学生呈现生产、生活和相邻学科中的实际问题，让学生在解决实际问题的过程中，巩固和深化所学到的逻辑知识，增进对数学的理解，体验数学的价值。在这个过程中，要注意实际问题抽象成数学问题的情境过程、建立模型的过程、问题解决策略与方法的解释过程、数学问题的拓展再生过程和由此产生的相关问题的解决过程，即所谓"问题情境—建立模型—解释—拓展"模式。

环节 7：主题学习反思化。

在主题学习之后，教师围绕主题学习内容组织学生对学习过程进行认真、细致、系统的反思，并书写主题学习报告。一般从以下几个方面进行：概括知识结构，升华思想方法；归纳问题解决的范围、策略与方法；总结经验教训，写出学习心得体会；合作交流，发现并提出新的问题，教师评价激励。

# 5

# 中学生数学问题解决学习环境设计

学习环境是影响学习者数学知识学习和能力生成的一个重要的外在因素。学习者通过多样化的数学学习活动与学习环境发生作用，其知识与能力得到不断发展。传统数学教学由于缺乏先进的教学手段和工具支持，数学学习局限于纸-笔演算和头脑想象，数学教育面临诸多困境。随着以计算机为核心的信息技术的迅速发展，信息技术与数学课程整合已成为国际数学教育界关注的热点。信息技术在数学课程教学中的应用，为数学教育开拓了新的发展前景，特别是合理有效地运用信息技术，能够为学生学习数学提供一种新的学习环境，学生不仅能通过信息技术支持下的"实践"而获得作为新的认识活动必要前提的"数学经验"，而且，这种"实践"也为学生进行独立的探索活动提供了新的可能性，即学生可以通过实践而发现问题，提出猜想，直至对猜想进行检验和改进等。

## 5.1 学习环境及其构成要素分析

什么是学习环境，学习环境由哪些成分或要素构成，各要素之间的关系是什么，基于现代信息技术环境的中学生数学学习环境有什么样的特点？本章将对以上问题一一进行深入阐述和分析。

### 5.1.1 学习环境的内涵

学习环境的概念早已有之，但对学习环境设计的研究在以往的教学研究中并不受人们重视。学习环境的设计是随着现代信息技术的发展和建构主义学习理论的崛起而日益引起人们重视的一个研究领域。随着人们对学习环境设计的关注，对学习环境概念的内涵也发展出许多新的理解，从最初的学习环境的"场所观"发展到"五要素观"、"条件与情况观"、"心理环境决定观"和"三要素观"，对学习环境内涵的认识不断深入。

分析上述对学习环境内涵的不同观点，笔者认为学习环境的"场所观"将学习环境定义为"由学校和家庭的各种物质因素构成的学习场所"或"课堂内各种因素的集合", (田慧生，1997)强调物理环境是学习环境的主体，把学习场所和学习环境等同起来，忽视了其他一些对学习过程和效果影响更大的资源因素，尤其是没有看到"人"的因素，因此，这种对学习环境的狭隘的理解显然无法解释学习环境的内涵。学习环境的"五要素观"将纯粹的"物"的学习环境扩大为"物"加"人"的学习环境，认为学习环境主要由信息库(information banks)、符号簿(symbols pads)、建构工具箱(construction kits)、任务情景(phenomenaria)、任务管理者(tsak managers)五个要素组成(Perkins,1991)。该观点对学习环境的内涵的理解有所深入，但是对学习环境中人的因素的认识停留在任务管理者的层面，没有涉及人际交互及人际交互所形成的氛围对学习的影响，因此，对学习环境内涵的理解仍有一定的局限性。学习环境的"条件与情况观"强调学习环境的动态性，认为学习环境是学习活动展开过程中赖以持续的情况和条件(武法提，2000)。该观点拓展了学习环境的内涵和外延，强调学习环境的动态性，强调学习环境中人际关系、学习氛围等人的因素，比起"五要素观"对学习环境的内涵的理解更加深入，但它将教学模式、教学策略等都纳入到学习环境的构成中，使学习环境概念的外延过于宽泛，容易使人们对教学设计和学习环境设计之间的关系产生模糊的、错误的认识。"心理环境决定观"针对教育技术研究长期以来存在的重"物"不重"人"的认识误区，突出强调了环境中人的因素，尤其是人与人、人与物相互作用而产生的心理氛围对学习过程的重要影响，对学习环境内涵的理解是有积极意义的(李芒，2003)，但是将心理环境赋予决定性的作用，有待商榷。我们认为心理环境对个体学习过程影响的重要性与学习者特点(成人还是儿童)、教学组织形式(集体化教学，还是小组协作学习或个别化学习)、学习内容有很大关系。此外，在心理环境中，人与人相互作用所形成的心理氛围相对于人与环境作用而形成的心理氛围对学习的影响更大些。学习环境的"三要素"观(Norton, Wiburg, 2002)认为学习环境应包括物理、知识和情感三个方面，即进行教学的物理空间(物理环境)、支持学习目标的软件、工具(知识环境)和与学习结果一致的、体现适合学生的正确的价值氛围(情感环境)。"三要素"观清晰地揭示了学习环境的三个构成维度：物理学习环境、知识学习环境和情感学习环境。这种分类比较清晰地揭示了学习环境的构成要素以及各要素对学习过程所发挥的不同作用，有利于人们明确学习环境设计的切入点。不过其中的"情感环境"的称谓容易使人们对学习环境的认识产生误解，因为心理和情感更多是属于学生的"内部世界"，而环境是外在于人的心理的。

　　基于以上分析，我们认为学习环境是由物理学习环境、技术学习环境和人际交互环境三方面构成的，是静态的物理学习环境、技术环境和动态的人际交互环境的互动组合(张文兰，2005)，如图5.1所示。

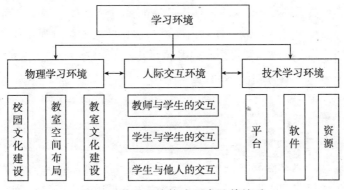

图 5.1 学习环境构成要素及其关系

## 5.1.2 学习环境构成要素分析

### 5.1.2.1 物理学习环境

物理学习环境涉及的方面很多，我们认为校园文化建设、教室空间设计和教室文化建设三个大的方面应该是物理学习环境设计的主要内容。

校园文化建设和教室文化建设主要是对教室内外的空间、场地的设计，它属于一种对学生潜移默化施加影响的"隐形课程"。在物理学习环境设计上，我们认为教室空间环境设计是物理学习环境设计的主要内容。因为教室既是教学活动开展的主要场所，也是学生每天学习的主要场所。教室环境设计主要涉及对教室空间大小、桌椅排列的形式、桌椅、墙壁的颜色、通风、采光、装饰、器具陈列布局以及同一学习场所不同功能区的划分等。对具体的学习场所而言，空间布局对学习产生的影响比较显著，特别是桌椅和座位排列的不同形式。由于物理学习环境设计更多涉及"物"的因素，所以长期以来，大多数人比较关注物理学习环境设计的"科技含量"，但是很少有人注意学习环境的人文性因素。实际上，物理学习环境的设计包含着很多人文性因素，如对于教室学习环境的设计来说，不同的空间布局设计会反映设计者不同的观念，是满足学生身体活动的需要，还是鼓励学生的自主学习，或是鼓励学生之间的互动与合作。一位美国教师是这样描述他对教室的观念以及这种观念如何影响交往的类型和团体感的形成的："家是一个群体成员之间互动与合作的场所，我在教室里所花的时间与在家中一样多……在我看来，环境与氛围始终是十分重要的，因为我们生活在这里，我们获得了生活和学习体验。它不是毫无生命的房间，从我们踏进房门的那一刻起，教室就有了生命，它开始呼吸，在此有了灵气"(引自 David Whitebread 主编的《小学教学心理学》)。因此，教室的物理环境设计及由此形成的整体氛围是对教师和学生都产生重要影响的因素。

一个良好的学习环境设计可以促进学生之间有效而亲密的社会关系。传统的学习环境由于教学媒介和资源相对匮乏，教室的物理学习环境设计需考虑的因素比较少。在现代信息技术环境下，多媒体计算机和网络进入教室，使得物理学习环境设计变得更为重要而复杂，它涉及计算机硬件和软件的放置与分享、技术支持、安全与卫生、光线、桌椅摆放以及每个学生和班级小组使用的机会、教师和学生及学生和学生之间的交流是否受到影响等。因此，基于网络的物理学习环境的设计绝不仅仅是简单意义上的"物"的设计，而是隐含着很多观念和人文因素，它对学生的认知发展和情感价值的形成有着潜在影响。

### 5.1.2.2　技术学习环境

由现代信息技术所构成的学习环境有多种形式。一种比较概括的分类方法是将信息技术环境分为两类：一类是可利用的信息技术环境，指那些原本并非专门为教学设计的，但可用来为教学服务的学习环境，如因特网就是最大的可利用的信息技术环境；另一类是经过设计的信息技术环境，它指那些专门为教学设计的信息技术环境，如网络协作学习环境。本研究所谓的技术学习环境主要是指后者。技术的学习环境设计涉及支持教学的一些基本的服务系统和软件的配备，如网络操作系统、数据存储服务、通用应用服务、教学管理应用服务、公用信息服务以及一些基本的工具软件，如几何画板、Microsoft Math、Mathematica、Office、媒体播放软件、多媒体演示软件等；涉及支持教学的一些专用平台和网站的设计，如 Z+Z 智能教学平台、网络教学平台、学科教学专题网站等以及网络学习资源的设计。技术学习环境不仅仅是系统或平台、软件和资源的简单集合，对技术学习环境的设计既包含技术的因素，还要兼顾对多种教学模式的适应性。与物理学习环境相比，我们认为技术学习环境对教与学的影响更为直接，影响也更大。因为技术学习环境的设计与设计者所持有的教学观念、所偏好的教学模式等有很大的关系。

### 5.1.2.3　人际交互环境

人际交互环境及其学习者在人际交互中所产生的情感体验对学习的影响是非常深远的。在某种程度上，它对学习者的学习起着决定性的作用。人际交互环境不是独立存在的，它伴随着学习的全过程，与学习环境的诸多因素相联系。与物理学习环境、技术学习环境相比，人际交互学习环境是隐性的，并且具有动态性和复杂性。从学生的视角出发，人际交互主要有三个方面：学生与学生之间的交互、学生与教师之间的交互、学生与其他社会成员之间的交互。网络通信技术的发展及其在教育中的应用，使人际交互的媒介、形式和内容都产生了很大的变化。

学生与学生之间的交互有两种形式：一种是学生自己由于交流的需要而自发产生的交互，它具有随意性和自发性的特点；另一种是基于某个学习任务由教师根据学生的特点分组而形成的学生之间的交互，它一般表现为学生为完成某一个共同的学习目标或任务而展开的互动和协作。在协作学习过程中，学习者之间如果能够建立一种相互支持、相互合作的人际交互关系，共享信息和资源，共同担负学习责任，则能够有效地促进对教学内容比较深刻的理解与掌握，有利于促进学生高级认知能力的发展和健康情感的形成。学生之间交互的特点是交互双方是对等的、相互依存的。学生之间有效地互动取决于任务的结构、团体动态及是否掌握人际关系技巧等因素。

学生和教师之间的交互是人际交互环境中的一个非常重要的交互维度。教师是学生在学校受教育期间主要的成人交往对象，并且是通过有目的、有计划的教学，通过与学生之间的言语的和非言语的交流，对学习者的心理发展施加影响的人，因此，师生之间以什么样的方式交互、交互中的相互关系和地位如何，将对每个学生的心理发展产生非常重要的影响。现代教学交往理论认为，教学过程是师生交往、积极互动、共同发展的过程。教师和学生之间平等的、民主的、自由的、和谐的交往对于学生的认知发展和情感发展都具有积极的意义。因此，现代教学理论强调改变传统教学中那种单边的、垄断的、具有严格等级关系的师生交往，在教学中要构建一种民主、平等、和谐的师生交往关系，在这样的一种关系中，教师不再是高高在上的知识的权威者，而是学生学习活动的参与者、组织者、指导者和促进者。随着现代信息技术的发展，师生之间的交互也不再仅仅局限于在学校内部的交互，网络通信技术的发展使师生之间的交互渠道多元化、便捷化。

网络通信技术的发展使学生的人际交互范围早已突破了学校、家庭、城市等地域和时间的限制，而全球化、多元化，以及网络通信技术的发展也使得学生与其他社会成员的交互成为人际交互环境中一个重要的组成部分。借助网络，学生可以与处于不同地区、不同文化背景的人员(伙伴)进行交流，可以通过网络与不同的人协作解决问题，甚至可以与世界一流的专家建立联系。网络缩短了人们之间的距离，增进了学生与社会其他成员的交互，这些都会对学生的认知发展、情感发展和社会化发展产生重要的影响(张文兰，2004)。

通过对学习环境及学习环境各构成要素的分析，我们对学习环境和学习环境各要素在学生学习中的作用有了深入的了解，但是对数学学习来说，什么样的学习环境才是适宜的学习环境，现代信息技术条件下的中学生数学学习环境设计应该重点考虑哪些因素？这些涉及对具体学习环境的分析与设计。由于物理学习环境的设计一般不可能针对某一学科进行，此外，物理学习环境的设计一般由学校统一规划，教师的参与度较低，在此不再作深入分析，下面重点讨论支持数学问题解决教学的技术环境和人际交互环境的设计。

## 5.2 中学生数学问题解决学习的技术学习环境设计

现代教育教学改革强调运用信息技术，构建新型学习环境，以促进教学模式、教学方法的转变，基本都是在学习的技术环境设计层面上研究学习环境设计，也就是主要探讨如何设计开发支持教学的系统、平台、软件及资源，以支持在新的教育思想指导下的多种教学模式的实施，因此，学习的技术环境设计一直是教育信息化和教育技术研究的核心。但如何发挥现代信息技术的优势，特别是多媒体网络的优势，为学生的数学学习构建一个良好的数学学习环境，这在数学教学研究领域和教育技术学研究领域都比较少，特别是针对中学数学教学的系统的技术环境设计更为薄弱，有很多问题亟待解决。

　　信息技术环境下基于问题解决的数学教学旨在充分发挥信息技术的优势，更好地落实数学新课程所倡导的教学理念和教学目标，追求课堂教学的高效率、高效果和高效益，实现学生素质的全面发展。我们知道，信息技术环境下基于问题解决的数学教学是在充分借鉴已有学习理论和问题解决教学研究成果的基础上提出的。要进行信息技术环境下基于问题解决的数学教学的研究，就首先要确定研究的视角。视角的问题本质上就是研究方法的问题，研究方法的问题也就是过程的问题。过程不科学，结果自然也就不能令人信服。一般而言，从"技术学习环境"的视角出发，信息技术环境下基于问题解决的数学教学的基本形式主要可分为两大类，具体的体系架构如图 5.2 所示。

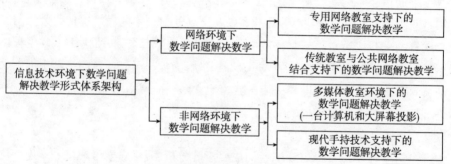

图 5.2　信息技术环境下基于问题解决的数学教学基本形式体系——技术学习环境视角

　　技术学习环境的设计涉及的方面较多，受篇幅所限，本节将主要针对基于多媒体网络环境的中学数学教学的技术环境设计展开讨论，目的在于探讨如何根据中学生心理发展特点和中学生数学学习的特点，设计数学学习的技术环境，以充分发挥现代信息技术对学习者数学学习的支持作用。

### 5.2.1　中学生数学问题解决学习的技术学习环境设计的影响因素

　　一般技术学习环境的设计主要包括支持教与学的平台、软件、资源的设计，由于技术学习环境中的平台、软件和资源都是直接为教学服务的，因此，相对于物理学习环境的设计而言，技术学习环境的设计影响因素更为复杂，同教与学的关系也更为直接。我们认为中学生数学问题解决的技术学习环境的设计除了必须遵循学习环境设计的一般原则外，在设计中还应将以下几个方面作为中学生数学技术学习环境设计应重点考虑的因素。

### 5.2.1.1 中学生数学课程学习的目标和任务

数学新课程标准的核心理念是"以人为本"，充分体现"人人学有价值的数学，人人都能获得必需的数学"；"不同的人在数学上得到不同的发展"；"在学生的认知发展水平和已有的知识经验基础之上，教师应激发学生的学习积极性，向学生提供充分从事数学活动的机会，帮助他们在自主探索和合作交流的过程中真正理解和掌握基本的数学知识与技能、数学思想和方法，获得广泛的数学活动经验"；"学生是数学学习的主人，教师是数学学习的组织者、引导者与合作者"等新课程思想和目标。(国家数学课程标准，2001)因此，数学新课程标准特别强调教师有效教学应指向学生有意义的数学学习上，有意义的数学学习又必须建立在学生的主观愿望和知识经验基础之上。在此背景下，教学应该通过设计一项具体主题或问题以支撑学生积极的学习活动，帮助他们成为学习活动的主体，创设理想的学习环境支持他们的探索与问题解决活动。中学生数学学习环境设计必须充分考虑数学新课程目标和任务的要求，为数学新课程目标和任务的实现提供有力的支持。

### 5.2.1.2 中学生数学学习的特征

任何一个技术学习环境的设计，如果不是基于对学习者学习心理特征分析基础上进行的，那么这个设计的适应性必然是最糟糕的。北京师范大学何克抗教授(2007)在同时考虑儿童思维能力的两个因素(思维加工能力、思维加工材料)和批判继承皮亚杰的儿童认知发展阶段论的基础上，提出了儿童思维发展新论，按照这种理论，儿童思维(认知)发展阶段应进行如下划分：

(1) 动物思维阶段(0岁~开始具有初步言语能力之前)；

(2) 初级思维阶段(开始具有初步言语能力~开始具有熟练的口语能力之前)；

(3) 中级思维阶段(开始具有熟练的口语能力~完备的思维品质形成之前)；

(4) 高级思维阶段(完备的思维品质形成之后)。

这里所说的思维包括逻辑思维、形象思维和直觉思维。这里所说的思维品质是指按照著名心理学家朱智贤与林崇德教授所定义的、包括深刻性、灵活性、独创性、敏捷性和批判性五个方面的思维品质，而不是皮亚杰所定义的、只考虑可逆性与守恒性的简单思维品质。儿童思维发展新论为我们正确把握学生的思维发展特征、数学思维特征提供了强有力的理论支持。

数学是研究客观事物的空间形式和数量关系的学科，数学中的概念只有两类，即一类涉及对象的空间结构关系，另一类涉及数量关系。数学中的定理通常也分为两类：一类是以数量关系为已知条件，而以空间结构关系(大多是位置关系)作为结论；另一类则是以空间结构关系为已知条件，而以数量关系作为结论。数量关系通常要依靠时间逻辑思维运用数字或数字符号进行一步步的分析、推理、运算来解决；空间结构关系则最适合通过直觉思维来判断——这是因为，直觉思维所用的材料(思维加工对象)正是反映事物空间结构关系的"关系表象"，其思维加工特点是"整体把握、直观透视、空间整合和快速判断"。可见，数学的学科性质本身决定了其教学过程必须是直觉思维和时间逻辑思维二者密切结合。遗憾的是，多年来我们的数学教学却完全忽视了直觉思维，几乎把它变成了一门纯粹运用逻辑思维的科学，这是使许多学生对数学感到抽象难懂、枯燥无味、望而却步的重要原因。要改变这种状况，实现数学教学的改革，就要在数学教学中认真地把直觉思维和逻辑思维二者紧密结合起来，即要把提出猜想、证明猜想的方法贯彻到数学教学的每一个学科(包括几何、代数、三角、微积分等)和每一个教学单元中去(何克抗，2002)。针对中学生数学学习的技术环境设计应充分考虑学习者已有数学学习的知识经验和利用信息技术学习的技能的特点以及学习者在思维发展、注意、记忆、学习动力、情感性格和自我调控能力方面的发展特征及其与网络学习的适应性等特点，以提高设计的有效性和科学性。

### 5.2.1.3　学习结果的类型

　　学习结果有多种不同的形式，美国教育心理学家加涅将学习结果分为言语信息、智慧技能、认知策略、动作技能和态度情感。针对不同的学习结果，设计的技术学习环境应有所不同。如果学习的结果主要是针对数学基础知识与基本技能的学习，那么技术环境的设计将侧重于在知识的呈现和强化方面提供支持；如果学习的结果是针对学习者问题解决能力的培养，那么设计的技术学习环境应能支持、鼓励学生进行探究式的学习和大胆的猜测。由于基于问题解决的数学教学以学生的问题提出与问题解决能力培养作为重点，那么我们认为针对中学数学问题解决教学的技术学习环境设计应在提供丰富的资源、创设数学学习的真实情境和学习工具方面提供有力的支持。因此，针对不同的学习结果，技术学习环境设计的侧重点也将有所不同。

### 5.2.1.4　教学模式的类型

　　目前已开发出的教学模式有很多种，但根据其所依据的学与教的理论的不同，可以将它们划分为三个大类：以教为主的教学模式、以学为主的教学模式和学教并重的教学模式。不同的教学模式关注的侧重点不同，那么支持不同教学模式开展的技术学习环境设计的内容和侧重点也会有所不同。以教为主的教学模式强调教师在系统的知识传授中的重要作用；以学为主的教学模式强调学生对知识的自主建构和自主探索，强调学生的自主学习和协作学习；学教并重的教学模式既强调发挥教师的主导作用，又主张充分体现学生的主体地位。我们认为，针对中学数学问题解决教学的技术环境设计应该能够有效地支持学教并重的教学模式的实施。

### 5.2.1.5 学校的软硬件环境和条件

学校已有的软硬件环境条件是技术学习环境设计应该考虑的另一重要因素。针对中学数学问题解决教学的技术学习环境设计，主要是教学支持平台和学习工具与学习资源的设计，应该考虑学校已有的软硬件技术环境的特点对新开发的技术学习环境的支持性。一般来说，应根据学校设备的具体情况，选用适当的技术形式。

### 5.2.2 数学问题解决认知工具的选择与运用

在技术学习环境的设计中，除了为学生提供丰富的、多样化的、适宜的学习资源的支持外，还需要为学生提供或选择适宜的、帮助和促进学生对学习资源获取、分析、处理、编辑、制作等加工过程的认知工具。信息技术是指对信息的采集、加工、存储、交流、应用的手段和方法的体系。它的内涵包括两个方面：一是手段，即各种信息媒体，如印刷媒体、电子媒体、计算机网络等，是一种物化形态的技术；二是方法，即运用信息媒体对各种信息进行采集、加工、存储、交流、应用的方法，是一种智能形态的技术。信息技术就是由信息媒体和信息媒体应用的方法两个要素所组成的(南国农，2000)。本书中的信息技术主要侧重于计算机与网络技术的组合。信息技术要做的事情是人不愿意做的事情，人不能做的事情，人难以完成的事情，人利用技术之后可以做得更好的事情。

信息技术就其本质而言，是一种认知工具，是一种帮助人们进行思考从而解决问题的认知工具。因此，在信息技术与数学课程教学整合过程中，要培养学习者学会把信息技术作为获取信息、探索问题、协作讨论和解决问题的认知工具。只有把信息技术像黑板或纸-笔那样自然地融入教学者和学习者日常的数学问题解决活动中或是有意创设的数学问题解决教学活动中，成为他们日常生活不可缺少的思维支持"工具"的时候，才能实现真正的、高层次的信息技术与数学教学的整合。

对于如何真正理解信息技术与数学课程深层次整合的内涵，我们似乎可从其他学科的学习中获得一些启示。众所周知，一直以来，如何学好英语是学生最心烦也是专家最积极探讨的事情。不少已经考入大学的学子，他们在整个大学的学习过程中大约70%的精力不是用在自己的专业上而是用在英语学习上，那么为什么花这么多的时间用在英语学习上呢？有专家指出英语学习效率低关键原因在于对英语的认识不够，仅仅把英语当做一门课程，只停留在课堂上，课后学习者并没有将英语定位在真实与自然的语言运用环境中，甚至部分教育工作者也仅把英语当做一门普通的学科，学习目标的定位在学而不是用，使得英语没有使用的机会，在很大程度上忽略了英语的交际工具作用。

与英语教学不同，汉语在经历了几千年的历史之后，已经渗透到了我国社会的每个角落。学习者从出生开始就已经进入了语言的真实情境中，由于交流的需要，学习汉语具有了强大的内在动力，语言在人们生活中扮演了交流工具的重要角色。因此，汉语不再局限于单纯的一门学科，而是已经成为社会的一部分，成为人们生活的工具和环境，成为人自身发展的条件。

信息技术与课程整合以来，我们始终难以达到理想的教学效果，究其原因，从以上两门课程学习的经验中可以得到启示：信息技术与课程一直出现脱节现象，大多数信息技术使用者只重视是否使用了信息技术，并没有真正地从实际的课堂需要出发，技术在教学活动中被当成了课堂的主体，学生的兴趣被吸引到如何使用信息技术工具上面，使得课程内容被忽视；信息技术只在课堂上使用，并未形成一种学习的情境，因此并不能准确地掌握课程的需要。信息技术与课程的深层次整合，应该吸取语文教育的经验，避免走英语教学的老路，要正确认识信息技术以及其与课程之间的联系，创设一个以信息技术为大背景的理想的学习环境。

数学学习应该是一个探索和再创造的过程。利用计算机开展数学实验，通过组织"探索—猜想—验证—提升"的认知环境教学，更利于把研究型学习贯彻到日常的课堂教学中。而且计算机可以使学生从繁杂的计算、绘图中解脱出来，更加专注于数学方法的体验，从而易于把数学学习提升到一般科学方法的高度。因此，学生不只可以积极"触摸"数学对象的本质、建构数学知识的意义，还能体验数学家的思考方法和精神、体会数学知识的动态性，更有利于那些在教学目标分类中表现为较高认知水平层次的能力(如分析、综合、评价等)的发展，推动学生的数学认识活动由复现性不断向准研究性以致研究性发展。由此，计算机作为一种技术、一种工具，它对数学课堂的深层也是最重要的支持作用莫过于作为数学思想实验的工具了。

信息技术整合于数学课程不是简单地将信息技术应用于教学，而是高层次的融合与主动适应。我们必须改变传统的单一辅助教学的观点，从数学课程的整体来考虑信息技术的功能与作用，创建数字化的学习环境，创设主动学习的情境，创造让学生最大限度地接触信息技术的条件，让信息技术成为学生强大的认知工具，最终达到改善学生数学学习的目的。

信息技术与数学课程整合，其主体是数学课程，而非信息技术，切勿为使用技术而使用技术，甚至不惜牺牲课程目标的实现为代价，应以课程目标为最基本的出发点，以改善学生数学学习为目的，选用合适的技术。不要在使用传统教学手段能够取得良好效果的时候生硬地使用信息技术。

根据课程的服务对象——学生需要来分析信息技术与数学课程整合，无论选用哪种技术，采用哪种应用方式，信息技术作为一种教育教学工具，其应用必然是为了优化教学过程和学习过程，并最终服务于促进学生全面发展这一终极课程目标。因此，从学校教学的角度来看，信息技术与数学课程整合应是一个以符合教学和学习需要的方式，高效益地应用信息技术，不断优化教学和学习，以此促进学生全面发展的过程。评价整合的优劣应该主要审视技术的应用是否促进了学生的发展，而不是技术的有无、多少。

### 5.2.2.1　认知工具的含义

认知工具是支持和扩充使用者思维过程的心智模式和设备(Derry，1990)。认知工具思想的提出是基于建构主义学习理论的基础之上的，在现代学习环境中，主要是指与通信网络相结合的广义上的计算机工具，用于帮助和促进认知过程，学习者可以利用它来进行信息与资源的获取、分析、处理、编辑、制作等，也可用来表征自己的思想，替代部分思维，并与他人通信和协作。

认知工具在帮助和促进认知过程，在培养学生批判性思维、创造性思维过程中起着重要作用。它可帮助学习者更好地表述问题(如视频工具)，更好地表述学习者所知道的知识以及正在学习的客体(如图表工具)，或者通过认知工具自动解决一些低层次任务或代替做一些任务来减轻某些认知活动(如计算工具)。此外，认知工具还可帮助学习者搜集并处理解决问题所必需的各种信息。

认知工具不但有利于具体知识的学习，也有利于一般技能和策略的学习，它可以使学习者从事深层次的信息加工。从一定意义上说，它是一种智力资源，是一种知识的建构工具，而且是由学习者自己控制的。实际上，认知工具是从信息加工技术方面对思维过程加以模仿，帮助学习者使用恰当的信息处理和知识建构的方法，对新的内容构筑他们自己的体系。

### 5.2.2.2　数学问题解决认知工具的分类

信息技术作为支持数学问题解决认知工具的类型大致可以分为以下几种。

1) 信息和知识的获取工具

从某种意义上来说，没有比信息技术更为方便的信息获取工具了。只要某个资源已被数字化，大多数人还是愿意使用信息化的检索方式来获取信息的。以中国学术期刊网为例，随着该工程的实施和数据库的逐渐丰富，文献检索已变得非常方便。输入一些关键词(如标题、作者姓名等)，相关的文献便可以呈现在我们面前。在如此方便的方式面前，原有的信息检索方式已经成为后备选择而非首选了，对于非专家型的学习者来说尤其如此。因此，应培养学习者利用信息技术获取知识的习惯，使信息技术成为学习者发现与获取所需信息的一种良好途径。形成这样的习惯也是开展各种基于资源的学习(如 WebQuest、PBL、研究性学习等)从而培养学习者解决问题能力的必要基础。将信息技术作为知识获取工具，可以有以下三种途径：①利用搜索引擎。目前，搜索引擎技术的快速发展使得通过搜索引擎可以非常容易地查询和挖掘网络环境中珍贵的数字资源。常用的搜索引擎主要有国外的Google(http://www.google.com)、Yahoo(http://www.yahoo.com)、DMOZ(http://www.dmoz.com)等，国内的百度(http://www.baidu.com)、天网(http://www.e.pku.edu.com)

等。②利用各种类型的网站，包括各类数学教育网站、专业网站、主题网站等。③利用各种专业数据库资源，如中国学术期刊网、万方数据等。这些经过系统化整理的资源在教学中正发挥着重要的作用。

2) 思维支持(辅助信息加工)工具

包括专家系统在内的许多应用软件可以介入并支持人们解决问题时的思维。常用的支持数学问题解决思维的工具大致可分为以下几类：①表征工具。在问题解决过程中，一个能够清晰地记录思维过程的工具是重要的。现在除了黑板和纸-笔之外，还有许多的软件程序可以更好地做到这一点。各种通用的商业程序如 Microsoft Visio、Microsoft Word 以及各种概念图工具都为问题解决者理清思维提供了很好的工具。②智能辅助工具。一定的社会行为总是伴随行为发生所依赖的情境。如果要求学习者理解这种社会行为，最好的方法是创设同样的情境，让学生具有真实的情境体验，在特定的情境中理解事物本身。信息技术与课程整合就是要根据一定的课程学习内容，利用多媒体集成工具或网页开发工具将需要呈现的课程学习内容以多媒体、超文本、友好交互等方式进行集成、加工处理转化为数字化学习资源，根据教学的需要，创设一定的情境，并让学习者在这些情境中进行探究、发现，有助于加强学习者对学习内容的理解和学习能力的提高。一般的链接性的集成软件工具，如 Powerpoint、Authorware、北大青鸟等；非数学专业性的但可以用于数学课程整合的多媒体平台和辅助工具，如 Flash、Photoshop、Frontpage、C 语言等；数学专业软件，如几何画板、Z+Z 智能教育平台、Microsoft Math、Mathematica、MathCAD、MatLab 等；此外，还有 TI 图形计算器、HP (惠普)计算器等，前者由美国得克萨斯州仪器公司生产，价格较高，英文黑白界面，操作键盘小，功能键繁多，但便携(最大优点)，功能极其强大，可联网更新下载，本质上是微型计算机，所以又称掌上电脑。它们已经成为数学科研工作者的得力工具和学习者的重要工具。国内外十分重视开发这些软件在教学当中的应用。③监控工具。具有这样功能的软件能够起到增强问题解决者元认知能力的作用。计算机软件无疑能在这方面做得更好，因此，对问题解决活动进行监控也是智能软件系统在教学中应用的适当场所。

3) 合作交流工具

一个充满合作的学习环境对问题解决教学是十分重要的。信息技术提供的数字化学习环境具有强大的通信功能，为合作学习提供了良好的手段。学生可以借助 NetMeeting、CU-SeeMe、ChatRoom 等即时通信工具，E-Mail、BBS、论坛等异步交流工具，实现相互之间的交流，参加各种类型的对话、协商、讨论等活动。不仅这些通信软件可以提供合作交流的手段，上面提及的思维表征工具也可以用于团队合作之中。借助于这些工具生成的清晰描述个体思想的文档(如概念图、PPT 演示文稿等)无疑为其团队成员交流思想从而共同工作打下了基础。而这些软件也往往为团队合作提供了相应的功能(如 Microsoft Office 软件的批注、修订功能)。因此，深入挖掘上述软件的功能并在教学中加以适当运用无疑也是十分有益的。

　　4) 自我评测和学习反馈工具

　　测试是数学教学过程的重要环节,计算机辅助测验是指用计算机编制和实施独立于计算机辅助教学的客观性测验。计算机辅助测验系统具有生成测验的功能,教师只要设计并录入试题的具体内容,测验模板就能按照所选择的形式和格式自动生成教师所需要的测验。通过多媒体作业与考试系统提供各种类型的试题库,学习者通过使用一些按照不同组题策略选出的不同等级的测试题目,作联机测试,利用统计分析软件和学习反应信息分析系统分析测试成绩,发掘教学过程信息,学生借助统计图表进行学习水平的自我评价,教师可以通过信息发掘诊断学生学习问题,从而及时调整教学。

### 5.2.3　数学教育软件所具备的数学教育功能

　　多媒体技术给数学教学带来的好处是显而易见的,但是对于具备一定抽象思维能力的中学生而言,要保持他们学习数学的持久兴趣仅依靠多媒体是无法实现的。韦伯(Webb,1996)也认为:多媒体改善了信息传递的质量,但对人们对事物的理解却做得不多,精美的图像将学生的注意力引向的是外在的形式而不是实质的内容。数学教育软件在很大程度上克服了多媒体技术的不足,表现出如下的数学功能(袁立新,2005)。

　　(1) 数值计算与符号运算功能。数学教学中,经常碰到两类计算:数值计算及非数值计算(即符号运算)。数学教育软件具有强大的数值计算和符号运算功能。

　　(2) 数学对象的多重表示功能。所谓数学对象的多重表示,其思想是对同一概念使用多种表示方法,不同的表示法侧重于概念的不同方面:解析的、图形的及数值的,静态的或动态的,分解的或整体的,定性的或定量的等。例如,函数绘图及参数绘图方面,它把“数”与“形”客观地联系起来,更能揭示数学概念的本质。

　　(3) 数学图形(或图像)的动态显示与交互功能。按照双重编码理论,造成数学知识的学习和记忆困难的主要原因在于数学语言和符号具体性差,不容易唤起视觉映像。数学图形(或图像)的动态显示与操作能减少这样的困难。其中,对图形的动态交互操作可以支持学生进行实验、猜想和发现。

　　(4) 数据统计与分析功能。数学教学过程中,我们应该注重现实世界与数学的联系,要能让学生体会数学形式化的过程。客观世界是纷繁复杂的,教育软件要能够帮助学生收集、处理复杂的数据,从中寻找数学规律。利用这个功能,可以减少教师主观拼凑数据的行为,不仅能让学生体会到处理这些数据的现实与数学意义,而且能吸引学生投入其中。

　　基于上述数学功能,数学教育软件的教育功能主要表现为:

(1) 节约时间的工具。在中小学甚至大学的数学学习中，学生有相当一部分时间(1/2 甚至 2/3)是用来进行运算和绘图的，其中绝大多数都是程序性的，也就是说，只要学生按照固定的步骤就一定可以得出运算结果或绘出图形来。如果说在一开始让学生进行运算和绘图有助于对算理和绘图方法的理解，那么当学生已经熟悉这些方法后，仍然让学生反复地进行运算和绘图，其意义就非常有限了。而实际上，在学生的数学学习中，他们不得不将很大一部分时间和精力用于这些几乎没有任何意义的工作上面。而对于教师来说，在数学的课堂教学中也有类似的情况。

(2) 利于观察与实验，促进抽象与概括。利用教育软件可以列举更多的关于数学概念、规则或问题的特例或作连续性的性质变化，有利于对模式或关系的观察、猜想、验证。更为重要的是，随着计算机软件技术的发展，这些观察与实验不再是单调的数值形式，更多的是基于可视化的数学对象，这样可使学生能在更高抽象层次上进行观察与实验，以减轻工作记忆负担，促进数学知识的"垂直增长"。

(3) 可实现数学知识的多种表示方法及其之间的联系。知识的"水平增长"特别是对数学知识的理解，需要掌握更多的不同的表示法及相互的联系，教育软件可以很容易地把公式、表格、图形(或图像)联系在一起，并且在对其中一种表示法进行操作时，能够看出对其他相关表示法所产生的作用。

(4) 可以提供及时、可靠的操作反馈。数学教育软件可以对操作以事先规定的方式作出符合数学规律的反应，因此学生可以大胆地猜想、检验自己的判断，并通过多次反馈来修正自己的观点，以提高其自主学习的能力和元认知水平。

(5) 可以构建可探索式的数学学习环境。数学的学习活动比其他学科的学习有更高的抽象性，是人类高层次学习的典型，学生必须积极思考、主动建构知识。不少数学教育软件能提供给学生猜想、验证、探究的环境，甚至在已提供的数学对象及操作规则的基础上能自定义操作规则，从而构造出新的数学对象、算法或结论。另外，可探索式的学习环境还能够产生大量的随附知识，这些都有利于数学问题的解决及创造力的培养。

### 5.2.4　几何画板在几何教学中的应用

传统的几何教学由于缺乏与信息技术的整合，仍然停留在手工作图、分析讲解、推理论证层面，只注重几何知识的传授，忽视了学生的学习兴趣和态度；片面强调演绎推理，导致学生看不到数学知识被发现和创造的过程，没有多少"研究"与"实验"的特征体现在几何教学中；课堂上画图浪费了许多宝贵的时间，课堂容量小，几何教学的效率不高，从而学生的学习效果也不明显；在以往的几何教学中，往往只强调"定理证明"这一教学环节(逻辑思维过程)，而不太考虑学生直接的感性经验和直觉思维，致使学生对几何的概念与几何的逻辑理解不透彻；传统的几何教学过多地注重对静态几何图形的分析，导致了原本相互联系的知识的割裂，失去了知识之间的内在联系，使我们只注意到事物的局部而忽视了整体。"几何画板"在一定意义上弥补了传统几何教学中存在的这些不足。

### 5.2.4.1 几何画板——动态研究数学问题的工具

"几何画板"是美国两位数学家为平面几何设计的由人民教育出版社汉化出版的一个简单易学的数学教育平台，平面几何图形的动态智能画图与测量是它的优势。1996 年开始经教育部中小学计算机教育研究中心组织课题组研究和推广，现在已经较为普遍地使用，它能够极大地满足平面几何教学的需要，为教师自己开发课件和学生进行自主探索提供有效的工具。"几何画板"比手工作图方便、精确、直观、连续、节省时间。它提供了画点、直线、射线、线段、圆等的工具，可以任意画欧几里得几何图形，且注重数学表达的准确性；更重要的是它可以在变动的情况下保持图形设定的几何关系，如线段的中点动态中永远为中点、平行直线动态中永远平行、点与直线的结合性动态中不发生改变等。正是由于这一点，能帮助我们在动态中发现数学规律(从某种意义上讲，发现问题比解决问题更重要)，进行数学研究和实验，进而形成猜想，经过严格证明确定猜想的定理资格。经历、体验和感受"数学发现"与"做数学"的完整过程，体会其中的乐趣以及公理化的思想方法，提高几何直觉与几何素养。

### 5.2.4.2 几何学习的特点

自从欧几里得几何体系建立以来，几何与演绎推理结下了不解之缘，几何教学培养学生逻辑推理能力的认识在人们的心目中根深蒂固。新中国成立以来，数学教学大纲、数学教材虽经历多次变革，但初中几何的内容和目标(用演绎推理的方法、依据扩大的公理体系证明一些平面图形的性质)都没有发生根本性的变化。因而在许多人心目中，几何与证明是等价的。

几何内容的这种过分抽象和形式化，使其缺少与现实的紧密联系，使几何的直观优势没有得到充分发挥，而过分强调演绎推理和形式化使不少学生惧怕几何，甚至厌恶几何、远离几何，从而丧失了学习数学的兴趣和信心。

《数学课程标准》力图改变这种状况，从内容上来说，在传统的平面几何之外，增加了一些与"空间"有关的内容，对传统平面几何内容增加了"探索过程"的要求，同时还增加了有关变换、坐标等方面的内容。把认识或把握空间与图形作为主旋律，以图形的认识、图形与变换、图形与位置(坐标)、图形与证明四条线索展开空间与图形的内容。也就是说，《数学课程标准》把过去《数学教学大纲》中"演绎证明"这一条主线变成四条主线，或者说，由一条"通道"变为四条"通道"。

几何课程的这种变革是基于对传统几何课程教学深入反思的基础之上而形成的。分析一下过去《数学教学大纲》的平面几何内容，可以发现，它有两条主线：一条是知识体系，即线段、角—相交、平行—三角形—四边形—相似形—解直角三角形—圆；另一条主线是使用的主要方法，即演绎证明的方法。由此不难看出，系统性的知识和严谨的证明是《数学教学大纲》的主旋律，也是过去教材的灵魂所在。

而《数学课程标准》认为：①人们认识周围世界的事物，常常需要描述事物的形状和大小，并用恰当的方式表述事物之间的关系。所以，认识或把握空间与图形的性质，借助形象、直观的图形进行合情推理，这是描述现实世界空间关系、解决学生生活和工作中各种问题的必备工具，也是空间与图形课程的主要任务。②认识或把握空间与图形性质的方法、途径是多种多样的。例如，既可以通过折纸、实验等手段认识图形，也可以通过变换认识图形，当然推理也是认识图形的重要方法。③就推理而言，不仅包括演绎推理，而且也应包括合情推理。几何作为一个演绎体系，它的教育价值(合乎逻辑的思考与推理)不是独有的(王永会，2007)。

为了实现《数学课程标准》的这一意图，各版本教材都选择了"两阶段"的处理方式，即实验几何阶段和证明几何阶段。例如，北京师范大学初中数学教材从七年级上册一直到八年级下册最后一章之前，基本都采用实验的方法认识图形性质；从八年级下册最后一章才开始引入演绎证明的方法，而证明的大部分结论都是前面曾经探索过的结论。

几何是研究现实生活中物质的形状、大小和位置关系的学科，处理和认识几何的方法是多样的。从认知几何的方式看有实验和(逻辑)推理之分，但这两者在认知过程中并非由实验到推理的简单过渡，而是相互影响与促进的：几何实验能引发几何论证的欲望和思路；几何推理则验证了实验中的猜测，从而引发更高层次的实验。

1) 几何实验：几何学习的重要方式

在初中几何教学中，重视几何实验至少有以下四方面的好处。第一，适合我国的教学实际。从学生的年龄角度看，初中学生的抽象逻辑思维正处于从经验型向理论型过渡的时期，学习几何时还需较多地借助直观操作。从我国的教学层面看，过去我国的几何教学过多地注重了几何的逻辑演绎，对几何实验缺乏重视。第二，符合学生的认知规律。荷兰学者范希尔夫妇从理论假设和教学实践两方面总结出几何思维应分为直观、描述分析、抽象关系、形式演绎、严谨五个水平，并且几何知识的掌握都要经历上述五个阶段(格劳斯，1999)。第三，有利于发展学生的空间想象能力。第四，有利于学生体验更完整的数学研究方法，进而形成全面的数学观。

2) 几何实验：为体验证明的必要性提供机会

新一轮数学课程改革较为关注几何论证的处理，重视为学生体验证明的必要性提供机会。首先，实验几何是由几个特殊的例子归纳出一般的结论，具有较强的可误性，或在逻辑上往往不严密，容易被人找到漏洞。因此，只要引导学生发现其中存在的漏洞，便能激起学生寻求证明的欲望。其次，由几何实验引起的证明的欲望，或者说对证明必要性的体验往往会更强烈。再次，几何实验为几何证明提供了基础，因为基于信息技术的动态的几何实验为学生提供了图形不变性的感性认识。

3) 几何证明：几何实验的补充与深化

几何实验存在着许多不足。如果学生没有认识到这一点，那将会影响学生对数学的理解，阻碍学生数学素养的提高。正如钱佩玲(1999)所指出的："通过几何课程的学习……要让学生懂得过分欣赏经验的作用和思维中的猜测作用会影响对数学的全面理解，甚至会出现科学性错误。"王建明(2003)也认为："通过信息技术，学生可以获得产生猜想和探索猜想的许多案例，但是，重要的是使他们认识到这些都不构成证明……在所有阶段，学生都应该为他们的猜想和解答给出令人信服的解释。"因此，在几何实验的基础上需要寻求几何证明。

几何证明可以引发更多、更高层次的几何实验，这是由两者不同的思维形式所决定的。几何证明中以演绎思维为主，这就需要去探索存在于几何图形中更本质、更一般的关系。而几何实验却以归纳思维为主，由一些特殊的例子归纳出一般结论。

### 5.2.4.3 几何画板在几何教学中的应用

1) 与传统教具相比，计算机更利于师生作图

根据田中和徐龙炳(2003)的研究，中学作图技能可分为工具作图、尺规作图及徒手作图三个层次。其中，工具作图要求学生使用刻度尺等作出规范的几何图形，强调规范性；尺规作图要求学生利用几何知识作图，强调几何关系；徒手作图则强调速度和几何关系，对精确性要求不高。计算机作图至少在前面两个层次上更优越。具体地，计算机作图首先表现出快速性和准确性。几何画板界面上有直接用于画点、直线、圆甚至椭圆的按钮，此外还提供了平移、旋转等简单变换。因此，计算机能使学生快速而准确地画出几何图形。值得指出的是，学生在这一作图过程中并没有使用太多的几何知识，而只是借助计算机这一新型的、更高级的作图工具罢了，因此相当于工具作图。其次，计算机作图具有深刻性。实际上，几何画板是根据几何关系构建的几何软件，因此，利用几何画板作图可以不使用上述按钮，而模仿尺规作图的步骤作出基于几何关系的图形。这一作图过程要求学生拥有相关的几何知识，同时也增进了对几何知识、几何关系的理解。

2) 利用"几何画板"进行几何实验与研究

欧几里得几何学有严密的公理体系，似乎没有"实验"的特征。而事实上，平面几何中绝大多数定理、命题是数学家"实验"出来的，几何中视觉思维占主导地位，几何作图就是视觉上的数学实验。"几何画板"几分钟就能实现动画效果，还能动态测量线段的长度和角的大小，通过拖动鼠标可轻而易举地改变图形的形状，加强条件与结论的开放性，增强学生参与探索的过程，使学生在动态中去观察、探索和发现对象之间的数量关系与位置结构关系，充分、有效地发挥"几何画板"在"数学实验"中的工具作用，使学生从"听数学"转变为"做数学"。几何画板有利于学生进行几何探究，这主要表现在三方面：首先，提供了具有复杂图形的问题

情境，探究工具及反馈工具。具体地，几何画板能画出比传统工具更复杂的几何图形。例如，在教学"多面体的欧拉定理"时，教师可以利用几何画板轻易地画出正12面体和正20面体。其次，几何画板的动态功能和度量功能为学生的自主探究提供了可能。具体而言，学生可以通过改变其中的部分变量，观察其中不变的几何关系，进而形成猜想。例如，在"三角形中位线"的教学中，学生可通过度量发现一个具体三角形中位线的性质，通过改变三角形的形状得到更一般的猜想。最后，计算机为学生的几何探索提供了反馈。一方面，当学生的猜想被计算机验证时，学生将产生强大的自信心，"这种直接的反馈比来自老师的反馈更为有效"。(Arcai A and Hadas H, 2000)另一方面，当计算机的反馈结果与学生的猜想不一致时，将使学生由于意外或反直观而产生一种惊奇感，这不仅不会挫伤学生探究的积极性，反而会激发学生更深入地思考，甚至发现原猜想错误的根源。

3) 利用几何画板解决定值问题

在给定的条件下，几何图形的变化往往具有一定的规律，研究几何图形在变化过程中，它的某些性质或数量关系等不因图形的变化而变化的问题即为几何图形的定值问题。这恰恰为"几何画板"提供了"用武之地"。在定值问题中通常都未给出具体的定值或确定位置，需要用特殊化法猜测出，再予以证明。教学中的难点往往在于对定值的寻求与猜测上。传统的处理方法是利用尺规在黑板上画出特殊位置的图形，然后加以分析，形成猜想。这样做费时、费力，效果也不是很明显。"几何画板"动态作图功能给我们探求定值提供了极大的方便。

4) 利用几何画板进行轨迹的探求

轨迹是初等几何的重要内容，探求点的轨迹是解决轨迹问题的一个重要而困难的步骤，从而是几何教学中的难点和关键。传统的直接探求法——描迹法，步骤比较烦琐，由于描点的数量有限，不能完整反映轨迹图形的全貌，给轨迹的教学带来很大的难度。"几何画板"的动态追踪点的功能，使轨迹的探求迎刃而解。

值得注意的是，几何画板不能代替几何教学，只能在几何教学中起到辅助的作用，优化几何课堂教学的结构，体现几何的研究特点，实现"几何画板"动态地进行几何实验的教育价值，提高数学学科的教学质量。但是，动态的几何软件只能满足可视化效果，创造出有趣的可视现象，解释这些现象的唯一方法就是求助于几何理论。技术与几何教学整合的意义在于，通过新技术所提供的各种可能性，来支持、完善和改变几何的教学与学习，而不在于技术本身的使用，技术可以看做是一种产生问题或反例的催化剂，它可以使教师设计新的教学方案，从理论上能够更好地揭示几何对象的内在几何性质，而不是仅仅停留在对几何对象的外在图形性质的观察和概括总结上。

### 5.2.5 Microsoft Math 在代数学习中的应用(以函数为例)

函数作为中学数学的核心内容之一,历来是课程改革关注的焦点,同时也是中学生感到最难学的内容。传统的中学数学中,学生从初三开始接触函数概念,然后研究正反比例函数、一次函数和二次函数的图像与性质。到了高一,则在此基础上对函数概念进一步抽象,用集合映射的语言给出函数定义,研究函数的一般性质,研究幂函数、指数函数、对数函数与三角函数。实践证明,函数内容的这种处理方式不利于学生领悟函数概念中所蕴涵的变量与变量之间依赖关系的思想,致使许多学生到高中学过函数后仍然停留在用静止的眼光看待函数,机械地记忆函数概念与一些具体函数性质的现成结论。基于此,数学新课程对函数内容的设计进行了调整,力图遵循循序渐进、螺旋上升的原则进行设计,体现知识逻辑与学生认知逻辑的统一。例如,数学新课程北京师范大学新世纪版在七年级下学期安排了"变量之间的关系",在八年级上学期给出函数定义并研究一次函数,九年级上、下学期分别安排了反比例函数与二次函数。从内容的呈现方式看,注意选取生活的事例创设情境,让学生经历具体情境中两个变量之间关系的过程,从非正式的了解与体会逐步过渡到数学的正式讨论。这样一种设计的教学理念是力图顺应学生的认识规律,从感觉到理解,从意会到表达,从具体到抽象,从说明到验证,一切可在眼前发生,数学的抽象变得易于理解,数学的严谨变得合情合理,这样一来学生能够较为透彻地领会函数思想形成的过程,进而会大大提高数学学习的兴趣。而 Microsoft Math 软件教育平台恰好为实现这一理念提供了理想的工具与环境。

#### 5.2.5.1 Microsoft Math 的功能

根据微软公司在美国、英国、法国以及德国(我国中学学业难度更大)的调查,12~18 岁学生的家长有 71% 在辅助孩子完成作业方面感到力不从心,在充分调查和多方取经后,近几年来,微软公司专门开发了操作极其简单、功能非常强大且覆盖了学生基础课的专业数学软件——Microsoft Math,该软件尤其适合于中小学和大学的师生使用,它既是学生的良师益友,又是教师的得力助手。Microsoft Math 可以协助用户求解、可视化、探索非常复杂的数学问题,可以减少错误,可以促进人们更好地理解数学,可以给复杂的数学问题注入活力,可以使学生更加关注概念和思想方法的理解与应用,而不仅是如何使用工具。

Microsoft Math 是一组工具、教程和说明,但更像一个有亲和力与教学能力的家庭教师,能帮助学生循序渐进地解决包括入门代数到微积分的数学问题,帮助学生更好地理解各种概念和术语,并以向导的方式帮助学生解决入门代数、高级代数、三角函数、微积分等方面的问题,使学生将注意力重点放在数学问题本身的原理和思想方法上,从而进行更深入的讨论。因此,其对于提高学生学习兴趣、培养学生学习习惯具有重要作用。

　　图 5.3 是 Microsoft Math 的界面，左侧是不同类型的功能键区，包括微积分、统计、三角、线性代数、基本计算等功能键；右侧是工作区，可以进行不同类型的输入操作和结果输出。在右侧的工作区，包括工作表、绘图、数学工具三个功能块。绘图功能块中又包括函数、方程、数据集、参数方程、不等式、图像控制等功能区。例如，对于函数，利用 Microsoft Math 不仅可以快速生成函数图像，而且可以在同一屏幕上实现一个函数的三种表征：图像、数对、函数表达式。对于含有参数的函数，利用图像控制功能不仅可以实现动态跟踪，而且可以通过动画按钮设置参数变化范围，并动态呈现函数图像的变换过程。图 5.4 给出了函数 $y=ax^2$ 的图像，利用 Microsoft Math 的动画功能可以随意设置参数 $a$ 的变化范围，直观感受函数 $y=ax^2$ 的图像随着参数 $a$ 的动态变化过程，发现参数 $a$ 对函数图像的影响。

图 5.3　Microsoft Math 界面

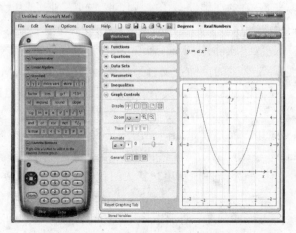

图 5.4　Microsoft Math 界面及应用样例

### 5.2.5.2　函数学习的特点

自 20 世纪初，数学教育改革运动提出"以函数为纲"的口号以来，函数一直都被确立为数学教学的核心。这不仅因为它是整个数学体系的重要基础，而且因为函数思想方法已成为现代数学的主要思想方法之一，对数学课程的设计可以起到统领作用。然而，函数历来也是中学生感到最难学的内容，若干研究和教学实践表明函数的学习困难甚至伴随了许多中学生的整个学习过程(刘静，2006)。

造成函数学习困难有以下两个方面的因素。一是函数本身的复杂性。函数包含两个本质属性(定义域与对应法则)和较多的非本质属性(如值域、自变量、因变量等)；初中函数"变量说"定义中的文字"$y$ 是 $x$ 的函数，记作 $y=f(x)$"属于蕴涵式的表述且符号抽象；函数涉及"变量"，而"变量"的本质是辩证法在数学中的运用；函数还具有多种表示法，如解析法、列表法、图像法等；函数与其他内容有错综复杂的联系，等等。函数的这些复杂性决定了函数学习困难的必然性。二是函数的学习困难与中学生思维水平有关，中学生数学思维发展水平的制约是其内在因素。要求学生根据函数可能出现的一种情形，在思维中构建一个过程来反映"对定义域中的每一个特定值都得到一个函数值"这一动态变化过程，同时，还要把函数的三个成分，即对应法则、定义域和值域凝聚成一个对象来把握，像这种整体地、动态地、具体地认识对象，同时还要把动态过程转化为静态对象，能够进行静止与运动、离散与连续的相互转化，只有达到辩证思维水平才能做到。而心理学研究表明(朱智贤，林崇德，1986)：初中生的思维发展水平是从具体形象思维逐步过渡到形式逻辑思维水平，高中生在继续完善形式逻辑思维发展的前提下，辩证思维发展开始逐渐占主流。但辩证思维是人类思维发展的高级形式，中学生的辩证思维基本处于形成与发展的早期阶段。这样一方面是中学生的辩证思维发展很不成熟，思维水平基本上停留在形式逻辑思维的范畴，只能局部地、静止地、割裂地认识事物；另一方面函数的特征是发展的、变化的、与众多数学知识相互联系的，属于辩证概念。这个矛盾构成了函数学习中一切认知障碍的根源。

### 5.2.5.3　Microsoft Math 支持函数学习的样例

课题：一次函数的图像及其性质的主要教学过程设计，需两个课时。

1) 函数图像的概念

教师活动：函数是研究变量之间关系的数学模型，在实际生活中，这种变化关系不仅需要借助数学关系式来表达，同时更需要借助图形来直观地呈现，为此就需要研究函数的图像。函数图像不仅可以直观表征变量之间的关系，而且是人们认识函数性质的窗口。那么如何定义函数的图像呢？为此，请同学们先利用 Microsoft Math 画一个函数 $y=x^2$ 的图像，并利用 Microsoft Math 的跟踪(trace)功能感知函数图像的形成过程。通过操作你能发现函数图像是如何形成的吗，你能否给出函数图像的概念？

　　学生活动：利用 Microsoft Math 画出函数图像，并利用跟踪功能感知体会函数图像的形成过程，归纳函数图像的定义。

　　在学生归纳总结和教师点拨提炼的基础上形成函数图像的定义：把一个函数的自变量 $x$ 与对应的因变量 $y$ 的值分别作为点的横坐标和纵坐标，在直角坐标系内描出它的对应点，所有这些点组成的图形叫做该函数的图像。

　　如图 5.5 所示动态地展示了函数 $y=x^2$ 图像的形成过程，学生可以真实地看到函数的图像实质上是由无数多个满足函数关系式的动点组成的图形。

　　设计意图：让学生明确学习函数图像的意义，并通过亲自操作感知函数图像形成的过程。Microsoft Math 使得学习内容由静态变动态、由抽象变形象，学生可以真正地看到点的运动过程和曲线的形成过程。Microsoft Math 为学生观察现象、发现结论、探讨问题提供了理想的工具与环境。

　　2) 函数图像的画法

　　教师活动1：我们已经知道函数图像实质上是由直角坐标平面内满足函数关系的无数个点组成的图形，那么如何在直角坐标平面内找到这些点，需要找多少个点，怎样利用这些点画出函数的图像呢？

　　学生活动1：自主思考，合作交流，达成共识。

　　设计意图1：以问题为驱动，以问题探索为形式，以实际问题解决为目的，突出学生的认知主体地位，通过自主思考、合作交流，明确画函数图像的基本思路，为下一步自己动手画出具体函数图像奠定基础。

　　教师活动2：明确了画函数图像的基本思路，现在请同学们亲自动手画出一次函数 $y=2x+1$ 的图像，并归纳总结出函数图像的画法。教师巡视收集反馈信息，适时点拨指导。

　　学生活动2：手工绘制函数图像，并尝试归纳函数图像的画法，即列表、描点、连线。

　　设计意图2：尽管 Microsoft Math 能够迅速直接地画出函数图像，但传统的手工画函数图像的方法仍然是不可废弃的，因为学生可以从中理解函数图像生成的过程，形成必要的画图技能，而利用 Microsoft Math 学生只能看到画图的结果。同时希望借此过程学生能够归纳总结出函数图像的画法。

　　3) 一次函数图像的特征

　　教师活动：

　　(1) 一次函数 $y=2x+1$ 的图像是一条直线，那么是否所有的一次函数的图像都是一条直线呢？请归纳一次函数 $y=kx+b$ 图像的特点，并利用 Microsoft Math 验证你得出的结论。

(2) 虽然一次函数 $y=kx+b$ 图像都是一条直线，但这些直线与 $x$ 轴正方向所成角的大小是不一样的，请你设计一个实验方案，利用 Microsoft Math 分别探索参数 $k$ 与参数 $b$ 对直线 $y=kx+b$ 的影响，从中你能发现什么规律？

学生活动：

(1) 学生手工绘制若干一次函数图像，提出猜想，并利用 Microsoft Math 快速作图功能验证自己的猜想，进而得出一次函数 $y=kx+b$ 图像都是一条直线的结论。特殊地，正比例函数 $y=kx$ 的图像是经过坐标原点(0，0)的一条直线。

(2) 学生设计实验方案分别探索参数 $k$ 和参数 $b$ 对直线 $y=kx+b$ 的影响，并从中总结规律。

如图 5.6 所示，利用 Microsoft Math 的动画(animate)功能学生可以清楚地看到当 $b=2$ 时，参数 $k$ 从–2 连续变化到 2 时直线的变化趋势。类似地，也可以利用动画按钮处的选项将参数 $k$ 换为参数 $b$，观察当 $k$ 值固定时参数 $b$ 值的变化对直线的影响。

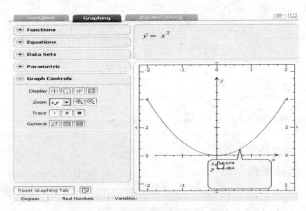

图 5.5　函数图像的动态形成过程

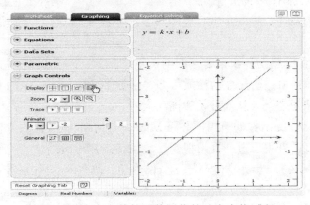

图 5.6　含有参数的函数图像的动态变换过程

设计意图：基于计算机的 Microsoft Math 的使用正在改变传统数学的性质，数学既是演绎科学也是归纳科学。Microsoft Math 的出现改变了数学只用纸和笔进行研究的传统方式，给学生的数学学习带来了最先进的工具，使得"数学实验"成为学生进行探究性学习的一种有效途径，一种新的做数学的方法，即主要通过计算机实验从事新的发现。Microsoft Math 既是学生验证猜想的工具，更是学生进行探索实验的平台。此处渗透数学实验设计以及分类讨论等思想方法。

4) 一次函数的性质

教师活动：通过上面的探索实验，我们已经从图形直观的角度了解了一次函数图像的特征，而这些特征本质上是由函数本身具有的性质决定的，这充分体现了数学研究的基本思想方法——数形结合，即"数无形时少直觉，形少数时难入微。"下面请同学们借助一次函数图像的特征，从函数表达式即"数"的角度归纳一次函数的性质，并填写表 5.1。

表 5.1　一次函数的图像与性质

|  | 表达式 | 图像 | 性质 |
|---|---|---|---|
| $b=0$ | $y=kx$ | $k>0$ |  |
|  |  | $k<0$ |  |
| $b\neq0$ | $y=kx+b$ | $k>0$ |  |
|  |  | $k<0$ |  |

学生活动：自主探究，合作交流，汇报结果。

设计意图：函数图像是认识函数性质的窗口。利用 Microsoft Math 可视化的优势，能够从数与形的结合上准确呈现出一次函数的图像怎样随参数的变化而变化，帮助学生在操作中体会图像与 $x$ 轴正方向所成角的大小、与 $y$ 轴的交点等与参数的内在联系，为数与图像关联的教与学提供了极大的便利。本环节正是希望学生在动手实验探索的基础上，进一步进行理性归纳，得出一次函数的性质，并能进行适当的解释。

5) 拓展延伸，建构一次函数之间的关系

教师活动 1：由一次函数的性质可知，函数 $y=2x+6$ 和 $y=5x$ 随着 $x$ 值的增大 $y$ 的值也增大，请思考当 $x$ 从 0 开始逐渐增大时，$y=2x+6$ 和 $y=5x$ 哪一个的值先达到 20，这说明什么？提出你的猜想，并用 Microsoft Math 验证你的猜想。

学生活动 1：自主思考，提出猜想，验证猜想，得出结论。

设计意图 1：进一步让学生利用函数的性质，研究两个函数随着自变量 $x$ 的增大，函数值变化的不同速度，渗透数形结合的思想、运动变化的观点以及所蕴涵的单调函数的特征，为后续进一步学习函数性质奠定基础。

教师活动 2：一次函数的图像都是一条直线，那么直线 $y=-x$ 和 $y=-x+6$ 的位置关系如何，直线 $y=2x+5$ 和 $y=-x+6$ 的位置关系又如何，从中你能得出什么结论？利用 Microsoft Math 验证你所得出的结论，并与同学进行交流。

学生活动 2：学生手工绘制函数图像或用 Microsoft Math 画出函数图像(图 5.7，图 5.8)，观察两条直线的位置关系，并提出猜想，验证猜想，得出结论：对于 $y=k_1x+b_1$ 和 $y=k_2x+b_2$，当 $k_1=k_2$ 时，两直线平行；当 $k_1 \neq k_2$ 时，两直线相交。反之，结论也成立。

设计意图 2：这是一个操作、观察、归纳、猜想、验证的数学活动过程，通过两个函数图像的位置关系，得出函数表达式的特征；反过来，两个函数表达式的特征也决定了函数图像的位置关系。此环节有效地沟通了不同的一次函数之间的关系，进一步渗透了数形结合的数学思想方法，同时也为后续学习二元一次方程组奠定了良好的认知基础。

Microsoft Math 为数学思想方法的可视化以及进行"数学实验"提供了理想的工具与环境。

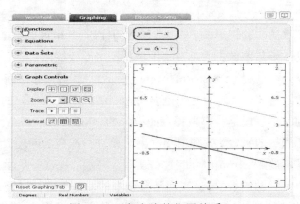

图 5.7　两条直线的位置关系 1

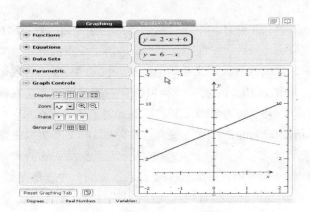

图 5.8　两条直线的位置关系 2

#### 5.2.5.4　Microsoft Math 支持函数学习的优势

从上述样例中可以看到，Microsoft Math 的有效利用为克服学生函数学习中的困难提供了理想的工具与环境，主要体现在(王光生，何克抗，2007)以下方面。

一是 Microsoft Math 的有效利用，不仅可以大大增强函数学习的直观性，克服思维发展水平的局限，提高学生学习的兴趣，而且有利于改变学生被动接受的学习方式，充分发挥学生的认知主体作用。例如，利用 Microsoft Math 生成各种初等函数图像，通过跟踪功能、自动列表功能、动画显示功能等多种表示方式呈现变量之间的相依关系，真实地再现函数图像的生成过程，加深学生对函数图像特征、函数概念本质及其性质的理解，使得"多重表示与表示的相互转换"这一重要函数学习理论的实现成为可能，即同一函数关系可以用四种不同的方式——列表、文字描述、图像、解析表达式来刻画。这为具有不同认知风格的学生或同一学生从不同角度理解函数的本质内涵提供了可能。

二是 Microsoft Math 为学生进行数学实验提供了理想的工具与环境。函数图像是学生认识函数性质的窗口，而 Microsoft Math 为学生进行各种类型函数图像特征的探索提供了理想的实验环境。为了探索函数的性质，学生可以借助 Microsoft Math 快速生成一些具体函数图像，通过观察图像特征，发现规律，提出猜想，而提出的猜想是否正确，又可以利用 Microsoft Math 进行验证，进而作出解释。特别是对于含有参数的函数解析式，参数的变化是如何影响函数图像的变化的，具有怎样的规律？利用传统的教学手段是难以取得理想效果的。Microsoft Math 为进行类似的探究性实验提供了理想的平台。教师引导学生对要进行探究的问题设计实验方案，然后根据实验方案借助 Microsoft Math 进行实验、猜测、探索等数学发现活动，实现"数学教学是数学活动的教学"，实现函数学习的"再创造"过程，让学生亲身经历探索规律的过程，体验数学思想方法的价值，增强学好数学的信心，培养其科学探究和创新能力。

三是 Microsoft Math 更有利于学生从函数观点深入地探索方程(组)、不等式与函数之间的内在联系。函数、方程、不等式都是描述现实世界数量关系和变化规律的数学模型，它们之间既有区别又有联系，Microsoft Math 的有效运用能够使学生体验数形结合、类比、归纳、分类以及由特殊到一般的思想方法在解决问题中的应用。例如，北京师范大学版八年级下册"不等式表示的平面区域"的内容，就可以让学生利用 Microsoft Math 进行如下探究：在数轴上，$x=1$ 表示一个点；在直角坐标系中，$x=1$ 表示什么？在数轴上，$x \geq 1$ 表示一条射线；在直角坐标系中，$x \geq 1$ 表示什么？在直角坐标系中，$x+y-2=0$ 表示一条直线；在直角坐标系中，$x+y-2>0$ 表示什么，$x+y-2<0$ 呢？对于后者可以先作出 $x+y-2=m$ 的图像，并通过 Microsoft Math 的参数设置功能分别就 $m>0$ 和 $m<0$ 两种情况进行动态模拟，这样 $x+y-2>0$

和 $x+y-2<0$ 所表示的平面区域就可以直观地呈现在学生面前。在此基础上让学生进一步探究不等式组所表示的平面区域即水到渠成了！总之，Microsoft Math 的函数、方程、不等式的绘图功能和自由设置参数的动画显示功能为学生学习函数、方程、不等式和高中的平面解析几何提供了理想的实验环境与工具。

四是 Microsoft Math 在支持学生数学学习中的最大优势在于不需要教师提前花费大量宝贵时间制作课件，只要具备计算机环境和掌握 Microsoft Math 软件的基本操作，就可以在课堂教学中根据需要随时让学生进行调用，为实现学习目标服务。

要使信息技术与数学教学更好地整合，必须让数学教师都能用较少的时间创作出合适的课件，或不需要花时间制作课件，并在课堂教学中熟练地、经常地使用，就像使用粉笔和黑板一样自然流畅。相信随着人们在教学实践中对 Microsoft Math 的强大功能认识的深入和推广力度的加强，信息技术与数学课程整合的理论与实践必将会迈入一个新的阶段。

## 5.3　中学生数学问题解决学习的人际交互环境设计

由教师、学生和其他成员构成的人际环境也是学习环境的重要构成要素。科学家认为，使人类区别于其他动物的主要能力之一是人际之间的交流能力，这种交流能力是人在日常交往活动中逐渐形成的，人际之间的成功交流与人的自我意识紧密相关。数学课堂是一个小型的数学共同体，它可以成为共同体成员之间交流数学思想的环境。教师应当开发学生的思想和疑问，以适当的方式把它们揭露出来，以使它们成为进一步思考和加工、讨论和完善、提炼和概括的对象，促使学生的思维能力能够纵深发展，从而培养学生的思维自我监控能力，实现"通过交流学习数学"、"学会数学地交流"的目的。

### 5.3.1　数学交流的意义

"数学交流"是国际数学教育界近年来关注的焦点之一。1989 年 NCTM 发表了《美国学校数学课程与评价标准》（以下简称《课程标准》），明确地把"数学交流"列为课程的五个总目标之一。在他们看来，学习数学的主要目的在于应用，而应用数学的过程即是数学交流的过程。《课程标准》在论述数学交流时指出："发展学生应用数学的能力……最佳途径是通过问题情境，使学生有机会阅读、写作和讨论思想，从而自然地应用数学语言。"（全美数学教师理事会, 1994）2000 年颁布的《美国学校数学教育的原则和标准》（以下简称《原则与标准》）是对《课程标准》的进一步发展。《原则与标准》共列十条标准，前五条涉及的是数学内容，包括数与运算、代数、几何、度量、数据分析与概率；后五条涉及的是过程，包括问题解决、推理与证明、交流、关联、表征。前者具体指明了学生应当知道什么，后者则明确了实现上述目标的具体途径。《原则与标准》对"数学交流"给予了特别的关注。首先在"总标准"中论述了"数学交流"的重点和主要观点，概括讨论了如何在四个学段发展和具体实现学生的数学交流，特别指出从学前期到 12 年级的数学教育在"数学交流"方面应达到的共同要求，即 "通过交流组织和巩固他们的数学思维"，使之能"清楚连贯地与同伴、教师或其他人交流他们的数学思维"、"分析和评价他人的数学思维和策略"、"用数学语言精确地表达数学观点"。(全美数学教师理事会，2004)以"总标准"为依据，《原则与标准》分别对四个学段——学前期~2 年级、3~5 年级、6~8 年级、9~12 年级，结合丰富的实例具体描述了数学交流的"理想状态"以及教师在其中应发挥的作用。

近年来，我国数学教育理论界逐步认识到"数学交流"的重要价值。教育部 2001 年颁布的《全日制义务教育数学课程标准(实验稿)》提到，"数学……同时为人们交流信息提供了一种有效、简捷的手段"，"有效的数学学习活动不能单纯地依赖模仿与记忆，动手实践、自主探索与合作交流也是学生学习数学的重要方式"。

### 5.3.2　数学交流的方式

从课程的总目的看，数学交流事实上包括了两个方面：通过交流学习数学，学会数学地交流。从交流的方式看，数学交流包括听、说、读、写四种基本形式。从交流的内容看，数学交流既涉及知识形态的交流，也涉及情感形态的交流。从交流的主体看，数学交流包括师生交流、生生交流以及自我交流等。

在前面的学习环境构成要素的分析中，我们分析了人际交互环境的内涵，并从学生的角度出发提出了构成人际交互环境的三种主要的人际交互方式，它们是：学生与学生之间的交互、学生与教师之间的交互和学生与其他社会成员之间的交互。需要指出的是，在学习者数学学习的过程中，除了上述三种交互方式之外，还应当重视学习者的"自我交流"和"数学写作"等其他数学交流形式。这两种交流方式本质上是一种反思性的学习过程，即学习者将内隐的知识显性化的过程。这种外化过程不仅有利于学习者个体完善数学认知结构，而且只有外化了的知识才有利于在共同体内交流，进而实现个体知识与公共知识的相互转化。

美国的数学教育特别重视"数学写作"这种交流形式。"数学写作"不是对数学知识与解题过程进行简单的书面表达，它具有明显的反思特征。学生进行数学写作的过程，也是对数学知识进行整理和再认识的过程。这一过程可以使学生的思维变得清晰，也能使教师详细地了解学生的思维过程。正如《原则与标准》所表明的："数学中的写作能帮助学生巩固他们的思维,因为这需要他们对解答过程的反思和搞清楚在课堂上形成的对数学概念的认识。以后他们也许发现重读自己思维过程的书面记录是有帮助的。"

　　数学写作的形式多种多样。例如，让学生对他们在一堂课或几堂课中所学到的知识和还不明了的内容写出评论；为了清楚地解释他们的想法，学生可以给更年轻的学生写一封信，解释一个较难的概念。

　　"数学日记"是许多美国教师常用的一种数学写作方式。"数学日记"的内容和操作方式非常灵活。例如，美国教师 C.斯图亚特(Carolyn Stewart)将"数学日记"的写作安排在课堂上进行，其内容包括以下三个方面，但每次只进行其中一个方面的活动：①数学概念和计算推理程序。例如，在讲完有理数的减法后，让学生在"数学日记"中表述一下自己对"减去一个数等于加上这个数的相反数"这个运算的理解并举例说明。②对教学过程和方式的评价。允许学生对课程内容、课堂讲授方式以及课外活动、作业、考试等各类问题发表意见。③自由发表意见。学生可以自由地表达自己关心的或者渴望倾诉的问题，其中包括自己的成就、失望以及学习中存在的问题,等等(Stewart, Chance, 1995)。

　　所谓"自我交流"，就是学习者对自身学习活动的过程以及过程中涉及的有关事物进行反复思考、质疑批判。通过自我交流，学生可以不断地思考和修正思维的策略，发现和纠正认知的偏差，从而达到对数学知识本质的理解；可以使内隐的思维过程激活和显现，实现对数学认知结构的整理和重组。目前我国 "一言堂"式的课堂教学阻碍了师生的多向交流与互动，也未给学生的自我交流留下空间和机会，使数学交流局限于"他—我"的外部交流形式,这不能不引起我们的重视(李祎,2006)。

　　网络通信技术的发展及其在教育中的应用，使人际交互的媒介、形式和内容都发生了很大的变化。借助网络，学生不仅可以与处于不同地区、不同文化背景的人员进行交流，可以通过网络与不同的人协作解决问题，甚至可以与世界一流的专家建立联系。网络缩短了人们之间的距离，增进了学生与社会成员的交互，这些都会对学生的认知发展、情感发展和社会化发展产生重要的影响。特别地，由于网络环境的支持，使得数学写作、师生交流、生生交流、自我交流等多种数学交流方式更易实现，而且交流的结果也更容易以数字化的方式共享和储存，这无论对学习者个体还是学习共同体来说，都将是一笔宝贵的资源。

　　下面是我们课题试验过程中，一个试验班在"分式方程"(见书后附录)课堂小结时全班学生当堂利用 Media-Class 纯软多媒体教学网络平台打写的学习感受。这里需要说明的是，Media-Class 纯软多媒体教学网络平台在学生分组讨论、打写学习感受时的优势。通常情况下，一节课即将结束时，由一个学生作本节课的知识内容小结，其他同学倾听补充。而网络环境下的分组讨论功能则是所有学生在同一界面下利用计算机打写学习感受，进行知识小结，这样每一个学生在打写自己的学习感受时，可以看见其他同学打写的内容，相当于全班学生在同一组交流学习感受，学生参与交流的机会大大增强；学生在上传打写内容时，同时显示该学生机的 IP

地址，在教师利用教师机进行监控下，学生不敢胡写，只能认真打写学习感受，而教师可以根据学生打写的学习感受，及时了解全班同学对本节课教学目标的达成情况，以便于课后落实。

10.116.138.221 对 所有人 说：这节课我学会了解分式方程，而且我也懂得了学数学知识需要利用类比的方法，对照以前的知识来学习现在的新知识。

10.116.138.230 对 所有人 说：用类比和转化解分式方程。

10.116.138.222 对 所有人 说：数学的知识无穷尽，像增根我还是第一次了解。

10.116.138.229 对 所有人 说：学习数学一定要先学会学习方法。

10.116.138.240 对 所有人 说：分式方程学习方法是一类比，二转化。

10.116.138.225 对 所有人 说：认为前面的知识对后面所学的很重要，前面的如果不会的话，后面的也不一定会。

10.116.138.248 对 所有人 说：类比不光在分式方程上可以用，也可在学习其他数学知识上用到。

10.116.138.232 对 所有人 说：这节课我学会了分式方程的解法。还知道了分式方程有时是有增根的。

10.116.138.227 对 所有人 说：通过分式方程，我们不仅复习了整式方程，还学会了用类比、转化解分式方程。

10.116.138.245 对 所有人 说：通过这节课，我学会了分式方程的解法，同时也明白了可以用类比的方法来学习。

10.116.138.237 对 所有人 说：学分式方程可以用类比的方法。

10.116.138.231 对 所有人 说：我的感受是分式这方面的知识我也更上一层楼了。

10.116.138.230 对 所有人 说：好的方法是学习的关键！

10.116.138.228 对 所有人 说：通过这节课的学习我学到了：如何去解分式方程(用类比的方法)。

10.116.138.234 对 所有人 说：我学会了怎样解分式方程，知道了分式方程还有增根和验根的方法！

10.116.138.223 对 所有人 说：我知道了数学知识是一环套一环的，应该巩固所有知识，拓展新知识。

10.116.138.235 对 所有人 说：我知道了什么叫分式方程的增根。

10.116.138.243 对 所有人 说：我学会了分式方程的正规解法和分式方程的增根定义。

10.116.138.233 对 所有人 说：学习分式方程首先要类比、转化，计算过程还要严格准确。

10.116.138.244 对 所有人 说：本课我学会了分式方程的解法，1 类比，2 转化。

10.116.138.234 对 所有人 说：学习分式方程的方法是类比和转化！

10.116.138.224 对 所有人 说：通过这节课，我体会到数学是一环接一环的，如果中间一个部分有了差错，那下面就都不会对。

10.116.138.242 对 所有人 说：无论作什么题，最后都要约分，化成最简分数(分式)。

10.116.138.221 对 所有人 说：我懂得了学习数学需要灵活运用，运用以前的方法，进行类比，而且学会了用数学语言来正确地描述数学问题。

10.116.138.231 对 所有人 说：数学不是那么简单的！

10.116.138.239 对 所有人 说：这节课，我学到了分式方程的解法，还学会了它的学法——类比、转化。

10.116.138.225 对 所有人 说：类比、转化对学习数学很有帮助。

10.116.138.238 对 所有人 说：我的感受是学会要用类比的方法来学习知识，分式方程的检验是必不可少的一个环节。

10.116.138.236 对 所有人 说：我的感受是学分式方程的解法是去分母，转化，解方程，检验。运用的学法是类比、转化！

10.116.138.223 对 所有人 说：我有一个问题，如果分子为 0 时，0 除以任何数都为 0，不也增加了方程的解吗？

10.116.138.243 对 所有人 说：作答分式方程要认真算后检验。

10.116.138.235 对 所有人 说：我学会了分式方程的正确解法和自己原来的解法的不同。

10.116.138.222 对 所有人 说：分式方程解法：一去分母，二求未知数，三要检验看增根。

10.116.138.233 对 所有人 说：如果有增根就要带入最简公分母中检验。

10.116.138.234 对 所有人 说：要学好分式就要学好分数，分数是基础，分式是提高，只有基础打好才能提高，不是吗？

10.116.138.248 对 所有人 说：增根像使分式无意义一样！

10.116.138.243 对 所有人 说：检验是解分式方程中必不可少的步骤。

10.116.138.224 对 所有人 说：做数学就要细心，包括在日常生活中也需要细心。

10.116.138.232 对 所有人 说：通过学习分式方程，我知道了学习数学知识是一环接一环的，如果掌握不好以前的知识，也没有办法学好以后的知识。

### 5.3.3 数学人际交互环境的设计

维果茨基认为儿童与能力强的社会其他成员的社会交互活动是促进儿童认知发展的重要因素。在数学课堂教学过程中，教师与学生是一个小型的学习共同体，教师和学生之间的良好交互关系不是自然形成的,学生和学生之间良好交互关系能否形成也取决于很多因素。教师和学生之间的交互虽然不是学习者数学学习交互的主导形式,但它通过与学生的人际交互来影响和引导学生管理自己的学习活动,促进学生自我以及学生和学生之间的良好交互的形成,进而发展他们的数学交流能力和问题解决能力。因此,下面我们将从教师的视角讨论分析如何为学习者的数学问题解决学习创设一个良好的人际交互环境。

美国的数学教育之所以如此重视数学交流,原因就在于其充分认识了数学交流在促进学生数学理解方面的重要作用。首先,通过数学交流的驱动力作用,学生可以在非正式的、直觉的观念与抽象的数学语言之间建立起联系,从而加深对数学概念的理解。对此,《原则与标准》通过许多实例给予了解释和说明。其次,数学交流可以使学生对自己的数学思想进行组织和澄清。组织和澄清的过程也是一个反思的过程,它有利于"反思、精炼、讨论和修正数学观点,也有助于理解观点的意义。"最后,数学交流可以使学生的数学思维具有可见性。在此基础上,教师通过调整、理顺、激活学生的思维,使学生间的思维差异得到补救,从而达到促进深层理解、完善认知结构的目的。同时,对他人思维策略的考察也有助于学生学会批判性的思维。也就是说,"从多种角度探讨数学思想的交谈,有助于参与者改进他们的思路并作出有机的联系。参与为自己的解答过程辩护的讨论,特别在答案不一致的情况下,学生说服持不同观点的同伴的同时,也加深了自己对数学的理解"(全美数学教师理事会,2004)。综合以上分析,我们(王光生,2008)认为实施下述具有不同层次的人际交互策略,有助于实现学生对数学知识的深层次理解。

### 5.3.3.1  激发学生自我交流,实现理解个性化

数学通过交流才得以深入和发展,只有用文字和符号表达出来,数学思想才变得清晰。数学是借助于数学符号语言与普通语言的结合才得以流传的。数学知识的解释依靠数学语言符号,学生通过理解这些数学语言符号的内涵而掌握数学知识。由于学生的数学认知结构的差异,他们对同一数学知识的理解会带上一些"个人色彩"。因此,在问题解决教学中,教师首先应激发学生"自我交流",允许不同的学生从不同的角度认识问题,以不同的方式表达问题,用不同的方法探索问题,使学生个体尽可能实现对同一知识内容的个性化理解。为此,"教师需要创设一种相互信任、相互尊重的气氛,这一气氛的取得可以通过在学生本人和同学们为他们的数学学习而承担责任时给予支持"(美国数学教师理事会,2004)。同时,教师应在学生"自我交流"阶段对学生学习进行观察,以便把对同一内容具有不同理解层次的学生分入同一个讨论小组。

### 5.3.3.2  激发学生互动交流,实现理解多样化

在学生进行了"自我交流"之后,教师应通过"异质分组"方式,组织学生互

动交流，以实现对同一知识内容的"多样化"理解。小组成员之间彼此解释各自的想法、相互理解对方的思想是非常重要的。在交流过程中，学生可以获得就所学内容发表自己看法——不仅仅是说出下一步骤或最后的结果是什么——的机会，学生还可以从中体验自己的理解过程、理解的深刻程度、有没有独到的见解、存在什么问题及其原因。这就为下一步学习与思考提供了新的问题和起点。通过交流，可以使思想清晰、思路明确、因果分明、逻辑清楚。明确表达出来的思想观点更利于检验、修正和完善。

教师对课堂讨论的指导应建立在对学生学习观察的基础上。"教师必须帮助学生理清他们的论述，把注意力集中在问题的条件及其数学意义上，并且提炼他们的思想"(美国数学教师理事会，2004)。

### 5.3.3.3 引导学生比较反思，实现理解完整化

在对知识获得"多样化"的理解之后，教师应引导学生对小组讨论结果进行全班性汇报展示，比较反思。在学生个人或小组学习后进行班级讨论有助于提高学生的数学学习效果。当课堂教学中面临一个任务时，首先应该是学生以个体或小组的形式进行问题的解决，在学生解决问题后再以班为集体的形式对该问题进行讨论，这样可以取得很好的学习效果。这项研究是在众多学者研究的基础上得出的，其中比较突出的有 Wood T 等的研究。研究认为，在单个的或小组的学生已经解决了问题之后进行全班性的讨论，将使学生分享和解释各种不同的解决方法和结果，这样会使学生掌握其他同学所运用的方法，加深学生对问题和有关概念的理解，其做法对于提高学生的学习成绩是极为有益的。研究还认为，当进行班级讨论时，教师应该让每个学生明白讨论的预期，这样的讨论会更加有效。

课堂是一个讨论各种可选择的策略和关于数学概念的不同观点的会话的共同体，学生仅仅得到答案是不够的，他们应该能够表达他们使用的策略并能解释为什么这样做。通过讨论可供选择的策略，学生不仅解释他们自己的解和他们的想法，而且他们也讨论不同学生使用的策略的共性及差异。也就是说，他们考虑不同选择的联系。这样，数学成为一种思想的语言，而不是获得答案方法的集合。教师通过创设上述不同方式的人际互动环境，促进学生实现不同层次的数学理解，最终达到"通过交流学习数学"、"学会数学地交流"的教育目的。

除了以上三个主要的方面外，还有其他一些因素也会对学生之间和师生之间的良好交互产生影响，如教室物理学习环境的设计是否有利于合作学习的开展，学生在合作学习的过程中有无良好的工具和资源的支持等。在数学学习中，虽然学生和学生之间的交互是主导性的交互形式，但学生和学生之间的交互的有效性却与教师的情境创设、任务设计、角色分工、交互规则的制定等有很大的关系，因此，在一个良好的人际交互环境的创设中，教师起着主导作用。

# 6

## 信息技术环境下基于问题解决的数学教学策略设计

第 3 章我们所建构的信息技术环境下基于问题解决的数学教学过程系统模型,指出学习者个性特征系统、学习环境系统和问题解决学习活动系统是影响学生数学问题解决认知过程的三大外部支持系统。其中,关于学习者个性特征系统对问题解决认知过程的动力支持与调节监控作用前面已有比较详细的阐述,第 5 章又就有关如何通过学习环境设计为学习者问题解决认知过程提供技术学习环境和人际互动环境支持进行了系统论述。本章我们将从问题解决学习活动系统中的两个子系统,即"教"与"学"两个子系统交互作用的视角,从数学方法论的高度探讨信息技术环境下基于问题解决的数学教学策略设计,旨在通过有效教学策略的设计,促进学生问题解决学习活动的有效展开,最终帮助学生完成问题解决认知任务,实现知识建构和能力生成。

数学问题是教学目标的反映,数学问题解决则是教学中认知操作的目标定向。因此,数学教学过程实质上是数学问题解决的认知操作过程。数学教学设计的内核就在于帮助学生成为更好的问题发现者,更有效的问题解决者,更明智的问题解决评价者。因为,数学问题能够涵盖数学知识系统,激活学生认知系统;数学问题解决能够传递教学信息、反馈教学信息、调控教学进程。由此,基于问题解决的数学教学设计无疑应以问题的设计以及问题解决的设计为中心(朱德全,2002)。值得注意的是,除问题设计和问题解决设计之外,还要重视恰当的教学方式的设计。因为在数学新课程的教学实践过程中,为什么要进行信息技术环境下基于问题解决的数学探究学习? 很显然不是所有的数学知识都可以采用同样的学习方式进行学习。究竟哪些知识适合通过接受的方式获得,哪些知识应该引导学生通过探究发现的方式习得才最有利于促进学生的学习和发展? 这些问题一直都在困扰着一线教师。对于为什么要进行探究学习我们已在前面的章节中,从数学知识观和数学观的视角,深入分析了进行数学探究学习的本体论基础和认识论基础。下面我们从数学知识类型的角度,分析哪些知识适合通过接受的方式获得,哪些知识应该引导学生通过探究发现的方式习得。

# 6.1 基于问题解决的数学教学方式设计策略

不同类型的知识，其掌握、保持、迁移等都可能有不同的规律，因此，课堂教学也应有不同的模式。在数学课堂教学过程中，如何根据不同数学知识类型的特点，设计合理的教学方式实现预期的教学目标，使学生达到最佳的学习效果，这是数学教学设计所要解决的问题。《标准》指出："动手实践、自主探究与合作交流是学生学习数学的重要方式。……数学学习活动应当是一个生动活泼的、主动的和富有个性的过程。"数学学习方式不能再是单一的、枯燥的、以被动听讲和练习为主的方式，它应该是一个充满生命力的过程。要真正实现学生数学学习方式的转变，关键还在于数学教师的正确指导和潜移默化的影响，这就要求教师首先应当把握不同类型数学知识的特点，并根据不同类型的数学知识，设计合理的教学过程，采用不同的教学策略和教学方法。那么数学知识类型如何划分，各类数学知识有何特点，如何根据不同类型数学知识的特点选择恰当的教学方式呢？我们认为我国学者莫雷在借鉴现代认知心理学知识分类理论基础上提出的知识的二维分类模式对数学教学具有重要的启示和指导作用，能够较好地解决这个问题，据此可以有效地克服数学教学的盲目性和随意性，增强数学教学的科学性。

## 6.1.1 知识的类型

"知识"是一个非常普通、常用的术语，但人们对它的理解却存在很大的分歧。知识可以根据不同的标准分类。信息加工学习理论提出的知识概念被大多数心理学家认同，对指导教学实践和教学设计有重要参考价值。现代认知心理学家安德森等从知识的心理性质的角度出发，将学生学习的书本知识分为两类，一类是陈述性知识，另一类是程序性知识。所谓陈述性知识，是指关于事实"是什么"的知识，它的基本形式是命题，许多命题相互联系形成的命题集合成为命题网络。所谓程序性知识，是指完成某项任务的一系列操作程序，它的基本形式类似于计算机"如果……那么……"的条件操作，每个程序都包括条件部分(IF……)与操作部分(THEN……)，个体掌握了这种程序性知识后，一旦认知了条件，就能产生相应的操作。

我国学者莫雷(1998)在积极借鉴、吸收现代认知派心理学家将知识分为陈述性知识与程序性知识两大类的分类模式的基础上，指出现代认知派心理学家这种分类，主要是从不同形式的知识在人的大脑中的形成、表征、储存及激活的性质及特点这个维度进行分析的，也就是说，主要是从知识形式的心理特征这个维度来进行分析的。他认为，单纯考虑这个维度是不够的，对知识的分类还应该充分注重知识内容方面的心理特征。因为任何知识都有双重意义，一是信息意义，即揭示了客体对象一定的性质、属性或规律。知识的这种信息意义是以显性的形式存在的，即以符号为载体的知识结论的形式而存在着。例如，球的体积公式 $V=\dfrac{4}{3}\pi R^3$ 就一目了然地从符号层面上给出了 $V$、$R$ 二者的关系这个信息。二是智能意义，即知识在给出信息意义的同时，以隐性的形式蕴涵了形成该知识的人类智力活动，即从符号(包括文字)层面上不能直接认识到智能意义，而需要教师挖掘或引导学生挖掘隐含在该知识中的智能意义。这里的"智力活动"一方面指当初在知识的发现、发明或构建过程中创立者所进行的智力活动；另一方面指学习者在获得该知识的过程中，为了更好地理解运用知识和发展智力所需要的智力活动。例如，关于球的体积公式，人们当初是怎样研究得出这个结论的，从 $V=\dfrac{4}{3}\pi R^3$ 的表达中是看不出的。欲知道人们当初所进行的智力活动，需要人们去发掘。学习者在学习 $V=\dfrac{4}{3}\pi R^3$ 的过程中，如果仅仅是不求甚解地记住它，也无需学习者的复杂智力活动。但是如果不仅满足于记住它，还想进一步发展智力，则需要学习者付出与创立者类似的智力活动。

　　学生学习的书本知识所蕴涵的智力活动的性质不同，个体获得知识所要进行的信息加工活动方式也不同。莫雷认为人有两类学习机制，一类是联结性学习机制，另一类是运算性学习机制。联结性学习机制是指个体将同时出现在工作记忆的若干客体的激活点联系起来而获得经验的心理机制，运算性学习机制是指有机体进行复杂的认知操作(即运算)而获得经验的心理机制。根据学习者获得知识的过程中所需要的智力活动方式及复杂程度，莫雷又将知识分为联结性知识和运算性知识。有的知识可以运用联结性学习机制来获得，这类知识称为联结性知识；有的知识需要运用运算性学习机制来获得，这类知识称为运算性知识。就联结性知识来看，个体获得这类知识时只是经过联结活动而不是经过复杂的认知操作活动，这类知识在智能方面只是蕴涵了联结活动，并没有蕴涵认知操作或运算，因此，它主要是具有信息意义。就运算性知识来看，个体获得形成这类知识时需要经过复杂的认知操作活动，它凝聚了人类的复杂的认知操作活动或智力活动。因此，运算性知识对于人类个体来说，则既有信息意义，又有智能意义。并根据这个思路，莫雷和朱晓斌(1999)提出对知识分类的"陈述—程序"与"联结—运算"两维分类模式(表 6.1)，并将知识分为以下四种类型：

表 6.1　知识二维分类模式

|  | 联结性知识 | 运算性知识 |
| --- | --- | --- |
| 陈述性知识 | 联结—陈述性知识 | 运算—陈述性知识 |
| 程序性知识 | 联结—程序性知识 | 运算—程序性知识 |

陈述性知识(或称命题)可以分为联结与运算两种类型，在人类的知识宝库中，有的命题只是表述了某些存在的事实，或者某些规定等，它们的获得不需要经过复杂的认知操作活动，这些命题主要是具有信息意义，可以称为"联结—陈述性知识"或"联结性命题"。例如，"两组对边分别平行的四边形叫做平行四边形"、"勾股定理又叫毕达哥拉斯定理"等这些命题，就是联结性命题。而有些命题表述了事物普遍的规律或者逻辑必然性的东西，这类命题的获得则要经过复杂的认知操作活动，它们既有信息意义，又有智能意义，可以称为"运算—陈述性知识"或"运算性命题"。例如，"三角形的内角和等于180°"就是运算性命题。同样，程序性知识也可以分为"联结—程序性知识"(或称"联结性程序")与"运算—程序性知识"(或称"运算性程序")。前者是不需要经过复杂的认知操作活动而获得的，只有信息意义的程序，如书写汉字的笔画程序，"先上后下，先左后右，先中间后两边，从内到外，先里头后封口"，这种程序只是给予人们如何书写汉字的信息，只有一定的信息意义，可称为"联结—程序性知识"。而运算—程序性知识的获得，则需要经过复杂的认知操作活动，这类知识也是表述了普遍规律或者逻辑必然性的东西，它们不仅有信息意义，而且也有智能意义。例如，计算"1+2+3+4+5+…+100=?"之类等差数列之和，计算公式是"(首项+末项)×项数÷2"，即首项加末项之和乘以项数再除以2，这是完成这类计算题的计算程序，然而，这个计算公式或程序的得出却需要经过分析、综合、推理等运算活动，个体要领会这个计算程序，就必须进行上述运算，因此，这项程序性知识既有一定的信息意义，也有一定的智能意义，可称为运算—程序性知识。

## 6.1.2　数学知识的类型

数学与其他学科相比之所以使相当一些学生感到困难，正是由于数学的抽象性和严谨性与学生的认知能力和心理特征存在着矛盾。如何恰当地处理这种矛盾，正是教师创造性地进行教学设计的关键之所在，而合理地进行数学教学设计的前提条件则是正确区分和把握数学知识的类型和特点。上面介绍的认知心理学知识分类理论，把学生学习的书本知识区分为陈述性知识和程序性知识，有利于人们从整体上把握知识(狭义的)与技能的内在统一性，即使学生在掌握知识的过程中发展技能，在技能的习得过程中理解知识；有利于人们理解不同类型知识的不同表征形式和相应的加工策略，促进学生对知识的理解、保持和提取；有利于人们从动态的角度理解知识的学习过程，即陈述性知识向程序性知识的转化，更好地把握学生获取知识的不同阶段(喻平，2000)。但是，在实际的数学教学过程中，同样都是以命题或命题网络表征的不同的数学陈述性知识，或者同样都是以产生式或产生式系统表征的不同的数学程序性知识，其中所蕴涵的智力活动的性质并不相同，这也就意味着个体获得相同知识类型所要进行的信息加工活动方式也应该不同。例如，"两组对边分别平行的四边形叫做平行四边形"和"多边形外角和等于 360°"同样都是陈述性知识，但显然二者获得过程所蕴涵的智力活动的性质并不相同，前者主要具有信息意义，后者不仅具有信息意义，而且具有智能意义。因此，对于数学知识的分类来说，上述所介绍的莫雷的二维知识分类理论更具有直接的指导意义，更有利于教师根据不同类型的数学知识采用不同的教学方式。为此，我们将数学知识分为联结—陈述性数学知识、联结—程序性数学知识、运算—陈述性数学知识和运算—程序性数学知识。各类数学知识的特点以上已有所涉及，在此就不再赘述。总体来说，联结类数学知识主要具有信息意义，宜采用有意义接受学习的方式学习；而运算类数学知识则适合以探究学习的方式进行。

### 6.1.3　根据数学知识类型的特点进行教学设计

　　教学设计主要是运用系统方法，将学习理论与教学理论的原理转换成对教学目标、教学内容、教学方法和教学策略、教学评价等环节进行具体计划、创设教与学的系统"过程"或"程序"，而创设教与学系统的根本目的是促进学习者的学习(何克抗等，2002)。因此，教师进行教学设计时，首先必须对他所教的知识类型加以鉴别，即确定所教的是哪类知识，使设计与教学更具针对性和有效性。下面就数学知识类型的特点简述教学设计的基本要求。

#### 6.1.3.1　根据联结—陈述性数学知识的特点进行教学设计

　　对于联结—陈述性数学知识的教学，其主要教学目标应是使学生高质量地获得以命题形式表征的知识结论，实现知识的信息意义，学习者的学习目标是达到记忆或理解的层次，在获得知识的过程中智力活动方式相对简单，主要为联结活动。例如，形成"两组对边分别平行的四边形是平行四边形"这个命题(即获得这个经验)，只需要在工作记忆中将几个词的节点(假定个体过去已形成了这些节点)联结起来即通过联结学习就可以实现，没必要也不可能进行思维运算，宜采用有意义接受学习的方式获得。因此，对此类知识的教学应着重考虑的问题是：如何使学生清晰地辨别出所要建立联结的各个激活点的模式，如何在一个最佳的知识背景中形成所要形成的联结，如何将已形成的联结(知识)组织进原有的知识结构中。例如，上述平行四边形概念最终应该纳入到四边形概念体系中，引导帮助学生形成完整的认知结构。

#### 6.1.3.2　根据联结—程序性数学知识的特点进行教学设计

　　而对于联结—程序性数学知识的教学，其主要教学目标应该是使学生熟练地掌握进行某项活动的一系列操作，也是实现知识的信息意义，学习者的学习目标是运用和综合，形成对外办事的能力，如尺规作图、几何画板操作、图形计算器的使用、多媒体课件的操作等。在教学中着重考虑的问题是：如何使学生清晰完整地将整个程序的各个操作步骤联结起来,如何使学生能正确地在相应的任务情境中进行这一系列操作以实现目标,如何使学生整个程序的进行成为自动化,如何使学生将这个已形成的操作程序组织进原有的知识结构中去。

### 6.1.3.3 根据运算—陈述性数学知识的特点进行教学设计

运算—陈述性数学知识的获得则要求运用运算性学习的机制来进行命题的学习。例如,学习"能被 2 整除的自然数叫做偶数"、"三角形内角和等于 180 度"等命题,个体应该通过进行这些命题所蕴涵的复杂认知操作(推理活动)而获得这些命题,从而获得这些知识的信息意义与智能意义。教学的基本目标是,使学生获得知识结论,即形成命题及将所获得的知识组织到一定的结构中去。教学的基本要求是为学生提供刺激信息,激活学生原有知识,促进新、旧知识的相互作用,使新知识进入学生原有的认知结构,理解新知识。例如,上面所举的"偶数"概念最终纳入到"整除"概念系统中,而"三角形内角和定理"则可以与平行线的性质建立联系。

### 6.1.3.4 根据运算—程序性数学知识的特点进行教学设计

联结—程序性数学知识与运算—程序性数学知识虽然都是个人具有的有关"怎么办"或"如何做"的操作性知识,但二者在获得的过程中需要的活动方式以及复杂程度不同。前者只需要运用联结性学习机制来进行程序性知识的学习,而后者则要求运用运算性学习机制来进行。显然尺规作图、几何画板操作技能的学习与怎样解方程、怎样利用一元二次方程的求根公式解题的学习是不同的。对于运算—程序性知识的教学设计,我们应根据运算—程序性知识的这些特点,采取相应的设计策略。首先是教学目标的设计,应是考查学生应用概念和规则办事的能力。检验学生这种能力的行为指标,不是他们能告诉我们学到了什么,而是在面对各种情境时,必须应用学过的概念与规则顺利地进行运算和操作。只有看到学生顺利地运用概念或按规则办事,我们才能认可他掌握了程序问题。其次是不仅应使学生获得这个程序性知识结论,即通过大致重复前人获得这个程序的思维操作活动而掌握这个程序并使之熟练化,实现知识的信息意义,而且要引导学生通过该知识所蕴涵的智力活动获得知识的智能意义,即领悟到蕴涵在这个操作程序背后的思想方法和认知策略。例如,解方程,不仅要使学生学会解方程的步骤,而且更重要的是要让学生通过解方程的智力操作活动,领悟解方程的思想方法和利用方程思想解决实际问题的意义,进而将所获得的智慧技能和认知策略迁移到其他知识领域(如解不等式)的学习中去。为此,就必须引导学生进行探究学习,通过创设实际问题情境,让学生经历从实际问题中抽象出方程模型、方程求解、解释、应用和拓展的过程,充分体验数学与生活的密切联系,感受数学的价值,提高学生学习数学的兴趣和进一步学好数学的信心。

# 6.2　数学教学问题设计策略

随着学生学习方式和教师教学方式的改变，信息技术的介入，设计教学问题的目的、功能、评价也将改变。

从教育心理学角度讲，学生的学习方式可以大致分为接受和发现两种。在接受学习中，学习内容是以定论的形式直接呈现出来的，学生是知识的接受者。在发现学习中，学习内容是以问题形式间接呈现出来的，学生是知识的发现者。两种学习方式都有其存在的价值，彼此是相辅相成的关系。但是传统学习方式过分强调接受和掌握，忽略了发现和探究，学生学习成了纯粹被动地接受、记忆的过程。这种学习压抑了学生的兴趣和热情，影响了学生思维和智力的发展。新课程改革就是要改变这种学习方式，把学习过程中的发现、探究、研究等认识活动凸显出来，使学习过程更多地成为学生发现问题、提出问题、解决问题的过程。让学生通过发现、探究和研究获得更多的学习体验和能力。

教学问题的设计不应该仅仅具有传统意义上的功能，即仅仅帮助学生产生短暂的学习兴趣，帮助学生接受知识、建构知识；也不仅仅是启发学生思维，帮助教师评价学生和反馈教学。它应该借助信息技术使得通过信息的呈现，帮助问题情境的设计和对问题本质的理解；帮助信息的提取、加工，产生新的问题意识；通过问题设计让学生学会发现问题和探索问题，成为师生共同对知识的发现、理解、研究、创造的重要途径和形式。问题设计应该为养成每一个学生良好的学科素养，促进身心发展，培养他们终身学习的愿望以及创新精神和实践能力提供更好的帮助。

## 6.2.1　问题类型连续体理论

### 6.2.1.1　问题类型连续体理论的源起

20世纪80年代以来，美国各种以"问题为中心"的教学改革风起云涌，倡导"提出一个问题比解决一个问题更重要"。"多元智能"理论的提出者霍华德·加德纳认为：智能就是解决问题和制造产品的能力，能在复杂情境中解决复杂问题的人是具有最高智能的人。"问题连续体理论"是美国亚利桑那州州立大学的 J.Maker 教授提出的。依据梅克(Maker)和斯克维(Schiever)的问题连续体理论(1991)，通过解决该问题所需的创造性的程度来划分等级，即从教师和学生两方面，就问题本身、解决问题的方法、答案这三个维度的已知或未知状况，或从问题、方法、答案是唯一的、系列的还是开放的这些不同层次，把问题分为五个类型(表 6.2)。斯克维在前人的基础上首先把问题分为三类。后来，亚利桑那州州立大学的梅克等基于他们对多元智能的研究，又增加了两类问题，构成了问题"连续体"，被称为"梅克-

斯克维的问题类型连续体"或"Discover 问题连续体矩阵"。

表 6.2    问题的基本类型

| | 问　题 | | 方　法 | | 答　案 | |
|---|---|---|---|---|---|---|
| | 教师 | 学生 | 教师 | 学生 | 教师 | 学生 |
| 一类问题 | 已知 | 已知 | 已知 | 已知 | 已知 | 未知 |
| 二类问题 | 已知 | 已知 | 已知 | 未知 | 已知 | 未知 |
| 三类问题 | 已知 | 已知 | 系列 | 未知 | 系列 | 未知 |
| 四类问题 | 已知 | 已知 | 开放 | 未知 | 开放 | 未知 |
| 五类问题 | 未知 | 未知 | 未知 | 未知 | 未知 | 未知 |

### 6.2.1.2    问题类型连续体理论简介

"问题连续体"是一种问题分类体系，它可以作为设计测验、开发课程的工具，也可以作为"问题解决"教学中设计各类"问题"的工具。"问题解决"教学是不同于"传递—接受"传统教学的一种教学模式，从 20 世纪 80 年代数学家波利亚创导至今，"问题解决"教学已经成为各国各科教学改革的一个重要策略。在西方，"问题解决"教学更多地用于发展学生探索、创新、实践等能力。实际上，它也可以用于帮助学生掌握传统教育所重视的"双基"。"问题解决"教学是以"问题"为导向的，就需要一个具有全面功能的"问题"体系，作为操作工具来设计教学中的多类型"问题"。梅克的"问题连续体"就是在这种理念的基础之上提出来的，即把问题按解决它所需的创造性的程度，随着问题结构性的递减来划分等级。从教师和学生两方面，就问题本身、解决问题的方法、问题的结论这三个维度的已知或未知状况，或从问题的答案是唯一的、系列的还是开放的这些不同层次，构成问题连续体矩阵。

类型 1：师生知道该问题及其解法，但问题的正确答案只是教师知道，对学生来讲是未知的。问题、方法和答案各只有一个。

类型 2：问题已为师生所知，但问题的解法及其答案只有教师知道，问题、方法、答案也各只有一个。

类型 3：问题为师生所知，有一系列方法可以解决，且有一系列的答案或结论，解决方法及答案对学生来说是未知的。这种问题，有不止一个正确的或被认可的答案。

类型 4：有一个定义清楚的问题，且为师生所知，但方法和答案师生都还不知道。这种开放式的问题可有多种方法解决，并可有无数个答案或结论。

类型 5：对于问题的提出者和解决者而言，问题、方法和解答都是未知的。这类问题的一个例子是，学完百分数，要求学生观察与思考现实生活中哪里用到百分数，自行提出有关问题并加以解决。在这类问题的解决情景中，在解决问题之前，问题的解决者必须自己先定义问题。这种类型问题的解决，允许个人发挥最大限度的创造性，也要求个体具有"发现"或"定义问题的能力"。

从问题类型的发展过程中，学习的性质由教师主导向学生自主过渡。这五种问题类型连续体从结构完善、问题封闭、因素单一、答案求同到结构不良、问题开放、因素综合、答案求异。反映了教与学从书本到实践、从双基学习到发展创造力、从学科领域到真实生活、从接受学习到研究性学习的连续性，并共同构成有机统一的整体。

### 6.2.1.3 如何在教学设计中应用问题类型连续体理论

在教学中有效地应用"问题连续体理论"必须了解各类问题的性质和要求。第一种类型的问题，基本是事实水平的问题，通常是以了解某个别范例的事实为目标。要求学生对事实在进行感知的基础上解决问题。第二种类型的问题，仍然是事实水平的问题，但需进行必要的推理等思维活动方能解决问题。第三种类型的问题，是以形成概念、掌握规律或原理为目标。注意引导学生从个别扩展到"类"，再从"类"把握其背后的规律。学生不仅需要完成抽象概括的过程，还要完成从系统化到具体化的过程。第四类问题是运用所掌握的概念、规律或原理，把握该"范例"的上位主题，以解决主题范围内的定向问题为目的。引导学生发散思维，主动参与，互动合作，解决问题。第五类问题是在主题范围内自行发现与主题相关的综合性问题，自行提出解决方案，解决问题。要求学生不仅提高解决真实问题的能力和创造性，同时要完善对人、对世界的态度、情感和价值观。

从问题的结构看：第一类问题是完全封闭和收敛的，而第五类问题是完全开放和综合的，所有的问题都处于这两个极端之间，呈现出"系列的、连续的"状态，而不是相互隔绝、彼此独立的！

从解决问题的方法看：第一类问题仅有一种方法，而第五类问题有无限种方法，在这两个极端之间，解决问题的方法从一种到多种，再到无限种，呈现出多样性和开放性。

从问题的结论看：第一类问题有着单一正确的结论，第五类问题通常是非常开放的，以至于也许有无数个可能的结论或根本就没有正确的结论，具有高度的主观性。对问题连续体来说，解决问题的结论也从一元到多元呈现出多样性与开放性。

教学中我们应该以教学目标为导向，以问题解决为中心，以"问题体系"为基本教学策略，通过揭示目标、依据目标进行问题解决、检测目标，一步一步去引导学生掌握知识、发展能力和增强创新意识。目标是指一节课要达到的教学目标。问题解决中的问题是依据教学目标和教材的特点、重点、难点来设计的。问题连续体中的五个层次问题都尽量涉及，以便在教学过程中实现传授知识和发展能力的统一。"问题解决"的过程是"提出问题、探究问题、解决问题、提出新的问题"。在这个过程中，提出问题是第一步。教师通过创设问题情境，培养学生的问题意识和提出问题的能力。"探究问题"强调学生的积极参与，通过学生自主探索和合作学习，运用多种策略来解决问题。这是一个总体的模式，各个学科的教师应根据自己学科的特点灵活运用。我们对一些老师进行了访谈，普遍认为：应重视第一、二类问题，强调第三、四类问题，第五类问题能提就提，不刻意编造(邢少颖，张淑娟，2006)。

　　数学问题从它的形成和来源来看，种类繁多，十分庞杂。在教学中，通过问题解决(包含解习题)，让学生主动学习隐藏在问题背后的方法和知识，则是学生亲身体验和感受探索的主要方式。通常一个数学问题的构成要素有：问题情境、题设条件、解题依据、解题策略、问题结论等。这些要素有多少知道，知道的情况如何，从而分成不同类型，有利于更好地利用不同类型数学问题的特点进行教学。

　　这五种类型的问题从结构完善、答案求同、指向书本到结构不良、答案求异、指向现实，体现出一种有序性和渐进性，以此作为数学课堂教学问题设计的框架，可以便捷地将一些现成的问题进行改造，具有很强的可操作性；这一理论将提出问题(类型五)也纳入到了问题解决的范畴，并将独立地发现问题、分析问题和解决问题视为能力培养的最高层次，符合时代对培养具有创造性和实践能力的人的要求(顿继安，2002)。

### 6.2.2　数学教学问题设计策略

　　"问题类型连续体"理论虽然为课堂教学问题设计提供了框架，但要提出"有水平"的问题来，仅凭经验和随机发挥还是不够的。一些专家、学者的研究成果在增加教学问题设计的可操作方面起到了重要作用。

#### 6.2.2.1　"五何"问题设计策略

　　"五何"问题设计策略是由我国教育技术专家祝智庭教授和闫寒冰(2005)博士根据国际上著名的 4MAT 教学模式提出的 一种问题设计策略。

　　由何：问题是从哪里来的？针对"由何"的设计往往产生的并不是真正的问题，而是任务的布置或情境的导入。教师可以为学生模拟一个情境，也可以还原到问题产生的初始情境。

　　是何：即 What,学生要回答这类问题，需要完成事实性知识的回忆与再现，或者通过说明、解说、转述、推断来阐明某种意义。

　　为何：即 Why,学生要回答这类问题，需要弄清事物之间，以及事物各部分之间的相互关系及其构成方式，以便对事件、行为和观点等进行恰当准确的解释和推理。

　　如何：即 How,学生要回答这类问题，必须具备将知识应用于具体情境的能力，或者了解有利于应用能力培养的原理、概念和理论。

若何：即 If…then，要求学生推断或想象如果事物或情境的某种属性发生变化，结果会怎样。此类问题是创新和发现问题的启动机。学生要回答这类问题，必须善于对事物的多种属性进行判断，充分发挥自己的洞察力与深入能力，发挥想象力和创造力。

对于数学问题而言，"由何"设计往往涉及的是情境设计，而非问题设计，在实际的课堂教学过程中，"由何"对应上述第五类问题，一般由第五类问题创设问题情境，激发学生的认知冲突和求知欲望。而"是何"、"为何"、"如何"、"若何"几个方面所涉及的思维能力是有层次的，这个层次是逐渐提升的。"是何"、"为何"对应上述收敛的、封闭的第一、二类问题，"如何"、"若何"对应开放的、探究的第三、四类问题。需要指出的是，其中的"若何"问题的可贵之处，是给了学习者转换情境灵活应用知识的机会。

下面以"数怎么又不够用了"单元的问题设计过程为例，以"五何"问题设计策略介绍上述五类问题的设计过程(王光生，2006)。

在七年级上册，学生已经经历了第一次数系的扩张，对数的了解扩充到了有理数范围，本节课是在学习勾股定理的基础上，进行数系的第二次扩充，它是七年级上册"数怎么不够用了"的延续，同时也是后继内容学习(如一元二次方程、函数)的基础。

首先，我们可以通过"由何"的提示为学生研究利用勾股定理进行数系的扩充设置一个合理的吸引学生的问题导入情境，采用教师创设问题情景—学生自主探索建立模型—解释和拓展的教学模式，通过拼图实验和计算机或计算器探索实验活动，使学生经历"做数学"的过程，切身感受概念引入的必要性。这一过程与历史上无理数发现的过程是一致的，也符合学生的认知规律，让学生体会到抽象的数学概念在现实生活中有其实际背景。接下来，通过"是何"、"为何"、"如何"等问题的引导，使学生真实体会到了面积为2的正方形的边长不能用有理数来表示，但它确实存在，切身感受到有理数不够用了。实数概念的建立，从某种意义上讲就是无理数概念的建立，这一直是教学中的难点。因此，对于无理数概念的引入，突出其产生的实际背景，让学生经历无理数发现的过程，通过学生的剪拼实验，感知生活中确实存在不同于有理数的数，产生探求的欲望，让学生进行数学思考与探索，进一步发展学生的抽象思维水平。最后，"若何"的问题，将学生本人替换成问题设计者和解决者，鼓励学生根据已经构造出来的无理数通过拼图实验和计算机或计算器探索实验活动构造更多的无理数，进一步体验数系的产生与发展过程。

由何的问题：小学里，我们学的数是指正数和零，但后来发现这些数不能满足生活需要了。为了表示相反意义的量，我们引入了负数，这时数的范围扩张到了有理数，有理数范围能完全满足我们的生活需要吗？下面就请同学们通过实验探索活动来回答这个问题。你喜欢剪纸吗？你能否将两个边长为1的小正方形，通过剪一剪、拼一拼得到一个大的正方形？与同桌合作完成，比一比，哪桌的方法最多？

设计意图：在七年级上册的"数怎么不够用了"中，学生已经经历了一次数系的扩张，在这里，选择新、旧知识的切入点，创设问题情境，激发学生的探索欲望，并在动手操作实验和展示结果的过程中，增强学生的感性认识，培养合作精神，从中体验成功的喜悦。

是何的问题：所拼成的大正方形的面积是多少？设大正方形的边长为 $a$，则所拼成的大正方形的面积可以怎么表示？

设计意图：为学生进一步探索明确学习目标，提供学习支架。

为何的问题：我们已经知道有理数包括整数和分数，那么 $a$ 可能是整数吗，可能是分数吗，为什么？请大家分组实验后派代表回答。

设计意图：考虑到本节课的特点和随着学生年龄的增长，他们的思维水平也在不断提高，为此提出有趣而富有数学意义的问题"可能是整数吗，可能是分数吗？"引导学生进行数学实验与探索，发展抽象思维能力。在探索了以上问题的基础上，学生真实体会到了面积为 2 的正方形的边长不能用有理数来表示，但它确实存在，切身感受到有理数不够用了。

如何的问题：在等式 $a^2=2$ 中，$a$ 不是有理数，那么 $a$ 会是多少呢，你能否估算出 $a$ 的范围呢？大胆地猜一猜!并利用计算机或计算器验证你的猜想!

设计意图：在利用计算机或计算器探索 $a$ 所取的值的过程中，渗透逐步逼近的数学思想和逼近过程的多样化(①取平均数；②逐步确定十分位、百分位、千分位…；③结合估算)，培养学生的数感，即随着小数点位数的增加，这个数的平方与 2 越来越接近，但它又不可能刚好是 2，这里也充分体现了信息技术不仅可以作为教师教学的有效工具，而且更可以作为学生自主探索、合作交流的认知工具和情感激励工具。

若何的问题：通过上面的实验与探索说明我们的现实生活中确实需要这样不是有理数的数，我们现有的数真的又不够用了，那么这样的数有多少个，你能否通过拼图实验和计算机或计算器探索实验活动构造更多的无理数？

设计意图："若何"的问题，将学生本人替换成问题编拟、设计和解决者，对于此问题的回答将有效地促进知识迁移，是真正意义上的"举一反三"。

"五何"为单元问题的设计提供了具有可操作性的思维方向。这些单元问题的提出，使得整个单元的框架看起来更有趣、更吸引人，也更能激励学生的思考了。

### 6.2.2.2 "what-if-not" 问题设计策略

这是由美国学者 S.布朗与 M.沃尔特在其合作的一部专著《提出问题的艺术》中所给出的一种策略。具体地说，布朗与沃尔特提出，以下的一些法则被看成是提出问题的一般性策略(郑毓信，2006)。

第一，确定出发点，这可以是已知的命题、问题或概念等。

第二，对所确定的对象进行分析，列举出它的各个"属性"。

第三，就所列举的每一"属性"进行思考："如果这一'属性'不是这样的话，那它可能是什么？"

第四，依据上述对于各种可能性的分析提出新的问题。

第五，对所提出的新问题进行选择。

由于上述第三步可以被看成这一策略的核心所在，即就对象的各个"属性"具体地去考虑："如果不是这样的话，那又可能是什么？"因此，这一方法就被称为"否定假设法"。例如，对于方程 $x^2 + y^2 = z^2$，运用"what-if-not"策略来设计问题可以分为两步：第一，列出特征。它是直角三角形、它有三个边、它与面积有关、它是一个等式，3、4、5 是方程的解等；第二，否定假设。"如果不是直角三角形，那结论还成立？""如果不是三条边，而是三条以上，那么结论还成立吗？""如果不是 3、4、5，还有哪些数值使方程 $x^2 + y^2 = z^2$ 成立？""如果不是面积，而是体积或其他，那么又可能是什么？""如果不是等式，而是不等式，那又可能是什么？"等。

一般地说，作为问题的可能类型，《提出问题的艺术》中给出了如下的"问题表"。

**问 题 表**

这是否是一个公式？

这个公式有什么用？

这一公式何时为真，何时为假？

它的最大值是什么？

它的最小值是什么？

解答的范围是什么？

其中是否存在某种模式？

是否有反例存在？

能否对此加以推广？

这是否存在？

这是否有解？

你能否求得解答？

能否对其中的信息加以压缩？

你能否制成一个表？

你能否对此进行证明？

它是否为常数？

其中何者为常数，何者为变数？

它是否依赖于某个变量？

是否存在极端的情况？

它的范围是什么？

是否存在某种统一的结论？

这是否相关？

我们是否不自觉地加上了某种限制？

什么时候这是相关的？

它揭示了什么？

在发现"毛病"时应当如何去进行补救？

如何从几何的角度去进行分析？

如何从代数的角度去进行分析？

如何从分析的角度去进行研究？

其中包含什么样的共同点？

为了证明它，应当做什么？

其中的关键是什么？

其中关键性的制约条件是什么？

通过考察具体的数据能得到什么启示？

它与其他公式(问题等)有什么联系？

### 6.2.2.3　概念图问题设计策略

概念图问题设计策略使用概念图来表征概念的组织。概念图就是用概念把词语和命题连接起来以表达概念之间的联系的网络图。例如，三角形和等腰的概念连接在一起就可以组成一个简单的命题，即"三角形是等腰的"。一个概念图的建构不仅能促进学生对概念以及概念之间的联系理解得更加透彻，而且有助于学生产生新的问题，提高他们的创造性思维。就等腰三角形这个概念来说，我们可能会把直角三角形、勾股定理、对称等概念联想在一张概念图上。通过这些概念之间的联想，我们可以设计如图 6.1 所示的问题。

图 6.1　MnidMap 软件制作的等腰三角形概念图

### 6.2.2.4　类比问题设计策略

类比是利用对象与对象之间的某些相同或相似的性质进行推理的一种思维形

式。正是由于这种相似性，使得类比成为发现新问题的一个重要源泉。例如，学习分式时，可与以前学过的分数形成类比；学习四边形时，可类比想到三角形的一些性质和定理；学习立体几何或解析几何时，可类比想到平面几何的一些性质等。此外，不仅可以引导学生在一些知识的形式结构和数学方法上类比，还可以进行诸如低维与高维的类比、数与形的类比、有限与无限的类比、离散与连续的类比等。通过类比来设计问题，不仅可使学生温故知新，而且可以帮助学生更好地理解、记忆和应用知识。

### 6.2.2.5　特殊化与一般化问题设计策略

波利亚说："特殊化与一般化，不仅是问题解决的重要方法，而且也是提出新问题的来源。"特殊化有助于发现一般化规律，而一般化也总是寓于特殊化之中，它们是相互依赖、相互补充的。

例如，可以利用一般化与特殊化问题设计策略引导学生探究正弦定理的由来及其与余弦定理的关系(图 6.2)。任意三角形 $ABC$ 中的基本边角关系由余弦定理 $(c^2=a^2+b^2-2ab\cos C)$ 和正弦定理 $\left(\dfrac{a}{\sin A}=\dfrac{b}{\sin B}=\dfrac{c}{\sin C}=2R\right)$ 等给出。余弦定理与勾股定理的形式十分相似，不难看出，前者就是后者在任意三角形中的推广。因此，推导余弦定理时只需作出三角形 $ABC$ 的高，利用勾股定理极易证得。教学时可以引导学生思考：既然正弦定理和余弦定理同样是描述三角形基本边角关系的，余弦定理是直角三角形中勾股定理的推广，那么正弦定理是否和余弦定理相似，同样是直角三角形中某种关系的反映呢？不难看出，当 $\le C=90°$ 时，余弦定理即退化为勾股定理，在同样条件下显然有 $\sin C=1$，$c=2R$，变形即得 $\dfrac{a}{c}=\sin A$，$\dfrac{b}{c}=\sin B$。这不就是锐角正弦的定义吗？原来，正弦定理只不过是直角三角形中锐角正弦的规定在任意三角形中的推广。难怪推导正弦定理时，只需作出外接圆的直径，转化为直角三角

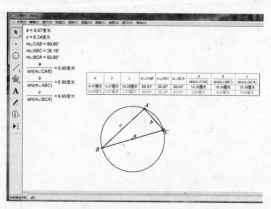

图 6.2　几何画板模拟正弦定理的形成与验证过程

形中的问题去处理便迎刃而解了!

还可以由两个定理在本质上的相似性—— 同是刻画三角形中边与角之间的内在联系,进一步引导学生深入探索:在这两个定理之间有没有关系?如果有,又该是什么关系?这时教师完全可以引导学生去大胆猜想,肯定有关系,而且很可能是等价关系。此后师生便可共同用演绎推理的方法去证实上述猜想。当最终肯定了上述猜想的正确性时,学生们体会到"探索与发现"的喜悦,也感受到一种"美的享受"!

### 6.2.2.6　PPM 策略

Contreras(2003)提出了 PPM(problem posed model)教学模式(图 6.3),教师可以通过例题来讲授提出问题的一般模式,激发学生提出问题。

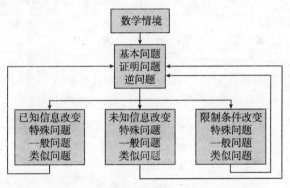

图 6.3　PPM 教学模式

对于一个给定的数学问题,它含有已知的信息、未知的信息和一些内在的和外在的限制条件,通过改变问题信息的种类和考虑证明问题、逆问题、特殊例子、一般例子和类似例子可以提出许多新的问题。根据这种提出问题模式,学生可以充分发挥其创造潜能,提出各种新颖的、非常规的问题。

### 6.2.2.7　在基于问题解决的教学过程中引导学生提出问题的策略

(1) 在解决问题前提出问题:可以先由教师(或学生)设置一个开放的问题情境,让学生(个人或小组)提出问题,然后由其他同学(或每个小组抽一个代表)评价其提出的问题,即问题是否有解、复杂性程度如何以及是否具有独创性,然后教师再引导全班同学互动交流,选出那些学生们认为好的问题,再让学生以小组形式或大家共同解决问题。

(2) 在解决问题中提出问题:教师要启发学生,在看到问题后不要急于下手,先要认真和仔细地理解问题和分析问题,如有哪些已知条件,要求的结论是什么,有可用的方法来达到目标吗?要解答这个问题,应该按照怎样的先后顺序来进行,能不能从整体的角度来思考这个问题,有没有更好的解决问题的方法?等等,通过不断地提出问题和解答问题，最终达到问题的解决。

(3) 在解决问题后提出问题：教师的任务就是要引导学生对问题进行新一轮的探究，能够做到"以终为始"，要求学生能够学会掌握和使用"what-if-not"、"特殊化与一般化"等策略提出问题，不断对问题进行深层挖掘，使学生对问题的理解不断上升，最终达到一个新的高度。

### 6.2.3　数学教学问题设计的评价

建构主义认为，学习不简单地是知识由外到内的转移和传递，而是学习者主动地建构自己的知识经验的过程，即通过新经验与原有的知识经验的反复的、双向的相互作用，来充实、丰富和改造自己的知识经验。与行为主义所不同的是，建构主义更强调意义的生成，强调学习者通过与外部信息的相互作用而生成理解、发展智能，建构自己的"经验现实"。

由此可以看出，学习不是知识经验由外向内的"输入"，而是学习者的经验体系在一定环境中自内而外的"生长"。这也正是新、旧教学观念和模式的最根本的区别。我们应该在教学中体现出一系列具体的变化，即从"教师中心"到"教师主导、学生主体"，从关注外部信息序列(教材内容)的组织设计到关注学习过程中的交互活动设计，从关注初级的知识获得(表层性的知识理解和记忆、简单化的问题解决)到关注高级的知识获得(深层理解、高级思维、实际问题解决)，从关注知识技能的记忆保持到关注学习在不同情境中广泛灵活的迁移，从关注以学科知识为中心的学习到关注以问题为中心的学习，从关注外部管理到关注学习者的自我引导式学习、自我调节性学习，等等。

课堂教学问题设计技能的评价，首先，必须与课堂教学的改革目标统一起来；其次，这个教学评价不是终结性的，应该是诊断性的、形成性的，不但要对课堂问题设计的价值作出判断，而且要对问题设计的"增值"途径提出建议；第三，应有共同关注的焦点，这个焦点就是课堂上学生的状态。任何教学效果都必须通过控制学生的状态才能实现，而不是教师教学行为的直接结果。应该更多地关注学生的体验，关注学生的参与，关注学生思维的过程，关注学生对知识的理解和能力的迁移，关注学生学习能力的获得。

"好"问题的标准(郑毓信，2006)是什么，究竟什么是所说的"好的、有价值的问题"呢？从教育的角度看，对于相应的标准可以大致归结如下。

(1) 具有较强的探究性，如波利亚所指出的："我们这里所指的问题，不仅是寻常的，它们还要求人们具有某种程度的独立见解、判断力、能动性和创造精神。"

当然，这里所说的"探究性"又应是与学生实际水平相适应的，一个好的问题尽管有一定的难度，但对于大多数学生来说这又并非是"高不可及的"。

(2) 具有一定的启示意义，即好的问题应当有利于学生掌握相关的数学知识和思想方法。

　　显然，按照这一标准，我们在教学中就应明确反对各种所谓的"怪题"、"难题"，包括在课堂上提出一些十分"做作"的问题，以及花费很大的精力去求解那些需要用到某些并不具有普遍意义的怪招的问题，等等。

　　(3) 具有多种不同的解法，甚至多种可能的解答。更为一般地说，一个好的问题应当具有较大的"开放性"，而又正如人们所已普遍认识到了的，这对培养学生的创新精神是十分有益的。

　　(4) 具有一定的发展余地，即好的问题可以引出新的问题和进一步的思考。

　　(5) 具有一定的现实意义，或与学生的实际生活有着直接的联系，从而就可使学生感到数学是一种有意义的活动，也就能够更清楚地认识数学的价值。

　　(6) 考虑到合作学习这一学习形式应当得到更多的重视和提倡，一个好的问题就应鼓励、促进学生之间的合作。

　　值得指出的是，这一标准事实上也就直接关系到了现代教育的一项基本目标，因为，这正是社会对未来成员的一个基本要求，即应学会与别人相处，特别是能够容忍不同的意见，并能欣赏别人，从而就能够通过积极的互动不断地取得新的进步。

　　(7) 问题的表述应当简单易懂。这也就如著名数学家希尔伯特所指出的，"这里对数学理论所坚持的清晰性和易懂性，我想更应以此作为一个堪称完善的数学问题的要求。"

## 6.3　信息技术环境下基于问题解决的数学教学策略

　　数学问题解决的全过程，通常包括：从现实背景提出问题—建立数学模型—探求解决问题的思路—问题求解—过程的反思及对结果的评价—应用与推广。

　　建立在建构主义思想、弗赖登塔尔的数学教育思想、何克抗的创造性思维理论与"主导—主体相结合"教学理论基础上的信息技术环境下数学问题解决教学既是对传统数学问题解决教学的发展，同时也对传统数学问题解决教学形成了很大的冲击，在某种意义上，传统的一些思想观念和方式方法对现代数学问题解决教学理想的实现构成了一种阻碍。因此，如何克服这些阻碍，在数学问题解决教学中贯彻和落实上述思想和理论，是一个亟待探索的课题。目前在这方面已经进行了一些卓有成效的研究，但也存在困难。信息技术则是克服这些困难的一个合适工具，因此本节试图从现代数学实践与数学思维的特征分析入手，引入信息技术，作为数学问题情境的构建工具和数学问题解决的支持工具，对如何有效开展数学问题解决，培养学生的数学思维能力和问题解决能力，从信息技术环境下基于问题解决的教学策略的视角作初步的探讨。

### 6.3.1　现代数学实践的特征

现代的数学活动包括三种形式(舒亚非，2006)，一是传统的主要基于思维的以解决纯粹数学问题的理论活动；二是以解决实际问题的应用活动；三是主要借助于计算机开展的数学活动，即物化的数学活动。其中，正是物化活动形式的出现，有效地将理论活动与应用活动连接起来，一方面使得理论成果能够迅速、广泛和方便地应用于各个领域，从而大大促进各门科学的发展；另一方面又使得应用活动中的问题与需求能够迅速、直接和直观地反馈到理论活动，从而又推动理论的发展和持续的循环互动。

理论活动即以解决传统的数学问题为主的思维活动，其核心即数学思维能力。传统上数学包括三大能力，即数学运算能力、逻辑思维能力和空间想象能力。基本要点是强调数学的抽象性和严格性，要求能用数学观念和态度去观察、解释和表示事物的数量关系、空间形式和数据信息；熟悉数学的抽象概括过程和事物本质的洞察；掌握以演绎为主的逻辑推理方法，形成良好的思维品质与合理的思维习惯。近年来，随着人们对数学本质认识的深入，非逻辑思维能力即以直觉、归纳、猜想等思维能力为主的创造性思维能力也得到重视。另外，由于思维活动常需要借助符号物，即数学作为一种科学的语言，同时作为人际交流不可缺少的工具，因此活动者必须能灵活高效地使用这种简约、精确的语言表示对象、进行思考和表达思想。

数学应用活动即以数学知识和方法为理论工具，以分析、解决各种实际问题为目标，借助思维、物质工具和社会组织展开的综合性活动。作为数学知识的应用活动，它要求活动者具备定量思维能力和创造能力，具有应用数学知识解决实际问题的意识和能力，即"人们从实际问题中提炼数学问题并抽象化为数学模型。用数学计算求出此模型的解或近似解，然后回到现实中进行检验，必要时修改模型使之更切合实际，最后编制解决问题的软件包，以便得到更广泛的方便的应用。"

作为一项具体实践活动，它又要求活动者具备一般的具体实践能力，如设计、观察、归纳、发现、猜想、验证等探索发现的能力；要求具备基本的科学精神，如主动、执著、探索、怀疑、独立、合作等；以及要求具备使用物质工具如计算机与社会资源检索数学信息源等的能力。

物化活动是现代数学实践对活动者能力提出的新要求。它主要包括三个方面的内容：一是工具的运用能力，即灵活高效地利用计算机完成活动目的的能力；二是改进现有工具以提高活动效率的能力，即对现有数学软件按自己的习惯、环境的特点、工作的对象进行个性化的定制，如组合或改造原有库函数形成自己的库函数；三是创造新工具以适应活动需要的能力，即当现有数学软件不能满足自己的需要时，或者利用现有的数学软件提供的扩展机制进行功能扩展，或者编写自己的实现特定目的的软件。

要具备上述能力，活动者必须熟悉工具即计算机硬件与软件的各种功能与性能，特别是各类数学软件及应用软件；熟悉基于计算机活动方式和模式，积累使用计算机解决问题的丰富技巧和经验。更高的要求则是深刻地理解计算机的数学原理与数学方法到计算机方法之间的变化技巧，以及具备调试、测试等物化活动所需要的典型能力。

除了上述三种能力之外，由于现代数学活动通常是理论、计算机、应用的统一，因此活动者还需要具备将三者融会贯通、综合运用的能力。

总之，这四种能力互为条件，互相渗透融合，互相推动与促进，表现为数学知识、思维能力、应用能力和计算机水平的统一，共同反映着对活动者整体素质的要求，即数学素质的要求，其中，思维能力是数学素质的核心。

### 6.3.2　数学思维的特征

大家知道数学不仅仅是一门演绎科学，数学思维中不仅仅包含逻辑思维，虽然数学命题的正确性必须经过严格的演绎论证之后才能最终确定，然而，给数学科学的发现和发展注入新的创造性活力的思维方式并不主要是演绎。对新命题的大胆猜想，对新思路的可能性的探索与提出，乃至对复杂的演绎本身——论证路线的拟定等都不是演绎所能实现的，而是需要借助于类比、归纳、合情推理、猜想、直觉、灵感等多种多样的思维方式。这些多种多样的思维方式构成了数学方法论研究的主要内容。"数学方法论主要是研究和讨论数学的发展规律、数学的思想方法以及数学中的发现、发明与创新等法则的一门学问"(徐利治，1983)。

数学是一门研究事物抽象的量及其关系的特殊学科，特别是随着以计算机和网络技术为核心的现代信息技术的迅猛发展，数学学科在本质上越来越表现出其特有的二重性(即经验性与演绎性的辩证统一)(梁芳，2000)。运用数学方法论的观点和何克抗教授的创造性思维理论分析数学思维，我们可以了解到，数学思维也具有二重性：一类是进行逻辑推理的抽象思维，另一类是进行合情推理的表象思维(包括形象思维和直觉思维)。

思维对客观事物的反映是通过符号表征系统间接地完成的，人类在思维过程中使用的符号表征系统有以下几种(何克抗，2000)：基于言语的概念、反映事物属性的"客体表象"(也称"属性表象")、反映事物之间联系的"关系表象"以及手势语、旗语等。思维过程中使用的符号表征系统，是思维过程中进行心理加工的具体对象，也就是思维组成要素(思维加工材料、思维加工方式、思维加工缓存区和思维加工机制)中的第一个要素——"思维加工材料"。

而人类思维过程中运用符号表征系统对客观事物所作出的反应是借助以下三种心理加工方式实现的：一是通过运用言语概念进行分析、综合、抽象、概括、判断、推理的加工方式——对于逻辑思维；二是通过运用属性表象进行分解、组合、联想、想象(想象又分再造想象和创造想象两种)的加工方式——对于形象思维；三是通过运用关系表象进行直观透视、空间整合、模式匹配、瞬间判断的加工方式——对于直觉思维。

逻辑思维、形象思维、直觉思维之中只有思维材料和思维加工方式的不同，而没有高低的等级之分。这三种基本思维形式是相互联系、相互支持、不可分割的。从探索新事物的本质、规律即从创造性活动考虑，形象思维和直觉思维由于具有三维空间的非线性、跳跃性(而不是像逻辑思维那样只具有一维时间轴上的直线性、顺序性)，所以往往比逻辑思维更适合于探索和创新的突破性需求；但是，基于表象的形象思维和直觉思维也需要有逻辑思维的指引、调节与控制，才有可能在灵感或顿悟形成过程中更好地发挥自身的突破性作用，离开逻辑思维的这种作用，光靠形象思维和直觉思维，创造性活动是不可能完成的。我们的数学教学，历来强调逻辑思维，而对用于合情推理的形象思维和直觉思维有所忽视。目前，数学教育理论对合情推理的含义说法众多，但仔细探究可分为两类。

一类从逻辑学的角度出发，认为推理是根据已知判断提出新的判断的思维方式，推理有两种，即论证推理与合情推理，前者回答如何证明定理的问题，后者回答如何发现定理的问题，并且认为，合情推理主要包括归纳推理和类比推理。我们把它称为狭义的合情推理。另一类从数学方法论的角度出发，不仅把合情推理看做推理，而且把它看作是科学的发现方法，因而，连同归纳、类比在内，把观察、实验、联想、猜测、直观等一系列科学发现的手段、方法都归于合情推理的范畴。我们把它称为广义的合情推理。本书中的合情推理是指广义的合情推理。

一般地，在我们看来合情推理的思维方式都在不同程度上服从于一个基本原理——相似扩展原理。类比无非是期待并寻求相似事物具有更多的相似性；归纳则是把类中的若干成员的相似性推广到类的所有成员，而类本身也只不过是具有特定相似性事物的集合而已；而有关合情推理、猜想、直觉和灵感的初步研究成果也表明，它们全部都有赖于相似启发效应。由此可见，基于相似性的探索的确是数学思维的精髓所在(周光璧，张铁声，1995)。

事实上，全息理论认为，任何信息(事物的特性、属性、关系等)都为任何事物潜在地拥有，任何事物都潜在地拥有任何信息。宇宙全息统一论认为，宇宙是一个有机统一的整体，在这个统一体中，各子系统与子系统、子系统与系统、系统与宇宙之间在空间、时间上存在着泛对应性。在潜信息上，子系统包含着系统的全部信息，系统包含着宇宙的全部信息；在显信息上，子系统是系统的缩影，系统是宇宙的缩影(王存臻，严春友，1988)。张庆麟在他的《宇宙全息律》中也指出："在宇宙万物间，不论其大小，都储存有总体的信息，从而使我们可以从个体了解总体，从小看到大，从已知推测未知。"并把这种在发生发展、形态与性质、结构与功能方面个别反映全体的现象叫做全息现象，在全息现象中，反映了全体的相对独立的部分称为全息元。

"数学本质上是人类活动，数学是由人类发明的"，数学活动是社会性的，它是在人类文明发展的历史进程中，人类认识自然、适应和改造自然、完善自我与社会的一种高度智慧的结晶，因而，数学也显示出鲜明独特的全息现象。数学的每一部分、每一类对象，都存在着自己的全息元。数学中的全息元，大约有十种：一是部分(个别)反映全体，即部分和个别是全体的全息元；二是已知是未知的全息元；三是特殊预示一般，即特殊情况中可以预示一般的规律，特殊是一般的全息元；四是有限通着无限，有限同无限相比，有限是无限的全息元；五是静止联系着运动变换，人们通过静止把握运动，特定的静止是运动变换的全息元；六是数形关联，互为信息元；七是类似的事物互为全息元；八是数学公理系统是该数学分支的全息元；九是数学概念、公式、法则、命题也往往成为信息元；十是好的数学问题是"数学的心脏"，是质高量大的数学思想、方法、技巧的全息元(杨世明，王雪琴，1998)。

既然基于相似性或全息规律的探索是数学思维能力的核心要素，那么，注重能力培养的数学教学应当采用基于相似性或全息规律的探索这样一种教学策略就是不言而喻的了。

### 6.3.3  信息技术环境下基于问题解决的数学教学策略

所谓教学策略，就是为达到一定的教学目标而采取的相对系统的行为(邵瑞珍，1997)，而且还具有对教学目标的清晰意识和努力意向，具有对有效作用于教学实践的一般方法的设想，在目标实现过程中对具体教学方法进行灵活选择和创造(李晓文等，2000)。概括起来说，教学策略不同于具体的原则和方法，其立意的高远之处在于：一是要树立教学的整体思想，把各种要素组织成为一个融会贯通的整体；二是要从整体上分析知识之间的内在结构关系；三是根据知识结构关系对教学行为进行系统整体策划；四是估计教学中可能出现的偶然事件，具有处理偶然事件的能力和策略。所以，教师具有教学策略的意识，就有可能从教材内容的整体出发，由原来的点状教学转化为结构的教学。

希腊哲人德谟克立主张，教育力图达到的目标并不是完备的知识，而是充分的理解。物理学家劳厄则进一步指出："重要的不是获得知识，而是发展思维能力。教育无非是把一切已学过的东西都忘掉的时候所剩下的东西"(周昌钟，1983)。时至今日，这种强调能力培养的思想不仅没有过时，还成了现代教育理论中的主流。强化能力培养的教学理论和方法现已成为教育科学研究的重要课题之一，"高分低能"现象的广泛存在更表明这一研究具有重大的现实意义。

美国心理学家和教育家布鲁纳认为，只有变传统的填鸭式教学为发现式教学才能达到上述目的，这一观点已为人们广泛接受。布鲁纳特别指出，引导学生积极探索乃是发现式数学教学的关键，他说："探索是数学教学的生命线。"

那么，应当引导学生进行怎样的探索才能最有效地培养和提高他们的数学思维能力呢？根据以上对现代数学实践与数学思维特征的分析，我们认为在信息技术环境下，将数学思维方法(更为一般地说，就是数学方法论)的教学与具体数学知识内容的教学密切地结合起来，即以思维方法的分析去带动、促进具体数学知识内容的教学，充分发挥信息技术的认知工具和交流协作工具作用，则应该成为信息技术环境下基于问题解决的数学教学的根本策略！

波兰著名数学家、泛函分析创始人巴拿赫说过这样一段发人深省的话："一个人是数学家，那是因为他善于发现判断之间的类似；如果他能判明论证之间的类似，他就是个优秀的数学家，要是他竟识破理论之间的类似，那么，他就成了杰出的数学家。可是，我认为还应当有这样的数学家，他能够洞察类似之间的类似。"这是巴拿赫总结包括他本人在内的众多数学家的创造活动后所得出的深刻见解，具有极大的启发意义。进而我们可以把这段话的含义引申为，识别和发现相似性以及基于相似性的探索能力乃是数学思维能力的核心。

事实上，许多大数学家都十分重视数学思维中相似性的突出作用。例如，莱布尼茨(1682)就曾经意味深长地说："只要你想到了相似性，你就想到了某种不止于此的东西，而普遍性无非就在于此。"又如，哥德巴赫也是在观察到几个偶数具有某种相似性——均可表示为两个素数的和之后，才把这种相似性加以归纳推广，从而得出他的著名猜想的。再如，笛卡儿主张把以前解决过的每一个问题都作为范例，以用于指导解决其他具有某种相似性的问题。波利亚则进一步把发现和利用相似性作为构想解题计划的核心，等等。

传统的数学教育讲究的是学生接受教师所告诉的知识并且做教师所布置的或书本上现成的习题，通过做习题可以进一步对所学知识加深理解或记忆。现代数学教育则要求学生尽可能地学会"做数学"。所谓"做数学"，是指在一定的教学情境下，学生进行观察、实验、尝试、猜想和验证，也就是发现数学和论证数学的整个过程，该过程和数学家发现数学的过程是非常相似的，数学家创造数学的过程也就是观察、实验、尝试、猜想和验证的过程。当然学生"做"数学的过程与数学家创造数学的过程还是有很大区别的。数学家发现的数学是全新的数学知识，而学生发现的数学知识一般来说是早就被数学家发现了的，学生的发现其实是一种"再发现"。另外，和数学家的数学创造相比，学生的数学发现一般来说是在教师的帮助下进行的，在学生数学发现的过程中，教师的作用是不可忽视的。首先，教师为学生的数学发现创造了很好的适于进行数学发现的学习环境；其次，在数学的发现中教师会充当合作者和引导者的角色，由于教师的存在，学生数学发现的成功有了保证，而这一切在数学家的数学创造中是没有的。

探索数学、发现数学对于培养学生的探索和创新的意识、精神、思维和个性都有着重要作用，所以在各国的数学教育中都对探索和发现数学给予了极大重视。我国新的《国家数学课程标准》的基本理念中就明确提到对学生探索创新精神的培养，"新的数学课程包含四个课程目标：……第三，形成勇于探索、勇于创新的科学精神……学习内容必须有利于学生主动地从事观察、实验、猜想、验证、推理、交流与解决问题等活动。"1989 年 3 月，英国颁布了《国家数学课程》，提出了七个方面的数学教育指导思想，其中第二方面是：数学是探索新世界的途径。数学提供了探索新世界的材料和方法，通过对数学内部的探索，新的数学思想得以产生，原有的思想也得以修正和发展。美国数学教师委员会在 1989 年提出了《中小学数学课程与评估标准》和《中小学数学教师专业要求标准》，指出在当今社会的数学教育中，懂数学就是要"会做数学"，学习数学要经过收集资料和发现创造，才能将书本知识转化为自己的思想，并用自己的语言将其重新组织起来。数学教育的目的之一就是要培养学生具有解决数学问题的能力，这里的"数学问题"既有来自数学外部的，也有来自数学内部的，但主要是指来自现实世界的实际问题。通过数学教学，要求学生具有调查研究、收集数据、归纳问题、解答论证和做出答案的能力。总之，在现代各国的数学教育中，都或多或少地对探索数学提出了一定的要求。

　　基于以上分析，从数学方法论和知识再生产的教育学立场出发，我们认为信息技术环境下基于问题解决的数学教学策略主要可归纳如下(王光生，2009)。

### 6.3.3.1　合情推理与演绎推理相结合的教学策略

　　逻辑思维是在"抓到真理"后进行完善和"补充证明"的思维，而合情推理则是"发现真理"的表象思维，二者的有机结合就是要在信息技术环境下的问题解决教学中，"既要教会学生证明，更要教会学生猜想！"信息技术为学生有效利用合情推理提出猜想、验证猜想提供了理想的工具与环境。合情推理包括如下多种形式。

　　1) 观察

　　观察是人们对周围世界客观事物和现象在其自然条件下，按照客观事物本身存在的实际情况，研究和确定它们的性质和关系，从而获取经验材料的一种方法。数学观察则是对数学问题在客观情境下考察其数量关系及图形性质的方法。在学生数学学习和研究中，常常通过观察来搜集新材料、发现新事实，通过观察认识数学的本质、揭示数学的规律、探求数学的思想和方法。

　　如观察下面的等式：

$$1^2 + 2^2 = 4 + 1$$
$$2^2 + 3^2 = 12 + 1$$
$$3^2 + 4^2 = 24 + 1$$
$$4^2 + 5^2 = 40 + 1$$
$$……$$

你发现了什么规律？用代数式表示出来。

分析观察等式，发现如下规律：

$$1^2 + 2^2 = 4 + 1 = 1 \times 2 \times 2 + 1$$

$$2^2 + 3^2 = 12 + 1 = 2 \times 3 \times 2 + 1$$

$$3^2 + 4^2 = 24 + 1 = 3 \times 4 \times 2 + 1$$

$$4^2 + 5^2 = 40 + 1 = 4 \times 5 \times 2 + 1$$

$$\cdots\cdots$$

其规律用代数式表示，即

$$n^2 + (n+1)^2 = 2n(n+1) + 1, \quad n = 1, 2, 3, \cdots$$

在基于问题解决的数学教学中，教师通过信息技术创设与学习主题密切相关的真实情境，指导学生通过观察的方法发现情境中的共同现象，由现象引发困惑，由困惑启动思维，从而引导学生发现问题、提出问题。引导学生观察是数学教学中常用的一种创设情境、引入课题的教学策略。例如，在讲授"生活中的平移"这一内容时，教师利用 PPT 或视频展示传送带上的电视机、手扶电梯上的人、汽车在笔直的公路上行驶等生活情境，并提出问题：从这些熟悉的情境中你能否发现它们所共有的现象，这些共同的现象具有什么特点，这些特点如何从数学的角度来概括或定义？

2) 实验

提起实验，人们自然会想到物理实验、化学实验，而数学似乎就是"一张纸+一支笔"。其实，数学实验自古有之。祖暅早在 5 世纪就在实验的基础上总结出"幂势既同，则积不容异"，并应用它推导出了球的体积公式。然而，数学实验作为一个被广泛使用的流行话语，并受到数学教育界的推崇认可，却是计算机被成功地应用于数学研究以后才出现的新事物。例如，从国外来看，1988 年美国雷斯勒(Rossciacr)技术学院正式引入数学实验课。1989 年，美国曼荷莲女子学院(Mount Holyoke College)数学系集体编写了第一本专门教材《数学实验室》。1991 年《实验数学》(Experimental Mathematics)季刊问世。而国内的数学实验从 1997 年才在一部分高校(尤其是工科院校)正式开展起来。数学实验作为数学教育新型研究课题，随着教育技术的不断发展，数学实验方法已经越来越受到中小学数学教育界的重视。

在中学阶段所开展的数学实验，一般是指为研究与获得某种数学结论、验证某种数学猜想、解决某种数学问题，师生借助一定的物质手段(如教具)或技术工具(如数学应用软件平台)，经由数学思维活动的参与，在典型的实验环境中或特定的实验条件下所进行的一种数学探索与研究活动。除了常规的数学实验，基于信息技术的数学实验是一种重要的数学学习活动，同时也是促进学生动手操作、发现规律、提出猜想、验证猜想的一种重要的教学策略。

对于绝大多数数学学习者来说，学数学的目的就是为了用数学，而不是要成为数学家。传统的数学教学过程一般是一个演绎过程，即一般是从公理体系出发，沿着定义—假设—定理—证明—推理这么一条演绎的道路进行的。这样的方式有它的好处，那就是它把数学知识重新整理过了、系统化了，便于课堂讲授。但是，它的弊病是明显的，因为它把数学知识的背景和来源掩盖了，活生生的数学知识变成了一堆用逻辑组织起来的符号，似乎是天上掉下来的东西，也看不到它的应用。近年来，一些数学界的人士把这种现象比喻为"去两头，烧中段"，学生学习起来感到枯燥和困难，大部分学生都视数学为畏途。

数学发展的历程一再地表明，数学不仅是演绎科学，而且也是实验性的归纳科学。数学发现的过程并非是从定义出发，然后提出定理，再加以证明的。在很多情况下，数学家在一开始可能连要研究什么问题都没有弄清楚，更不要说提出什么定义和定理了。他必须做一定的探索工作——观察、分析，然后归纳出其中的规律，猜想出命题应具有的形式，最后才是证明。如果把这个自然的过程颠倒过来，学生在理解上当然会产生困难。例如，学生经常问我们：为什么要定义如此一个对象，为什么数学家能想出这样一个定理？它看上去如此抽象，谁又能想得到呢？

在传统的数学教学中，我们人为地强化了逻辑的作用，从而削弱甚至抛弃了观察、归纳、直觉对学习数学的作用，以致有不少学生产生了"数学就是逻辑"这样的错误观念。据说阿贝尔曾经批评高斯的书难懂，"像雪地里奔跑的狐狸，用尾巴压去了自己的足迹"。高斯则为自己辩解，"一个成功的建筑师，是不会把脚手架留在已完成的作品上的。"问题是，我们是否应该把搭脚手架的本领也教给学生呢？答案当然是肯定的！事实上，当我们看到定理的一个证明时，我们只看到了故事的一半，而另一半，包括定理是如何提出来的，人们又是如何找到定理的证明方法的等，可能比我们看到的那一半更为重要。数学实验可以比较好地解决传统数学教育中遇到的这些问题。我们可以在讲授抽象概念之前，向学生提供一定的例子，运用计算机和数学软件的计算、演示、模拟的功能，让他们自己去分析，发现其中的规律，在真正讲授抽象概念时，学生就不会感到太突然了。在讲述数学定理时，也可以参照这种方法，所不同的是，一些定理的证明可能很困难，可以安排几个过渡性的问题，逐步诱导出定理的证明。这种做法对培养学生的观察、归纳能力很有好处，也能消除学生对数学定理、数学证明的神秘感。在计算机的帮助下，可以使以往繁重的甚至手工不能实现的计算变得轻松起来，我们可以将一些实际的应用问题——不是那种人为编造的、数据大大简化了的所谓应用问题引入课堂，让学生了解数学的巨大作用。可以想象，这样的数学学习就不再是"去两头，烧中段"了，而是津津有味的"烧全鱼"了。

一种观点认为数学实验会使学生忽略理论，导致证明能力下降。当然，如果使用不当，确实存在这种危险，但这并不是数学实验本身的问题。事实上，只要加以适当地引导，数学实验反而可以使学生认识到理论与证明的重要性。

爱因斯坦在评论开普勒怎样发现了行星运动三大定理时，曾作出这样的评论："知识不能单从经验中得出，而只能从理智的发明，同观察到的事物作比较才能得出。"在本书的"特殊化与一般化相结合"教学策略中给出的例子说明如果恰当地使用数学实验的话，学生不仅能从中体会数学证明的美，而且也能体会到实验、猜想与证明之间的联系和作用，从而理解数学证明的意义所在。这对于培养学生正确的辩证唯物主义认识观无疑是具有极其重要的意义的。

数学实验是一种最根本的数学方法。尽管与其他学科相比，数学具有最高的抽象性，但数学并不是先验的。表面上的不依赖于现实只是一种假象。既然数学根源于客观实际，实验就是不可避免的，并且是最根本的。事实上，多数数学家在研究数学问题的时候使用的正是这种方法。追求形式化和不依赖于具体的客观内容是数学自身的要求。正是这种特性才使得数学能被广泛应用到几乎每一个领域。尽管数学实验如此重要，但在数学教育领域却一直没有应有的地位。造成这种结果的主要原因是缺乏适合学生和教师使用的实验工具与环境。信息技术的发展与在教育领域的应用，为数学实验提供了理想的环境和工具。

信息技术就是由信息媒体和信息媒体应用的方法两个要素所组成的(南国农，2001)。数学实验是人们运用各种实验工具(实物、学具、模型、信息技术等)，并通过动手动脑开展数学活动的过程。数学有两个侧面，一方面它是欧几里得式的严谨科学，从这个方面看数学像是一门系统的演绎科学；但另一方面，创造过程中的数学看起来却像一门实验性的归纳科学(波利亚，1984)。过去学生的数学活动只是智力活动，缺少探究发现的数学实验活动。信息技术的出现便于学生有效地开展数学实验活动。学生利用教育软件(这里的教育软件主要指"几何画板"、Microsoft Math等软件)开展数学实验，即利用计算机根据或隐或显的参数进行"任意性"实验，吸引学生探索、验证或者修改自己的猜想并最终解决问题和动态生成自己的理解，这是一种"归纳式"的学习。正如 J.Piaget 所指出的："忽略操作的作用，而总是保持在语言水平，特别在数学教育中，这是一个严重的错误……操作和数学实验，远非阻碍了演绎思想的后期发展，事实上它组成了一个必要的准备。"数学实验活动有利于激发学生潜在的学习能力，致力于高层次的学习状态。利用教育软件开展数学实验活动可以进一步培养学生动手能力、观察和分析问题的能力，能使学生进入主动探索状态，变被动的接受学习为主动的建构过程，同时培养学生的创新精神、意识和能力。

信息技术环境下基于问题解决的数学学习，正是体现了数学的演绎与归纳的统一、科学与技术的统一。"数学实验"成为信息技术环境下学习者进行自主探索、提出猜想、验证猜想进而发现数学模式、建立数学模式和应用数学模式的重要途径，"数学实验"使得"教"数学转变为"学"数学，"学"数学转变为"用"数学，最终把"教"数学、"学"数学和"用"数学统一于"做"数学，也就是通过问题解决来学习数学，通过问题解决来建构知识，在"做"数学中学数学，在数字化环境中学数学。国际学习科学研究领域有三句名言："You hear, you forget"(听来的忘得快)；"You see, you remember"(看到的记得住)；"You do, you understand"(做过的才能会)。问题解决在于"做"，这种"做"是高级规则所涉及的概念、法则的综合应用。

用归纳方法和实验手段进行教育和学习的思想方法是，从若干实例出发(包括学生自己设计的例子)—在计算机上做大量的实验—发现其中可能存在的规律—提出猜想— 进行证明和论证。"做"数学是探索数学现象，不是演练课本上的习题。它是研究、发现、困惑、最终理解的过程，也是提出更多的问题、给出更多可能性的过程，实验中可以将那些无聊的计算交给计算机，而将有趣的分析留给自己。

根据实验手段的不同，中学数学实验可分为实物操作性实验和技术模拟性实验。所谓实物操作性数学实验是指借助实物工具如测量、手工操作、制作模型、教具演示等方法进行实践探索以发现数学结论、验证数学结论、加深对数学的理解的实验活动，或使用纸-笔通过对具体或特殊数学例子进行的操作性思想实验活动。而功能强大的计算机出现以后，极大地改变了数学的教学方式和学习方式，丰富和发展了"数学实验"的内涵。所谓技术模拟性数学实验是指基于计算机(器)等现代技术的数学实验。具体而言，就是利用计算机或 TI 图形计算器等先进的现代技术工具作为实验手段，以数学素材作为实验对象，借助数学应用软件平台(如 Maple、Mathematics、Microsoft Math、几何画板、超级画板等)，以简单的人机对话方式或复杂的程序方式作为实验形式，以图形演示、数值计算、符号变换等为实验内容，以数学理论为实验原理，以实例分析、探求轨迹、模拟仿真、归纳发现等为主要实验方法，旨在探索数学现象、发现数学规律、验证数学结论的数学学习与研究的实践活动。

根据实验任务(或实验目的)的不同，中学数学实验又可分为验证理解性实验与探索建构性实验。验证理解性实验是通过实验操作验证、检测一个数学判断真伪的实验，以加深对数学概念、数学原理或数学规律的本质理解。教师从新知识的生长点出发，推导出新的结论，由于结论的抽象性和推理的复杂性，学生在心理上对新知识的接受有障碍，新知识不能很好地内化到学生已有的认知结构中，通过验证理解性实验来验证，使新知识具体化，增进学生对新知识的认可和理解，帮助学生对新知识的建构。

例如，求函数 $y = x - \sqrt{1-x^2}$ 的最大值。

学生在解决这个问题时，通常易犯如下错误：

移项，两边平方得

$$(x-y)^2 = 1 - x^2$$

整理得

$$2x^2 - 2xy + y^2 - 1 = 0$$

由于

$$\Delta = 4y^2 - 2 \times 4(y^2 - 1) \geqslant 0$$

得

$$-\sqrt{2} \leqslant y \leqslant \sqrt{2}$$

所以函数的最大值为 $\sqrt{2}$。

　　如何检验上面运算结果的正误呢？利用几何画板或 Microsoft Math 的函数作图功能，输入函数解析式，函数的图像立刻呈现在眼前，从图像中可以直观地"看出"上述解题结果是错误的，这就能有效而及时地为学生的问题解决学习活动提供反馈，并促使学生去寻找和思考错误的根源！

　　而探索建构性实验是让学生通过实验方式来探索、解决、回答对学生来说尚不知道答案的数学问题以发现未知的数学结论或数学规律，强调通过探究过程获得数学经验、数学理解，帮助学生建构完善的数学认知结构。如此，中学数学实验就可按照两个维度分为四大类，如表 6.3 所示。

表 6.3　中学数学实验的二维分类

| 实验目的＼实验手段 | 实物操作 | 技术模拟 |
|---|---|---|
| 验证理解 | 基于实物操作的验证理解实验 | 基于技术模拟的验证理解实验 |
| 探索建构 | 基于实物操作的探索建构实验 | 基于技术模拟的探索建构实验 |

　　对于数学中的有些问题，由于其动态的复杂性和客观条件的限制，无法在静观或想象中完成对它的刻画，借助计算机软件的强大动画功能，尽可能真实地创造一种实验环境，在这种环境中重现所要描述的客观数学现象，从而对这种现象的某些规律作出描述、判断和预测，如函数问题、轨迹问题等都可以采用模拟式实验进行。

　　具体地，在映射教学中，可以向学生提出问题：设一条线段 MN 上的点组成的集合为 A，以这一线段为直径的半圆上的点组成的集合为 B，问集合 A 与集合 B 哪个集合的元素多？

　　对于上述问题，多数学生会说集合 B 的元素比集合 A 的元素多(理由是半圆比线段长)。学生之所以这样说是因为他们没有比较两个无限集合元素多少的方法，他们只有将比较两个有限集合元素多少的方法迁移过来。设计这样的问题能给学生以学习的动力，但传统的教学手段使得解释变得困难。要帮助学生理解这一问题，我们可以利用几何画板创设如下的学生活动情境:让学生利用几何画板画出图6.4，图中 $PR \perp MN$，拖动点 $R$，观察半圆上的点 $P$ 与 $R$ 的对应关系。通过这一活动，学生不仅可以认识到，这里的对应法则是线段 $MN$ 上的点所组成的(无限)集合 $A$ 到半圆上的点所组成的(无限)集合 $B$ 的映射，同时，学生能默认线段 $MN$ 上的点与半圆上的点一样多。这也就回答了刚才的问题，即不能用判断两个有限集的元素多少的方法来判定两个无限集之间元素的多少，并且为学生今后的学习激发了热情，埋下了"种子"。

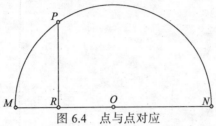

图 6.4 点与点对应

3) 类比与归纳

众所周知，数学是通过演绎而展开的，即数学结论的正确性建立在演绎证明的基础上。但是，这些结论是怎样被发现的呢? 一般地说，在数学发现中既包含有直觉的成分，又包含有逻辑的成分。数学发现既是一种无意识的、非逻辑的思维活动，又是一种自觉的、逻辑的思维活动。

就数学方法论的研究而言，就有两种不同的研究对象，即论证(解决问题)的方法和猜测(发现问题)的方法。这两种方法的区别是明显的:论证的方法是可靠的、毋庸置疑的和终决性的，猜测的方法却是不那么可靠的、有争议的和暂时的。因为，在没有得到证实之前，所得出的猜测始终有被新的发现证伪的可能性，从而就是不完全可靠的;另外，由于每个人的经验和思想方法必然存在一定的差异，因此对猜测可靠程度的估计就是因人而异的，或者说是有争议的;最后，新的发现则又可能导致对问题的重新认识，因此，猜测的方法也是暂时的。但又正如牛顿所指出的:"没有大胆的猜想，就做不出伟大的发现。"因此，在这样的意义上，猜测的方法就比论证的方法更为重要。

类比与归纳是提出猜测的重要方法，正如法国数学家、天文学家拉普拉斯所指出的:"即使在数学里，发现真理的主要工具也是归纳和类比。"学生的数学学习本质上是"再发现"、"再创造"的过程，所以类比与归纳是学生数学学习中提出猜想的重要思维方法。

(1) 类比。类比是根据两个或两类事物在某些属性上都相同或相似，而推出它们在其他属性上也可能相同或相似的思维方法。显然，类比的基础是事物之间的相似性或某种一致性，只要两个对象有某个方面的相似性，就可以类比，包括形式上的相似、结构上的相似、内容上的相似、地位上的相似等。类比法在数学发现中具有十分重要的作用。例如，德国天文学家、数学家开普勒就曾明确指出："我珍视类比胜于任何别的东西，它是我最可靠的老师，它能揭示自然界的秘密，在几何学中它应该是最不容忽视的。"

常用的类比有：平面与空间的类比，在立体几何的研究中，将要解决的问题与平面几何中的有关问题加以比较，常常可以给我们有用的启示；数与形的类比，在数学学习与研究中，数与形的类比经常在两个互为相反的方向上得到应用，我们既可以通过与"形"的比较去推测"数"的有关性质，也可通过与"数"的比较去推测"形"的有关性质；有限与无限的类比，数学中也经常通过有限与无限的类比来从事无限性对象的学习与研究。例如，由于圆可以看成它的内接正多边形当边数趋于无穷时的极限情况，因此，我们就可以通过类比由多边形的性质联想出圆的有关性质。例如，依据"三角形的面积等于底与高的乘积的一半"的结论，可以证明：圆内接正多边形的面积等于周长与边心距的乘积的一半，进而，我们就可联想到圆的面积很可能就等于其周长与半径乘积的一半。

类比的一般模式如下：

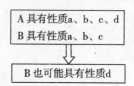

另外，类比还存在这样的模式

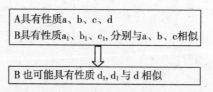

类比在数学学习中的作用主要有如下几点。

①通过类比联想而发现新的数学知识。在数学发展的历史上，通过类比而发展数学的例子很多。数学学习中，通过类比可以得出一些新的结论。例如，由"正三角形内任一点到三边的距离之和为定值"，类比联想到"正四面体内任一点到四个面的距离之和为定值"。②类比是学习知识、系统地掌握知识和巩固知识的有效方法。③通过类比联想可以寻求到数学问题解决的方法与途径。例如，上述类比联想：由"正三角形内任一点到三边的距离之和为定值"，而得"正四面体内任一点到四个面的距离之和为定值"。如何证明类比到的结论是正确的呢？仍可以通过类比而得到证明方法。在对"正三角形内任一点到三边的距离之和为定值"的证明中，用

的是面积割补法，自然地，可以类比联想到"正四面体内任一点到四个面的距离之和为定值"的证明方法应该是体积割补法。

(2) 归纳法。所谓归纳，是指通过对特例的观察和综合去发现一般规律。波利亚指出，归纳过程的典型步骤为：首先，我们注意到了某些相似性；然后是一个推广的步骤，即把所说的相似性推广为一个明确表达的一般命题；最后，我们又应对得出的一般命题检验，即应进一步考察其他一些特例，如果在所有考察过的特例里，这一猜想都是正确的，我们对它的信心就增强了，而如果出现了不正确的情况，我们就应对原来的猜想进行改进。

归纳是对同类事物中的各种特殊事物所蕴涵的同一性或相似性而得出此类事物的一般性结论的思维过程。归纳有完全归纳与不完全归纳。完全归纳而得到的猜想，一般是可靠的；而不完全归纳所得到的猜想，一般是不一定可靠。归纳猜想与类比联想一样，可以导致数学的发现。例如，德国数学家高斯就曾说过，他的许多定理都是靠归纳法发现的。

### 6.3.3.2 数形结合的教学策略

数和形是数学中最基本的两大概念，也是整个数学发展进程中的两块基石。在一定条件下，数和形可以相互转化。对于一个难以证明的几何问题，如果它的题设和题断都容易用代数式来表示，那么我们就可以把几何图形中的各元素和图形的几何性质表示为相应的数量关系，将论证几何问题的过程转化为代数式的演算或方程的求解，借"数"解"形"；根据问题的需要，常把数量关系的问题转化为图形的性质来讨论，即把"数"与"形"联系起来，化抽象为直观，通过对图形的研究，常能发现问题的隐含条件，诱发解题线索，以"形"助"数"。数形结合是根据数量与图形关系来解决问题的一种数学思想方法。几何图形可以用数量关系来公式化，反之，数量关系可以用几何图形来表现。数形结合使得两个领域重点概念和关系得到更明晰的阐述——几何概念变得更加抽象而易于处理，数量关系则变得更加形象而易于直观理解。

数学思维就其形式而言有抽象思维、形象思维和直觉思维等。数学问题解决过程是抽象思维、形象思维和直觉思维协同作用的过程。研究表明，恰当的问题表征是成功地进行问题解决的前提条件。

表征是现代认知心理学的核心概念，一般可以把它理解为对某一对象的内部表达，有时也称为内部表征。相对于内部表征，一些研究者把某一对象的刺激呈现模式称为外部表征，外部表征对内部表征有着实质性的影响。人们对某一对象的理解可以有多重的内部表征，因此存在多重的表征系统。当学生处理一个新的数学专题时，或者在行动情境中体验内容，或者以图像的方式表达内容，或者用语言来描述内容。每一种表征都有其特殊的功能，每一种表征都能够加深对数学特殊意义的内化，动作表征、图像表征和符号表征对数学的教与学起着重要作用，而且不同表征之间存在相互作用。计算机的应用对学生多重表征能力起着促进作用。计算机能够提供多重的外部表征，从而能够促进多重的内部表征。

多元表征能够通过以下三种方式促进数学学习：不同的表征能够传达不同的信息，符号表征能够传达抽象信息，图像表征能够传达直观信息，从整合的表征中获取的信息比从一种单一的表征中获取的信息要多；多元表征之间相互限制，所以允许操作的空间变得更为狭小；若将多元表征相互联系起来，个体必须采取那些促进理解的数学学习活动(Ainsworth et al，1987)。

很久以来，图形作为一种直观工具一直是数学研究工作中的一种不可缺少的组成部分。许多著名数学家就谈到了图形在数学研究中的作用和价值。例如，Hadamard 和 Poincare 认为，运用直观表征是问题解决的一个必要成分，我们应该鼓励学生在问题解决过程中运用图形这种直观表征(Stalianou，2002)。美国数学家斯蒂恩说：如果一个特定的问题可以转化为一个图形，那么思想就整体地把握了问题，并且能创造性地思索问题的解法。波利亚也认为，如果我们能设法给那些非几何对象找到合适的几何表示的话，那么我们就可以在处理非几何对象时发挥我们处理几何图形的才能(波利亚，2002)。在波利亚的探索法小词典中，画一张图是一个基本策略，图形不仅是几何题目的对象，而且对任何一开始没什么关系的题目，图形也是一个重要的帮手(波利亚，2002)。我国著名数学家华罗庚(1984)教授通过下面一首诗生动地说明了数形之间的密切联系：

数与形，本是相倚依，焉能分作两边飞。

数无形时少直觉，形少数时难入微。

数形结合百般好，隔离分家万事休。

切莫忘，几何代数统一体，永远联系，切莫分离！

但受传统教学思想、教学模式和教学手段等的影响，我们常常把"形"与"数"生硬地套在一起，没有有效地结合，更无法借助它来培养学生的创新精神和实践能力。而信息技术环境下基于问题解决的数学学习作为一种基本的学习方式，它有助于学生切实地运用"数、形结合"思想去独立思考、自主探究、合作交流来分析解决问题，并在体验的过程中使创新意识和实践能力得到锻炼。在数学课程中，许多知识、图形本身就隐含着某种关系、几何意义和运动变化的因素。而传统教学工具在技术上无法创设一种"形"的支持，直观地帮助学生把知识、图形本身代表的一类事物想清楚，这是阻碍运用"数、形结合"思想进行自主探究的原因之一。而信息技术其独特的技术优势弥补了这种缺陷，体现出了多方面的优势。例如，利用信息技术可以变"静态"为"动态"，即动态地呈现图形的产生与变化过程；变"无形"为"有形"，即把数学知识隐含的某种无形的关系和几何意义转译成有形的图形；变"特定"为"随机"，即让特定的函数图像随其参数的变化而进行随机的变化，以展示这类函数的图像及其数学内涵等。图 6.5~图 6.14 体现了 Microsoft Math 的函数、方程、不等式的绘图功能和自由设置参数的动画显示功能，它们为学生数形结合地学习函数、方程、不等式和高中的平面解析几何提供了理想的实验环境与工具。

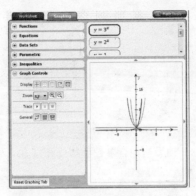

图 6.5　具体指数函数的图像

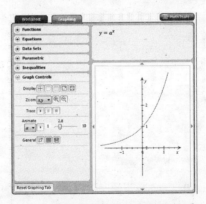

图 6.6　动态模拟含参数指数函数的性质($a>1$)

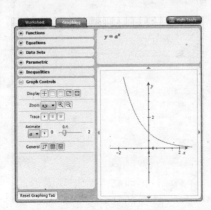

图 6.7　动态模拟含参数指数函数的性质($a<1$)

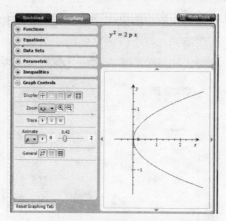

图 6.8　　动态模拟含参数抛物线开口方向及大小

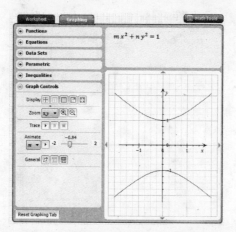

图 6.9　　动态模拟含参数方程所表示的曲线

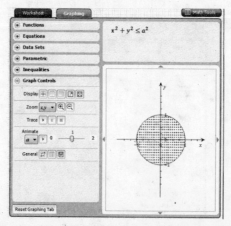

图 6.10　　动态模拟含参数不等式所表示的区域

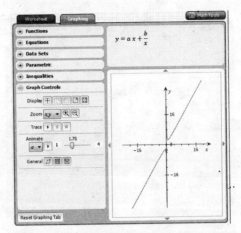

图 6.11　动态模拟含两个参数的函数性质

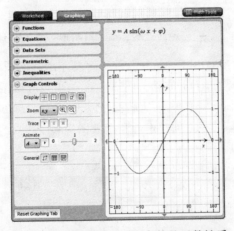

图 6.12　动态模拟含三个参数的函数性质

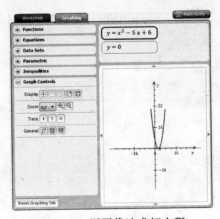

图 6.13　用图像法求解方程

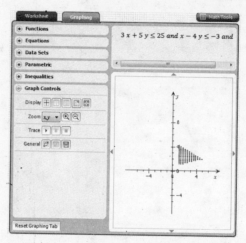

图 6.14　不等式组所表示的平面区域

再如，在探究 $y = \sin\dfrac{1}{x}$ 在 $x=0$ 处极限是否存在时，学生有很大的困惑。在教师的指导下，学生利用 Microsoft Math 软件很容易作出它的图形，如图 6.15 所示。当学生看到它在 $x=0$ 附近上下波动，便知它在 $x=0$ 没有极限，而在传统教学条件下，学生不能准确地画出该图形，他们就难以理解它在 $x=0$ 处极限不存在。这样学生能够从抽象的极限概念、判定定理和函数图像多个维度理解该问题，促进学生高阶数学思维能力发展。

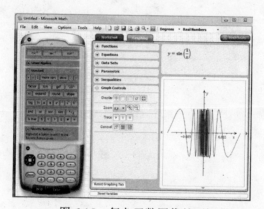

图 6.15　复杂函数图像的可视化

以计算机为核心的信息技术的介入，不仅带来了数学教学观念的变革，也创新了"数、形"呈现的方式，为更有效地运用"数、形结合"思想提供了技术支撑，同时能够满足学习者不同的学习需要，适应不同的认知风格，促进学习者个性的发展。

### 6.3.3.3 一般化与特殊化相结合的教学策略

1) 一般化

一般化也称普遍化,它是一种数学思维方法。波利亚在《怎样解题》中指出:"普遍化就是从考虑一个对象过渡到考虑包含该对象的一个集合;或者从考虑一个较小的集合过渡到一个包含该较小集合的更大的集合。"一般化在数学学习中有以下作用。

(1) 可以通过一般化而发现数学的一般性原理、性质、法则、规律等。

(2) 一般化思维方法有助于数学问题解决途径的获得。波利亚指出:"雄心大的计划,成功的希望也较大","更普遍的问题可能更易于求解"。在数学问题解决过程中,我们思考一个问题,有时可以跳出它的范围去思考比它大的范围的更一般性的问题。一般性的问题有时比特殊性问题还易于解决。因此,只要解决一般性的问题,特殊性的问题就迎刃而解了。

2) 特殊化

与一般化的思维方法相反,特殊化是从原思维对象所在的范围转化为比它小的,且被它所包含的范围内进行思维的方法。波利亚指出:"特殊化是从考虑一组给定的对象集合过渡到考虑该集合中一个较小集合,或仅仅一个对象。"

特殊化方法在数学学习中起到"实验室"的作用,它简便、易行,是学习过程的好方法,是"以退求进"的思维方法。

"特殊化"在数学学习中主要有以下作用:

(1) 有助于问题解决途径的发现;

(2) 可当做推翻某一结论的反例使用。

一般化与特殊化是数学学习中解决问题的行之有效的思维方法。在《数学地思维》这一著作中,梅森(J.Mason)就曾集中地研究了特殊化与一般化在数学问题解决中的作用。按照梅森的观点,特殊化和一般化正是数学思维的核心,并"构成了整个解题过程的基础"(郑毓信,1994)。

具体地说,就特殊化在解题中的作用而言,梅森指出:第一,只有通过特殊化我们才能很好地了解所面临的问题;第二,只有通过特殊化我们才能认识导致一般化的模式;第三,对于所得出的一般结论我们又必须借助进一步的特殊化去进行检验。就特殊化的这三种功能而言,梅森给出了以下基本策略:

由随意的特殊化去了解问题;

由系统的特殊化为一般化提供基础;

由巧妙的特殊化去对一般化结论进行检验。

例如,$P$ 是正三角形 $ABC$ 内任意一点,试探索 $P$ 到三角形三边距离之和与 $P$ 点位置之间的关系(图 6.16)。这是一个典型的探索性问题,几何画板在此可以作为学生进行自主探索的理想实验工具,如学生可以在三角形内随意的特殊化即拖动点 $P$,观察点 $P$ 的位置对距离之和的影响以及分别对 $PD$、$PE$、$PF$ 的影响,从而初步得出猜想;然后根据题目条件对点 $P$ 在三角形内的位置进行分类即系统的特殊化(在三角形内部和在三角形边上),分别对每类情况进行研究,进一步确认猜想,得到一般性结论;最后通过巧妙的特殊化(点 $P$ 在三角形顶点处)进一步对一般性结论进行检验。

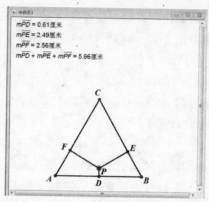

图 6.16　利用几何画板探索数学问题

首先,梅森指出,就一般化而言,是指我们应当努力去引出一般的结论,揭示其内在的依据,并作出可能的推广。从而,一般化就被认为是围绕以下三个问题展开的:

什么看上去像是真的?(猜测)

为什么它是真的?(检验和证明)

它在哪个范围内看上去也是真的?(推广)

其次,梅森指出,一般的解题过程可以划分为以下三个阶段:进入,着手,回顾。继承波利亚的传统,梅森就这三个阶段分别提出了如下建议和问题。

在进入阶段,我们应当考虑:什么是已知的,什么是所要求的,什么是可以引进的(后者是指引进适当的表格或图像对已知的东西进行整理,或是引进适当的符号以使对象更加易于处理)?

在着手阶段,主要的工作就是提出猜想及对猜想进行改进,这时图 6.17 所示的思维模式(循环程序)是特别有用的:

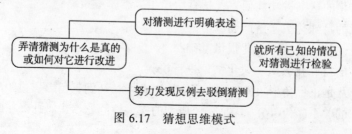

图 6.17　猜想思维模式

就回顾阶段而言，则应包括以下几项工作：对解答进行复查，对解题过程中的主要思想进行回顾，对已有的结果进行推广。最后，依据上述分析，梅森认为，对整个解题过程可以归结如图 6.18 所示。

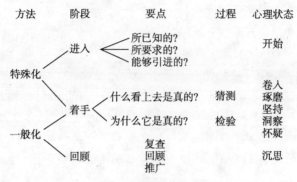

图 6.18　梅森解题过程结构

作为案例，我们在此展示一位教师利用现代信息技术帮助学生理解数学证明的必要性和意义的可贵探索(潘小明，2006)。

问题：探讨 $2^n$ 与 $n^2+2$ 的大小关系，并说明自己是怎么想的。

教学中，学生或通过笔算或借助于计算器对具体的 $n$ 进行了计算，然后进行了比较，易知：当 $n=1、2、3、4$ 时，有 $2^n<n^2+2$；当 $n=5$ 时，有 $2^5>5^2+2$；当 $n=6$ 时，有 $2^6>6^2+2\cdots$通过连续的计算之后大多数学生都能猜得：$2^n>n^2+2(n\geq5)$。

"谁能向大家说明自己的猜想一定正确呢？"教师试图让学生学会理性地思考，说清道理。

这下学生可犯了难，因为随着 $n$ 的变大，$2^n$ 不是一个小数目，再说何时能如此这般地计算、推理到无限？

"数学是一门高度严谨的学科。计算器使猜想成为可能，猜想可以为问题解决提供方向，但只有严谨的证明才能使人最终确认猜想和结论，那么究竟如何证明呢？"教师在引导。

学生思考并在同桌间相互讨论，但没有任何思路。

"能否不直接计算数值，在 $2^5>5^2+2$ 的基础上来证明 $2^6>6^2+2$ 试试看！"教师继续引导。

经过摸索，有学生给出了这样的证明：

$\because 2^6 = 2\times2^5 > 2\times(5^2+2)(\because 2^5>5^2+2)$

$\therefore 2^6>5^2+5^2+1+3 > (5^2+2\times5+1)+2= (5+1)^2 + 2=6^2+2$

立即又有学生尝试

$2^7 = 2\times2^6 > 2(6^2+2) = 6^2+6^2+1+3 > (6^2+2\times6+1)+2= (6+1)^2 + 2=7^2+2$

"一般的情况又会是怎样呢？"不用教师多说，马上又有学生提起了笔：若 $2^n > n^2 + 2$ 成立 $(n \geqslant 5)$，则

$$2^{n+1} = 2 \times 2^n > 2(n^2+2) = (n^2+n^2+1)+3 > (n^2+2n+1)+2 = (n+1)^2+2$$

接着，这位学生向老师和同学提出了自己的一种解题策略——"老师，我们是不是可以营造一个'循环系统'，让它自动地、无限地运作起来，使得 $n=5 \longrightarrow n=6 \longrightarrow n=7 \longrightarrow n=8 \longrightarrow \cdots \cdots$ 永无止境地递推下去？"

老师笑了，笑得很开心！他顺着学生的思路继续往下讲……

作为没有学过数学归纳法的学生，在教师的引导下借助计算器及特殊化与一般化的思想方法，已经将数学中这种重要的证明方法的雏形"活生生地"展示出来了！在这个研讨过程中，学生已经理解了为什么要对含有自然数 $n$ 的命题进行证明，以及可以怎样进行证明，显然他们构建了数学归纳法的最初意义，也为教师的进一步教学做好了铺垫。

又如，三角形内角平分线性质定理的探索。我们知道三角形内角平分线的性质可以看作等腰三角形顶角平分线性质的推广，它体现了三角形的两边由相等到不等时，第三边被对角的平分线内分的变化所呈现的美的秩序和比例。根据知识之间的内在联系，我们完全可以借助几何画板这一实验工具，通过特殊到一般的教学策略让学生亲身经历三角形内角平分线性质定理的产生、发展过程。具体而言，可创设如下实验过程，如图 6.19 所示。

(1) 提出问题：在等腰三角形 $AEC$ 中，$AQ$ 为 $\angle A$ 的平分线，$AQ$ 将 $EC$ 分得的两线段 $EQ$ 和 $QC$ 有何关系，如果 $\angle A$ 的两边不相等情况又会发生什么变化呢？

(2) 实验探索：把 $EC$ 所在直线逆时针绕 $C$ 点旋转。设该直线与 $AE$ 的延长线交于 $B$ 点，$\angle A$ 的平分线交 $BC$ 于 $D$。通过几何画板的拖动、度量和计算功能，不难发现当 $AB \neq AC$ 时，尽管 $BD \neq DC$，但随着 $AB$ 的增大 $BD$ 与 $DC$ 的比值也在增大！这种有序的变化使学生忍不住地猜测 $\dfrac{BD}{DC}$ 与 $\dfrac{AB}{AC}$ 之间必有某种内在联系。

(3) 特例检验：$\dfrac{BD}{DC}$ 与 $\dfrac{AB}{AC}$ 之间有何关系呢？一方面可以直接利用几何画板的度量计算功能进行实验探索，另一方面也可以引导学生从最简单的特殊情况开始探索。例如，学生通过对 $AB=AC$ 及 $AB=2AC$ 两种特例的直观考察，立即会充满自信地提出 $\dfrac{BD}{DC} = \dfrac{AB}{AC}$ 这一猜想，从而引出了三角形内角平分线性质定理。

(4) 验证猜想：要证 $\dfrac{BD}{DC} = \dfrac{AB}{AC}$，只要证 $\dfrac{BD}{DC} = \dfrac{AB}{AE}$。而 $AB$、$AE$、$BD$、$DC$ 分别在以 $B$ 出发的两条射线上，这不难联想到平行线分线段成比例定理，通过做辅助线 $EF /\!/ AD$ 即可完成猜想的证明。

类似地，勾股定理的产生、发展过程也可以采用从特殊到一般的教学策略(图6.20)。

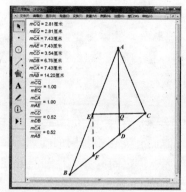

图 6.19　利用几何画板探索三角形内角平分线性质定理

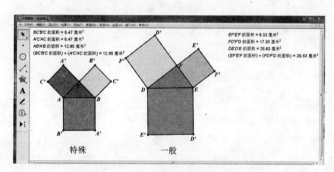

图 6.20　利用几何画板探索勾股定理

　　由以上众多例子可见，数学教育软件能够实现传统教学手段无法实现的一个梦想，即这些软件可以让学生操作计算机来构造数学对象，在观察动态的图形变化中，直观地体验任意性的含义，深入理解任意性在数学中的作用。同时，计算机提供了快速反馈测量结果、进行验证猜想的可能，使学生有更多的时间从事于更高层次的数学思维活动。

### 6.3.3.4　算法多样化的教学策略

　　"算法多样化"教学是目前国际数学教育界广泛关注的焦点问题之一。我国《标准》也提出了"提倡算法多样化"和"鼓励算法多样化"的教学要求。"算法多样化"教学是倡导"自主、合作、探究"等新型学习方式和适应学生发展差异、促进学生个性发展的"以人的发展为本"的教育理念对基础教育数学教学的必然要求。"算法多样化"教学尊重学生个体差异、鼓励学生独立思考、注重学生互动交流、关注学生个性体验，有利于实现"人人都能获得必需的数学"和"不同的人在数学上得到不同的发展"的数学教育目标；"算法多样化"教学注重让学生从多种角度理解问题、用多种形式表达问题和用多种策略解决问题,有利于激发学生的思考兴趣,拓展学生的认识视野,深化学生的数学思维,培养学生的创新意识,发展学生的创新能力。

与自学不同,在课堂教学中学生的学习是通过师生和学生与学生之间的交流与对话而得以实现的。在教学活动中,交流和对话只能发生在有差异的教育主体之间,双方的观点既有统一,又有差异,对话才能进行下去,双方才能突破各自原有认识和理解的局限,达到一个新的视界。没有差异就没有交流,交流主体之间存在差异是真实的交流发生的前提(曾继耘,2006)。在课堂教学中,来自不同家庭背景和社区环境的学生聚集在一起,他们有着各不相同的知识、文化、思维方式,带来了不同的疑惑和问题,形成了教育主体之间的异质性和互补性。这就决定了在课堂中即使面对同样的学习内容或同样的需要解答的问题,不同的学生会从不同的角度切入,体验到不同的主观感受,提出不同的解答方法。教师在数学教学中应尊重学生的独立思考,鼓励学生尝试用自己的算法解决问题,这样,整个班级就会呈现出“多样化的算法”,这是“算法多样化”教学的基本含义。当这些多样化的算法在课堂上被展示出来,相互碰撞、相互激荡时,师生之间和学生与学生之间真实的交流就发生了。这种交流可以在一定程度上弥补单个学生经验的不足和视野的局限,大大丰富学生的经验,拓展学生的视野,使他们看到、听到、想到他们原来没有看到、听到、想到的事实和问题,甚至有可能通过多元的思考和思维的碰撞,激发出富有创意的出人意料的新问题和新方法,从而使他们发展的空间得以拓展。

肖伯纳曾经说过这样一个比喻:假如你有一个苹果,我也有一个苹果,如果我们彼此交换这些苹果,那么,你和我仍然各有一个苹果;但是,假若你有一种思想,我也有一种思想,而我们彼此交流这些思想,那么,我们每个人将会有两种思想(张天宝,2002)。这个比喻非常形象地说明了建立在个体差异基础之上的交流在促进个体主体性生成和发展方面的重要作用。这种交流,我们不仅可以在课堂教学提问、讨论、问题解决等活动中实现,也可以在受到国内外教育界普遍关注的、以“异质分组”(heterogeneous grouping)为基础的当代小组合作学习中得到突出体现。我们要深刻地意识到,课堂教学中学生之间的差异是一种合理性存在,是一笔财富,利用得好,就可以转化为学生发展的推动力量。“好风凭借力,送我上青天。”将学生之间的差异视为一种重要的教学资源,就是试图依托学生资源这个“力”,来使教学获得事半功倍之效。

可见,在课堂教学中,教师必须改变对“差异”的原有态度,由消极的“讨厌”、“压制”和“应对”转向积极的“欣赏”、“鼓励”和“利用”。要知道,课堂不是消灭学生差异的“屠宰场”,而应是展示学生差异的舞台。我们只有深刻领悟算法多样化教学的内涵,真正认识“差异”的价值,才可能使“以人的发展为本”的教育目标落向实处,也才可能有效地促进学生的差异发展。具体地,算法多样化教学的实施策略如下(李明振，2006)。

1) 激发学生独立思考，实现算法个性化

在算法多样化教学中，教师首先应激发学生独立思考、自主探索，找到各自富有个性的解决问题的算法。尽管教师与教材的算法可能较为简约而成熟，学生的算法或许较为繁杂和幼稚，但学生是学习的主体，学生选择的算法更贴近自己的认知水平，因而教师应尊重学生的个性特征，给予学生独立思考的机会，激励学生自主探索，允许不同的学生从不同的角度认识问题，以不同的方式表达问题，用不同的方法探索问题，使学生个体尽可能找到自己的算法。平等的师生关系、和谐的课堂氛围和理想的学习环境是"激发学生独立思考，实现算法个性化"的基本前提。

2) 组织学生互动交流，实现算法多样化

在学生提出各种个性化的算法后，教师应组织学生互动交流，以归纳、整理出"多样化"的算法，进而把提出不同算法的学生分入同一个讨论小组。这样，学生会乐于把自己的探索过程和成果展示给其他同学，并倾听其他同学的分析和解释，从而不仅能认识从不同角度得出的算法，而且能更好地展开交流和讨论，进行纠正、补充和完善，共同分析探索过程、评价探索结果、分享探索成果。

在互动交流的过程中，教师应与学生一起对各种算法进行分析和整理，对同类算法加以归纳和概括。这样，既有学生的自主探索，又有教师的参与指导；既允许学生选择适合自己的算法，又避免学生过分"迷恋"自己的算法，从而既可使"人人都能获得必需的数学"和"不同的人在数学上得到不同的发展"，又能使学生在感受独立思考探索的乐趣和价值的同时，体验"合作交流"的力量，消除"自我中心"，学会尊重和欣赏他人。

3) 引导学生比较反思，实现算法最优化

在获得"多样化"的算法之后，教师应引导学生比较反思，实现算法的优化。诚然，学生提出的所有能解决问题的算法均应予以肯定，但只有那些真正有助于提高学生数学素质、促进学生学习可持续发展、接近数学本质的算法才应给予鼓励。"多中选优，择优而用"是发展学生数学思维、培养学生创新意识的重要方法。一个具体的数学问题，无论从数学学科的特点或是学生认知发展的特点来看，都存在一些科学的、简约的算法，因而，有必要引导学生对多种算法进行优化。

由于学生是借助自己的知识经验和思维方式来理解和解释现实的，因此，对于不同的学生而言，算法的优劣并无绝对的标准，不存在对所有的学生都是最优的算法。算法优劣的判断标准并不在算法本身，而在于算法是否与学生的知识经验相联系。学生个人的算法是学生依据自己的生活背景、知识经验、思维习惯等经独立思考、自主探索而获得的结果，它植根于学生的个体知识经验并与其情感体验紧密相连。如果教材或他人的算法未能触及学生个人的思维和情感领域，那么，它对学生个人的发展就不会有积极作用；如果学生个体不能很好地理解"教材或他人的算法"

而机械地接受，那么，还可能带来额外的记忆负担。

算法最优化不仅仅是结果，更是学生自我体验、自我反思、自我选择和自我完善的过程。学生是算法优化的主体。学生往往对自己思考过或表述过的算法印象深刻，舍弃自己的算法而接受其他算法通常需要一个过程。因此，教师应给予学生个体自主比较和反思的机会，引导学生对"多样化"的算法进行观察和辨析，使之在思维碰撞中感受和认知其他算法的优点和局限，反思和改进自己的算法，选择最适合自己的算法，最终实现算法的优化选择。

把握算法最优化的最佳时机十分重要，急于优化或迟滞优化都会带来负面效果。进行算法最优化的最佳时机是：学生通过独立思考已获得至少一种算法，在互动交流中已体验到算法的多样化，已认识到各种算法之间的差异或认识到自己的算法与其他算法之间的差距，并产生了修正自己算法的内在需要。

# 7

## 信息技术环境下基于问题解决的数学教学实证研究

## 7.1　信息技术环境下基于问题解决的数学教学实践概况

### 7.1.1　实践背景

　　本研究作为全国教育科学"十五"规划重点课题"基于网络环境的基础教育跨越式发展创新试验研究"(BCA030017)(以下简称跨越式课题)中的子课题，正是在我国加速教育信息化进程以及实施新一轮课程改革的宏观背景下展开的一项数学教学改革项目，旨在将信息技术与数学课程教学进行深层次的整合——在先进的教育思想、理论指导下，特别是建构主义学习理论、弗赖登塔尔的数学教育思想、何克抗的创造性思维理论和双主教学结构理论的指导下，把以计算机及网络为核心的信息技术作为促进学生自主学习的认知工具、协作交流工具和情感激励工具，改革传统的以教师为中心的教学结构，构建新型的"主导—主体"相结合的教学结构，培养学生良好的信息技术素养、数学思维品质、协作意识与能力、自我扩充知识结构的意识与能力、创新的意识与能力和分析与解决实际问题的能力，实现基础教育数学教学的根本性变革。

　　笔者1989年毕业于北京师范大学数学系，有12年中学数学教学经历，积累了比较丰富的中学数学教学实践经验，同时又有10年在师范大学从事数学教育教学和研究的经历。特别是2004年9月以来，在导师何克抗教授的指导和带领下，在全国各地中小学深入开展了"基于网络环境的基础教育跨越式发展创新试验研究"。课题试验学校给了我们研究的土壤，试验教师和学生给了我们研究的动力，更给了我们研究的灵感。三年来，笔者先后参与了跨越式课题所属的北京昌平区、北京石景山区、河北丰宁满族自治县、陕西太白县等多个试验学校的课题研究与指导工作。整整三年深入中小学课堂教学第一线，不仅对中学数学教学实践现状有了更深入的认识，而且在对试验教师培训、交流教学设计方案、听课、评课等活动的过程中，积累了丰富的研究素材，为信息技术环境下基于问题解决的数学教学研究提供了良好的教学试验基础，同时在课题开展过程中，也使我们真正地体会到了所倡导的理论只有转化为教与学的行为才能有效地促进教师与学生的发展。

此外,针对课题开展实践中反映出来的问题,我们撰写并发表了多篇文章:《问题设计与数学教学》、《信息技术环境下的数学探究学习》、《面向学习者的数学问题解决教学设计——信息技术与数学课程深层次整合的视角》、《Microsoft student graphing calculator 支持下的函数学习》、《知识类型与数学教学设计》、《数学问题解决学习的人际交互环境设计》、《基于信息技术的数学问题解决教学策略》、《信息技术环境下基于问题解决的数学教学实证研究》。这些文章分别从不同的角度对信息技术环境下数学教学设计理论体系和实际应用进行了思考,为本书撰写和课题实践研究奠定了一定基础。

### 7.1.2　实践策略

出于对数学教学改革多年来的持续关注,在课题研究与指导过程中,笔者提出了信息技术环境下基于问题解决的数学教学的最初理论框架。在对该理论框架的实践中,我们始终坚持与课题试验一线教师密切协作,形成研究共同体,通过行动研究来不断提炼、修正、完善和落实基于问题解决的数学教学的理论与方法。实践证明,这种方法既有利于发挥理论研究者的理论智慧,又有利于展现一线教师丰富的教学实践经验。两者的互补性与共同发展,保证了本项研究的顺利进行。

#### 7.1.2.1　参与式培训

显然,通过一线教师来实践、检验、完善本书所提出的理论构想,最能符合教学实践的规律,并有助于融入教师们宝贵的实践智慧。但是,参与试验的教师虽然能够在一定程度上理解到基于问题解决的数学教学的重要性,却无法全部由其自身来有效地构建出一套实践框架。因此,这就需要理论研究者提供一个可遵循和具有高度操作性的理论框架。另外,在理论研究者与实践者之间,不可避免地存在着许多认知差异性,需要进行大量的沟通互动。为了使试验教师们真正理解基于问题解决的数学教学的精髓,并使他们在坚持基于问题解决的教学特色的结构框架中进行具体的教学实践,首先就需要让参与研究实践的一线教师深入细致地理解和掌握信息技术环境下基于问题解决的数学教学的主要理论与方法。而这种理论与实践有机结合的过程,绝非是一蹴而就的,不可能仅凭几次理论讲座就能奏效,而是需要对教师们进行大量的培训、演练、研讨和互动。本研究所依托的跨越式课题管理最鲜明的特色之一就是研究指导团队能够坚持长期深入教学第一线,对课题研究过程进行持续深入地指导和培训。从培训内容来说,包括教学理论培训、常用工具技术培训、教学设计策略培训(包括教学方式设计策略、问题设计策略、问题解决教学策略、学习环境设计策略)、问题解决教学模式和典型案例分析的培训等;从培训形式来说,既有讲座式的培训以帮助教师解决基本理念、基本理论问题,又能根据课题试验开展的客观实际需要开展多种形式的与实践结合的参与式培训。具体参与式培训方式包括以下内容。

(1) 区内课题组教研联盟互动式培训。为了优势互补,加强各试验学校教师之间的交流互动,我们组建了由北京师范大学现代教育技术所的研究人员、昌平区教师进修学校研究人员和学科教研员以及各试验学校教师结成的区内课题组教研联盟互动团体,每月按照各试验区制订的月度课题指导计划,在深入各试验学校课堂教学之前举行一次区内课题组教研联盟互动式培训。期间参与式培训内容主要包括:①选择部分试验教师分别就上一个月课题组观摩点评过的优秀课例进行介绍,之后教研联盟团体成员展开互动研讨、分析评价、交流共享;②每位试验教师分别介绍当月要实施的教学设计方案,大家分析研讨,献计献策,修改优化教学设计方案;③专家就试验教师在教学实践中遇到的问题进行现场解答,并针对共性问题进行专题讲座;④课题组技术支持人员就试验教师在实践中遇到的技术难题进行现场面对面培训或进行技术专题讲座。总而言之,区内多种形式的参与式培训有效地促进了试验教师对信息技术环境下基于问题解决的数学教学理论与方法的理解与灵活运用。

(2) 跨区课题组教研联盟互动式培训。为了加强各试验区之间的交流,实现优势互补,总课题组各试验区负责人密切协作,相互支持,及时沟通,共同协商组织跨区教研观摩活动,有效地促进了试验教师的快速成长,真正地实现了各试验区之间优势资源共享,整个课题组协同作战、共同发展的目标。

### 7.1.2.2 常规化指导

跨越式试验是在有效利用信息技术的前提下进行的教学改革试验。它之所以有良好的试验效果,归功于课题组能够始终坚持不懈地致力于信息技术与课程整合课堂教学的常规化。为了促使课题试验的常规化,本着一切为教师服务和促进学生发展的宗旨,总课题组的指导团队每个月都会到自己固定指导的试验区开展课题指导。对试验学校每月进行常规听课、评课是试验指导最重要、最频繁的指导方式,总课题组的指导人员每个月都会为各试验区制订月度课题指导计划,安排每月的教学指导活动。具体活动包括:与每个学校的试验老师交流教学设计方案,听课、评课至少一次;组织试验学校之间开展交流、互帮互助活动;针对各区具体情况开展理论、技术等培训;检查教学资源开发、使用情况;提供硬件设备、教学平台等的维护服务等。听课后课题组成员会与学校课题组相关人员一起针对听课情况进行研讨,从各个层面进行有针对性的点评,并针对听课中出现的问题对试验教师和学校课题组提出下一个阶段应该努力的方向。这种常规化的指导活动持续、循环跟进式地进行,有效地保证了信息技术环境下基于问题解决的数学教学的顺利推进与实施(图 7.1)。

何克抗教授的启动
培训讲座(2004.06)

吴娟博士在作项目
启动培训(2004.06)

余胜泉博士为试验教师
作报告(2005.03)

王光生博士在汤河中学作
培训报告(2004.12)

郑良栋博士在作培训
(2004.08)

试验教师正在认真听
培训讲座(2004.08)

试验教师学习网页制作
(2004.08)

郑良栋博士正在给试验
学校下发资源(2004.08)

教研员、中学试验教师在
汤河中学听报告(2004.12)

郑良栋博士为试验教师
作案例分析(2005.08)

田异常硕士在做平台培训
(2005.08)

江晓明硕士在做技术培训
(2005.08)

试验教师认真听培训讲座
(2005.08)

赵兴龙硕士为试验教师
作案例分析(2006.04)

试验教师在学习综合
课例的制作(2006.04)

试验教师培训后研讨
(2006.10)

郑良栋博士在作研究
方法培训(2007.03)

杜微硕士在作案例分析
培训(2007.10)

学生在网络环境下学习
(2004.12)

数学教师王淑萍的一堂
网络课(2005.11)

丰宁中学跨越式课题
校际研讨(2004.12)

图 7.1

### 7.1.2.3 优质化服务

本着一切为教师服务和促进学生发展的宗旨,课题组除了以上所述的参与式培训和常规化指导之外,还竭力为试验学校和教师提供如下主要服务。

(1) 搭建资源共建、共享平台,提供异步交流服务。为了促使课题试验的常规化,开发信息技术环境下基于问题解决的数学教学所需的优质教学资源和实施信息技术环境下基于问题解决的数学创新教学设计是课题取得成效的两个基本前提。几年来,总课题组和各试验教师一直在致力于探索中学各学科资源素材共建、共享的方案与途径,以便更好地为设计合理优质的教学方案与提高教学实践效果奠定基础。经过几年的探索,虽然有了一定的基础,但中学资源素材的共建、共享依然是制约课题深入开展的瓶颈。如何开发出对广大试验教师来说是可以学到手的、能够加以有效运用的、有助于减轻备课负担的优质、实用的教学资源素材是我们课题开展中面临的巨大挑战。

我们曾经尝试过多种资源共建、共享的途径,也收到了一定的成效,但从实践效果来看仍然不够理想,所建资源难以满足广大试验教师的多样化需要。事实上,新课程改革的基本理念之一就是为广大教师提供"二次"开发课程资源的权利与义务,倡导"用教材"教而不是一味地"教教材",目的在于充分发挥广大教师多年来累积的实践智慧与教学机智。由于每个人的背景、思维方式、实践经验、教学思路不同,所以同样的课程内容在不同教师的具体实践中往往呈现出多样化的"个人色彩",表现出不同的个性差异。没有差异就没有交流,交流主体之间存在差异是真实的交流发生的前提。每个教师在教学实践中对同样内容的处理都会有不同的切入点，体现出不同的教学设计思路。如果我们能够把每个教师在实施同样课程内容中的教学资源素材整合起来，那么整个课题组就会呈现出"多样化"的教学资源素材。当这些整合后的资源素材下发给每位教师之后，就会与教师对于相同内容所已具有的教学设计思路相互碰撞、相互激荡，从而各位试验教师之间的"无需见面"的交流就自然发生了。这种交流可以在一定程度上弥补单个老师经验的不足和视野的局限性，大大丰富教师进行教学设计所需的资源素材，从而可能生成富有创意的出人意料的教学设计单元包，这样也就为每位教师的专业发展提供了快速通道！

鉴于以上分析，同时考虑到每位中学试验教师的工作负荷，我们初步提出以下资源共建、共享方案：两途径、三层次、谋发展。

两途径：即指中学各学科资源建设采用常规资源共建、共享与优质资源共建、共享两个途径。具体而言，常规资源共建、共享是指各位试验教师将平时每次上课后所用的教学设计、课件、素材当日上传指定地址，其他试验教师可随时下载共享；优质资源共建、共享是指每月按照总课题组安排，每位教师将课题组交流、听课、评课后的所用资源修改完善后上传指定地址，其他试验教师可随时下载共享。

三层次：即指每位试验教师对同样课程内容所建设的资源素材必然表现出个性化的特色，为了创建丰富多彩的资源素材，实现资源共享，每位试验教师有责任、有义务将每次课后的具有个性化的资源素材及时上传，从而实现资源库中同样课程内容拥有多种个性化的资源，也就是要求每位教师及时提供每日上课后的资源，实现资源个性化；当同样知识内容的所有资源素材整合在一起时，每位教师就会拥有多样化的资源素材，实现资源多样化；而这些多样化的资源呈现在教师面前时，每位教师必然会结合学生特点、自身教学风格、教学实践经验等采取"多中选优，择优而用"的策略，高效而优质地进行教学设计，从而实现多样化资源最优化运用的目的。

谋发展："前人栽树，后人乘凉"，这是人类发展的必然规律。资源素材建设是一个新的领域、新的课题，需要有人先行探索、先行付出。相信经过一轮艰难而辛勤的资源素材建设之后，一定会为后来者继续前行扫清障碍，也必然会为课题、教师、学生、学校的可持续发展奠定坚实的基础。

除了上述为试验教师搭建资源素材共建、共享平台之外，总课题组研制开发了一系列平台和软件，为课题开展、教师发展、课堂教学、评价测量、教学资源管理等构建了系统技术支持环境，为试验教师之间以及试验教师与总课题组成员之间的交流互动和课题研究提供了极大的便利。它们是跨越式试验项目门户网站(图 7.2)、V-class 中学网络互动教学平台、研究性学习平台、发展性评估平台、新课程资源网站、资源管理 FTP、《教育技术通讯》在线杂志、《信息技术与课程整合通讯》电子杂志(图 7.3)以及知识媒体试验室和试验教师的 blog 群。它们从各个方面支持课题研究，提高了课题开展的效率。

(2) 提供教学科研方法指导服务。在课题开展过程中，结合日常交流指导和教研交流，我们对试验教师以行动研究法、试验研究法为重点进行教学科研方法指导，以教学研究论文的写作、公开示范课的教学设计为突破口，加强教师行动研究的意识，促进教师专业成长。在我们的指导下，已有部分试验教师在国家公开期刊上发表了教学设计方面的论文。

(3) 提供高质量教学成果制作服务。为了帮助试验教师及时整理教学成果，我们竭力帮助试验教师将一些高水平的信息技术与课程整合示范公开课制作成综合课例的形式。综合课例中包括：教学设计方案、教学课例的相关论文、教学过程思路、多媒体教学课件、教学反思、学生作品与创意、学科领域专家对教学实施的评价。

图 7.2

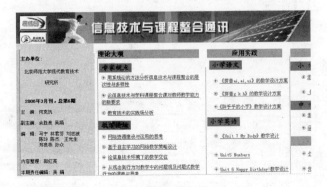

图 7.3

#### 7.1.2.4 持续化改进

信息技术环境下基于问题解决的数学教学的理论与方法的构建过程是研究共同体行动研究的过程，也是持续改进、不断完善的过程。众多试验学校为我们提供了研究的土壤，试验教师的通力协作为我们提供了研究的动力和灵感，频繁细致的课题指导工作为我们不断地在实践中检验、修正、完善所构建的理论框架提供了保证。

行动研究法，以提高研究质量，改进实际教学工作为首要目标；强调研究、行动、反思的结合，并相互促进，要求行动者参与研究，研究者参与实践，用实践行动来检验和完善教学理论(陈伯华，2001)。如前所述，教学设计理论必须具有高度的实用价值才具有生命力，而行动研究则是使一种教学设计理论成长、成熟的研究方法。具体的行动研究框架如图7.4所示(胡小勇，2005)。

信息技术环境下基于问题解决的数学教学依托于跨越式课题研究。对于教师自身成长而言，它是一个行动学习的过程；对于教学研究而言，则是一种行动研究的实践策略。在研究过程中，通过与一线教师结成"理论—实践"共同体，使设计理论与实践活动紧密结合，从而使信息技术环境下基于问题解决的数学教学的理论体系与实践方法在行动研究中不断发展，螺旋上升、日臻完善。

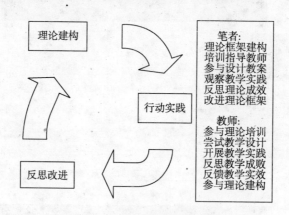

图 7.4　行动研究实施框架

### 7.1.3　实践成果

通过持续化行动实践研究，形成了如下实践成果：

(1) 形成了一套系统的、操作性强的"信息技术环境下基于问题解决的数学教学"研训材料，包括各种案例(教学设计单元包、综合课例等)、工具、模板、演示文稿等。它们初创于理论构建，完善于研修过程，为培训一线数学教师掌握信息技术环境下基于问题解决的数学教学的理论与方法提供了强有力的支持。

(2) 培养了一批能够灵活应用信息技术环境下基于问题解决的数学教学的理论与方法进行教学实践的优秀试验教师，这些优秀试验教师的辐射与带头作用无疑会有助于落实数学新课程的理念与目标。

(3) 信息技术环境下基于问题解决的数学教学依托于跨越式课题仍在持续进

行，至今我们已获取了一批具有代表性、受到基础教育研究实践者(包括教研员、优秀教师等)认可的信息技术环境下基于问题解决的数学教学实践案例，并现已有多篇论文(包括笔者、试验教师撰写的论文)在核心、权威期刊发表。教学设计只是停留在理念层面的预设性材料，而实践之后形成的教学案例则是验证理论成败的试金石。考虑到篇幅的限制，附录 B 展示了我们从众多教学实践案例中撷取的三种不同类型的教学案例。

(4) 提升完善了信息技术环境下基于问题解决的数学教学的理论框架和实践策略。通过持续大量的教学实践与反馈互动，信息技术环境下基于问题解决的数学教学理论与方法经受了实践的检验，不仅具有较系统的理论性，也具有较强的教学实用性。

# 7.2　信息技术环境下基于问题解决的数学教学试验行动研究

本研究旨在通过与一线数学教师结成行动研究共同体，依托跨越式课题，对试验教师进行多层面的信息技术环境下基于问题解决的数学教学设计理论与方法培训和教学行为跟进，一方面希望通过行动研究共同体的持续实践改进、完善我们所构建的信息技术环境下基于问题解决的数学教学设计的理论和方法；另一方面也希望能够通过行动研究，切实落实以教师为主导、学生为主体，通过问题解决来学习、通过问题解决来建构知识的教学理念，提高试验教师信息化数学教学设计能力和教学实践智慧。

## 7.2.1　行动研究思路

教师在职教育有多种形式，如短期课程培训、单元式工作坊、教学观摩和研讨会等，所有这些形式都要面对理论到实践的转移问题。实际上，大部分教师在参与了这类培训后，都感到很难把所学到的知识与技能运用到日常的课堂教学上，这似乎已成为不易消解的困惑。这一现象，国内有，国外也存在。有文献表明，解决理论向实践转移的做法主要有下述三种方法。

(1) 结合课例的同事互助指导(peer coaching)。西方学者乔依斯和肖沃斯(Joyce，Showers，1982)的一项实证研究表明，学校内教师之间的相互听课和指导能使教师将在职培训所学到的知识和技能运用到日常课堂上。研究者对两组参与了三个月课程的在职培训的教师进行对比研究，其中一组教师所在的学校在培训期间推行了同事之间相互听课和指导，而另一组教师所在的学校则没有这样的活动。结果表明，前一组有 75%的教师在日常的课堂中能有意识地而且比较有效地应用所学的知识和技能，后一组则只有15%能有同样的表现。

目前，美国、香港等地的一些学者正据此在中小学推介同一层级教师之间的互相支援，认为这样做既能避开上司对下属评鉴考绩的"干扰"，又能促进教师的专业发展。"相观而善之谓摩"，相互听课有利于缩小课程发展与教师实践之间的落差，可以引发艺术切磋与教学研究，长此以往又可以促成研讨与培训一体化的校本发展机制。然而，根据我国内地长期以来教研活动的经验，同层级的横向支援，明显缺少了纵向的引领，尤其是在当今我国课程发展大变动的时期，先进的理念如若没有以课程内容为载体的具体指引与对话，没有专家与骨干教师等高一层次人员的协助与带领，同事之间的横向互助常常会囿于同水平重复(顾泠沅，2003)。

(2) 案例教学法(case methods of teaching)。案例教学法是一种教与学两方直接参与，共同对案例或疑难问题进行讨论的教学方法。案例讨论能促进理论到实践的转移，这种方法最早运用于律师与医生的培养，哈佛大学工商学院的科普兰(Copeland，1910)将其应用于工商管理人才的教学中，同样取得了显著的成效，这种方法的广泛采用后来成为整个哈佛大学培养专门人才的重要特色之一。20世纪70年代以后，案例讨论被移植用于教师培训，现已发展为课例学习(lesson study)。

教师是一个特殊的职业，教师职业虽然也有一般职业的若干共同特征，毕竟与医生、律师、工商管理者不同。例如，后者技术含量高，前者工艺性特别讲究；后者的学习与培训采用书面个案讨论的方式很能有所建树，而前者还需在反复讨论中作行为自省与调整的跟进才能见效。国外、国内的事实业已告诉人们，教师培训仅用案例讨论的形式，成效远不如其他职业那样突出。

(3) 行动教育。顾泠沅教授曾对上海市青浦区部分中小学311名教师作问卷调查(有效问卷295份)，其中两个调查结果是，① "在课程教学改革的过程中，怎样的专业指导对教师的帮助最大？"结果发现，老师们选择较多的是，C课改专家与经验丰富教师共同指导课堂教学(36.7%)，D身边经验丰富的教师在教材教法方面的指导(35.7%)，E同事之间对教学实际问题的切磋交流(21.6%)。选择很少的是，B与同事共同阅读理论材料并相互交流(2.8%)，A未结合课例的纯理论指导(3.2%)。其中，受教师欢迎的C、D、E指导方式均涉及具体课例，教师不太喜欢的A、B选项均无具体课例，从中不难得出一个结论：教师需要有课例的专业引领。② "哪种听课、评课方式对教师帮助最大？"结果表明，老师们选择较多的是，D专家、优秀教师和自己合作备课，再听课、评课，研究改进(57.7%)；E听优秀教师的课，并结合自己的教学实际参加讨论(24.6%)。选择较少的是，A与和自己水平相当的教师相互听课讨论(0.7%)，B专家和优秀教师听自己的课并点评(5.9%)，C听优秀教师的课并听专家点评(11.1%)。从中可以发现，教师选择少的一类只有讨论、点评而没有行为跟进，多的一类既有讨论、点评又有与自己教学实际结合的行为跟进。显然，教师需要的是有行为跟进的全过程反思。

顾泠沅教授(2003)在综合文献研究、调查实践、经验总结和对改革实践的深入洞察的基础上，指出教师在职教育的思路是，①保持同事之间的互助指导，还须注重纵向的理念引领；②保持侧重讨论式的案例教学，还须包含行为自省的全过程反思。在上述思路的基础上提出了一种以课例为载体、在教学行动中开展包括专业理论学习在内的教师教育，简称"行动教育"，并提出如图 7.5 所示的实施"行动教育"的基本模式。并指出"行动教育"作为一种教师教育的模式，有如下三个要素：①课例，它是行动的载体；②合作平台，研究者与教师的合作平台主要有课例讨论、情境设计、行为反省；③运作过程，整个流程包括原行为、新设计、新行为三个阶段，其间有两轮在寻找差距中的反思与调整。这样的流程多次往复，达到螺旋式的上升。

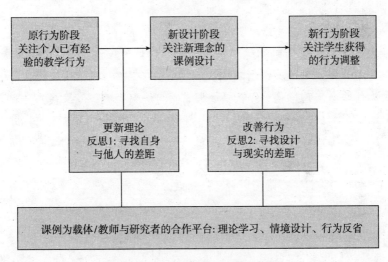

图 7.5 "行动教育"的基本模式

综合以上文献研究，结合跨越式课题的指导思想，我们提出了以下信息技术环境下基于问题解决的数学教学试验行动研究思路。

(1) 组建行动研究共同体。为了使本研究充分体现基于课例的、研究者与教师合作的、课例讨论与行为自省相结合的全过程反思的特点，行动研究共同体由以下人员组成：北京师范大学现代教育技术研究所的研究人员、昌平区教师进修学校的教师和教研员、试验学校的校长和教师。这样的人员结构，可以充分发挥作为专业研究的主体——研究人员、教研人员、专家教师，与作为教学行动的主体——一线教师相结合的互补优势。

(2) 确定行动研究要点。在对试验教师进行多层面参与式培训的基础上，我们确定的行动研究的三个要素是，①课例，它是行动的载体；②合作平台，研究者与教师的合作平台主要有教学设计、课例讨论、行为反省；③运作过程，整个流程包括原教学设计、新教学设计、新教学行为三个阶段。连接这三个阶段活动的是两轮有引领的合作反思：第一，反思原教学设计与新理念、新经验的差距，完成更新理念的飞跃；第二，反思新的理性教学设计与学生实际获得的差距，完成理念向行为的转移。这样的流程多次往复，达到螺旋式的上升。

### 7.2.2 "分式方程"行动研究案例

我们的行动研究以信息技术环境下基于问题解决的数学探究教学为行动的目的，旨在从中探寻并揭示有效提升试验教师实践智慧、促进其专业成长的运作方式和规律。在此过程中，研究者与教师密切合作，改进、发展学与教的模式、策略和方法，教师则一面从事实际教学，一面从事教学研讨，一面在工作过程中接受在职教育，而且将三个方面有机地结合起来。

"分式方程"是人民教育出版社出版的八年级下册的一个单元。数学新课程对于本单元的设计框架是通过实际问题列方程—根据方程特征给出分式方程的定义—探索解分式方程的方法—练习巩固—利用分式方程解决实际问题。教材中对解分式方程时为什么会出现增根、什么是增根、如何检验增根等问题没有要求，只是指出，"解分式方程时，去分母后所得整式方程的解有可能使原方程中分母为 0，因此应如下检验：将整式方程的解代入最简公分母，如果最简公分母的值不为 0，则整式方程的解是原分式方程的解；否则，这个解不是原分式方程的解。"

如果按照教材设计，教师可以轻车熟路地完成教学任务，实现教学目标，但学生对分式方程的整体认知、学习分式方程的意义、分式方程与相关知识内容之间的联系、分析问题、解决问题的能力以及研究数学问题的思想方法的感悟就可能比较欠缺。为此，我们行动研究共同体选择"分式方程"作为行动研究对象，同时考虑到信息技术在代数教学中的合理应用一直是信息化数学教学设计中没有得到很好解决的问题，希望以此为突破口，旨在从中探寻并揭示体现信息技术优势的"单元知识内容问题化设计"的可行运作方式和规律，有效提升教师实践智慧和学生高级思维技能。

### 7.2.2.1 原教学设计阶段

行动研究共同体指定昌平区小汤山中学付东方老师担任此次行动研究任务，首先提交"分式方程"初始教学设计方案。研究者对付老师提交的教学设计方案进行分析，结果表明，教师虽有基于问题解决的数学探究教学的理念，但在师生行为的设计上有三个难解的困惑：①本章主题是"分式"，包括"分式"、"分式的运算"、"分式方程"三个单元，各单元之间以及与已学的一元一次方程、二元一次方程组、一元一次不等式(组)都存在内在联系，如何通过"分式方程"的学习，让学生对"方程"这一主题内含的思想——建模、类比和转化有深入的体验，从而为后续学习奠定良好的基础？②对于解分式方程时为什么会出现增根、什么是增根、如何检验增根等问题是否需要学生探究？如果要探究，那么通过何种策略来突破这个难点？③ 信息技术在本单元教学中是否必要，没有信息技术的支持是否也能取得同样的教学效果，怎样用才能更好地体现信息技术在本单元教学中的优势？

#### 7.2.2.2　新教学设计阶段

围绕上述问题，我们在研究中提出了整体设计、问题驱动、类比转化、学教并重的教学设计思想，并对原教学设计作了如下改进。

1) 分析单元知识结构(图 7.6)，梳理教学设计思路

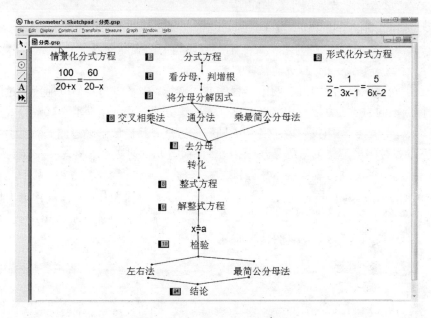

图 7.6　分式方程单元知识结构

我们将分式方程分为两大类，一类是具有实际背景的情景化分式方程，另一类是不具有实际背景的形式化分式方程。前者是本单元的重点，也是难点，后者是为了巩固分式方程的解法而编制的问题。为了让学生了解并掌握学习分式方程的意义，在单元教学过程中自始至终贯穿由实际问题列分式方程这一主线。本节内容是本单元的第一课时，是在学生掌握了一元一次方程的解法和分式四则运算的基础上进行的，为后面学习可化为一元二次方程的分式方程打下基础。旨在引导学生通过经历实际问题→列分式方程→探究解分式方程的过程，体会分式方程是一种有效描述现实世界的模型，从整体上对分式方程有一个整体认知，发展学生分析问题、解决问题的能力，培养应用意识，渗透类比转化思想。

2) 分析知识类型，设计教学方式

本单元内容涉及分式方程的定义、分式方程的解法、分式方程增根的定义、分

式方程可能产生增根的原因、分式方程验根的方法以及实数、代数式、代数方程分类类比和一元一次方程与分式方程解法类比等拓展内容，课堂容量大，重点、难点难以通过教师讲授的方式取得理想的效果。因此，对于分式方程和分式方程增根的定义等联结类知识采用在学生直观感知归纳的基础上教师讲授的方式进行，对于分式方程的解法、分式方程可能产生增根的原因和分式方程验根的方法等运算类知识采用学生自主探究与合作交流的方式进行，而对于拓展内容与课堂小结则借助信息技术优势来实施。

3) 确定教学环节，设计教学问题

环节 1：创设情境，列出方程。

教学问题系列：两个与学生现实生活密切相关的实际问题。

环节 2：总结定义，探究解法。

教学问题系列：所列出的两个方程的共同特征是什么，与我们以前所学过的方程有什么不同，分式方程的定义是什么，怎样解分式方程，在学生尝试解分式方程的基础上，让学生利用投影展示各种不同解题方法，并讲解解题思路，同时引导学生思考：各种不同解法的依据是什么，这些解法有相同之处吗？在学生交流讨论的基础上，得出解分式方程的基本思路都是先把分式方程化为整式方程，从而又引出代数方程如何分类的问题。为了让学生对所学知识有一个整体认识，并渗透类比转化的思想方法，教师在学生自主探索、合作交流的基础上，及时对知识结构进行梳理，并通过如图 7.7 所示的课件进行展示。

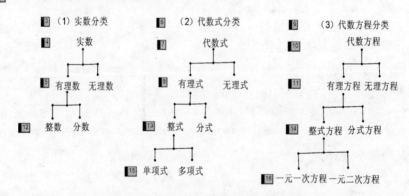

图 7.7　实数、代数式、代数方程分类类比

整式方程、分式方程等概念在"类比转化"中更加清晰明了。为了让学生对分式方程的解法有一个清晰的认识，教师在此又需提出让学生分别解一个一元一次方程和一个分式方程，并思考解一元一次方程与分式方程区别的问题。之后，教师展

示如图 7.8 所示课件，以使学生更加深入地体会知识之间的联系与区别。

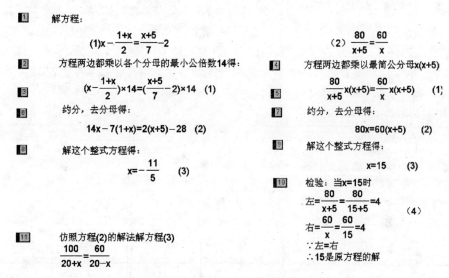

图 7.8 一次方程与分式方程解法类比

环节 3：讲、练结合，分析增根。

教学问题系列：虽然学生已初步了解了简单分式方程的解法，但还没有突破本节课的难点。为此，需再次让学生利用已掌握的方法独立解一个分式方程，在解决问题的过程中引发学生的认知冲突，解方程得出的结果不是此方程的解！那么得出的数值是方程的什么呢？从而引出增根的问题：什么是分式方程的增根，分式方程为什么会产生增根，分式方程验根的方法是什么？在学生自主探究、合作交流的基础上，教师适时进行点拨讲解，并通过如图 7.9 所示的课件进行归纳提炼。

环节 4：师生总结，建构体系。

教学问题系列：至此，本节课的教学任务已基本完成，为了让学生学会概括总结的学习方法，教师应该要求学生利用 Midea-Class 纯软多媒体教学网络平台，结合本节课的学习过程谈一谈学习的收获与感受。回顾一下在这一节课中你都学了什么，学习的方法是什么？同学之间可以互相看到每个学生所打写的学习感受，教师进行答疑解惑，总结概括。

### 7.2.2.3 新教学行为阶段

在行动研究共同体对原教学设计进行集体研讨改进的基础上，付老师结合学生和自身的实际，最终形成了新的教学设计方案，并于 2007 年 3 月 21 日进行了教学实践，其课堂教学全程实录见附录 B 中的案例 2。全体行动研究共同体成员进行了现场听课、评课活动，并进行了全程课堂教学录像，目前这次行动研究已制作成了综合课例。下面对本节课的实施效果作一简要分析和反思。

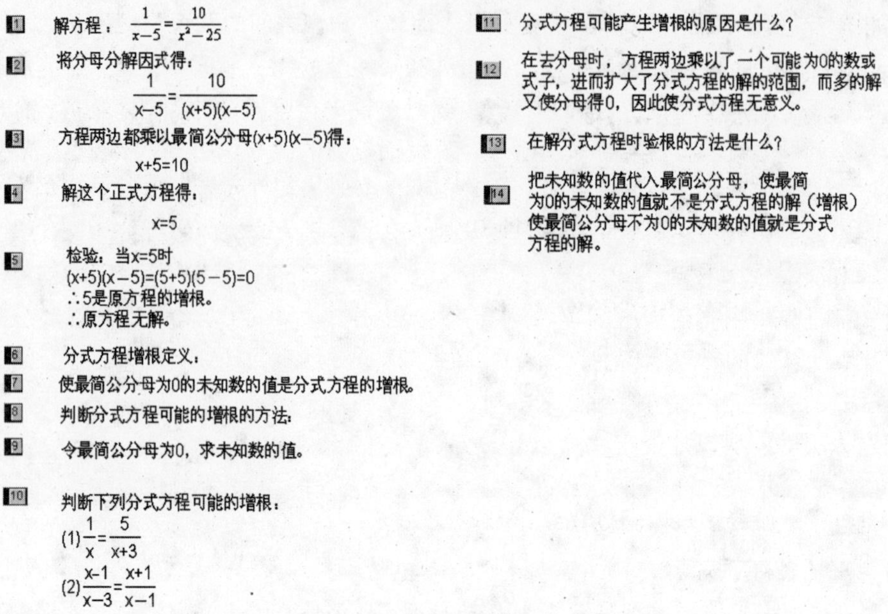

<table>
<tr><td>1</td><td>解方程：$\dfrac{1}{x-5}=\dfrac{10}{x^2-25}$</td></tr>
</table>

1　解方程：$\dfrac{1}{x-5}=\dfrac{10}{x^2-25}$

2　将分母分解因式得：
$$\dfrac{1}{x-5}=\dfrac{10}{(x+5)(x-5)}$$

3　方程两边都乘以最简公分母$(x+5)(x-5)$得：
$$x+5=10$$

4　解这个正式方程得：
$$x=5$$

5　检验：当$x=5$时
$(x+5)(x-5)=(5+5)(5-5)=0$
∴5是原方程的增根。
∴原方程无解。

6　分式方程增根定义：

7　使最简公分母为0的未知数的值是分式方程的增根。

8　判断分式方程可能的增根的方法：

9　令最简公分母为0，求未知数的值。

10　判断下列分式方程可能的增根：
$(1)\ \dfrac{1}{x}=\dfrac{5}{x+3}$
$(2)\ \dfrac{x-1}{x-3}=\dfrac{x+1}{x-1}$

11　分式方程可能产生增根的原因是什么？

12　在去分母时，方程两边乘以了一个可能为0的数或式子，进而扩大了分式方程的解的范围，而多的解又使分母得0，因此使分式方程无意义。

13　在解分式方程时验根的方法是什么？

14　把未知数的值代入最简公分母，使最简为0的未知数的值就不是分式方程的解（增根）使最简公分母不为0的未知数的值就是分式方程的解。

图 7.9　分式方程解法总结

1) 课堂教学行为时间所占百分比

改进后的新教学设计的价值取向一定程度上可以从课堂教学行为结构中加以显现，为简要起见，这里通过课堂教学录像分析，仅用四种主要课堂教学行为时间所占的百分比加以说明。表 7.1 表明：教师讲授占课堂教学时间 15.6%，师生问答占课堂教学时间 37.8%，学生探究占课堂教学时间 40%，学生练习占课堂教学时间 6.6%。

表 7.1　课堂教学行为时间所占百分比

| 课堂教学行为 | 教师讲授 | 师生问答 | 学生探究 | 学生练习 |
|---|---|---|---|---|
| 所占百分比 | 15.6% | 37.8% | 40% | 6.6% |

2) 课堂教学问题系列

另外，从课堂录像也可以发现，本节课以 20 多个具有层次性、探究性的系列教学问题为驱动，以多样化教学活动(接受、探究、个别、协作)为中介来推进学生进行问题解决和建构知识。

由此可见，以教师为主导、学生为主体，通过问题解决来学习、通过问题解决来建构知识的"单元知识内容问题化设计"理念，在新教学设计的实践过程中得到了有效的体现。

3) 课堂教学反思

本节课是在行动研究共同体集体研讨的基础上进行实践的结果,以下是授课教师的教学反思。

(1) 教学设计一要符合学生已有的生活和知识经验——最近发展区，才能启迪学生的思维，激发学习的兴趣和热情；二要对全章进行整体设计，循序渐进，合理设计教学问题系列，有效组织教学活动，既发挥教师的主导作用，又体现学生的主体地位，才能把握重点、突破难点，实现理想的教学效果。在本节课堂教学中，学生之所以能够很快列出分式方程，是因为在学习本节课之前的内容时情境设计的方法与本节课一致。例如，在学习"分式"和"分式的运算"时，每一节课的情境设计模式都是先举出生活当中的实际问题，再列出分式、分式的计算式，再探究分式的定义、计算式的算理、算法。学生在掌握了列分式和分式计算式的基础上，结合过去学过的列一元一次方程、二元一次方程组、一元一次不等式(组)、一次函数解应用题方法等，所以才能很快列出分式方程——水到渠成。

(2) 在学习"分式"和"分式的运算"时，几乎每一节课都渗透类比转化的思想，进行分式与分数类比和算法多样化训练，所以在分式方程的教学中才能实现学生参与度比较高、思维层次比较深和认知范围比较广的教学效果。

(3) 在利用媒体技术拓展学习内容时要遵循以下原则：拓展内容要与所学内容具有内在联系；拓展内容要符合学生实际认知水平，不要任意拔高；拓展内容要适量，不要信息过载。

(4) 媒体技术的使用是为了促进学生学习方式的改变和提高课堂效率，不是为了彰显教师的技术水平。技术是形，内容是神。教师应紧紧抓住教学重点——通过解简单分式方程使学生掌握解分式方程的基本思路和方法，算法多样化可以放在下一节课进行深入探究。

### 7.2.3　行动研究的初步结论

依托"网络环境下基础教育跨越式发展创新试验研究"项目，信息技术环境下基于问题解决的数学教学试验经历了比较长时间和大范围的理论建构和实践研究，实际上每月一次深入各试验学校的指导工作本质上就是一次行动研究，以上的"分式方程"行动研究仅仅是众多行动研究中的个案，从中可以真实地反映出我们所进行的行动研究的基本思路和实践要点。根据我们近两年行动研究的实践，可以得出如下初步结论。

(1) 如何促使教师在行动研究中成长，专业引领与行为跟进是两个必须把握的关键性问题。以课例为行动研究的载体、以专家和一线教师密切合作为平台，以原教学设计阶段、新教学设计阶段和新教学行为阶段为运作方式，可以有效地解决理论向实践转移的问题，从而提升教师教学设计能力和教学实践智慧。

(2) 行动研究实践比较好地验证了我们所提出的以学习者的认知发展和高级思维技能为目标，以"知识问题化设计"为起点，以面向中观的主题单元设计为基础，以课程内容主题化、主题内容情境化、情境内容问题化、问题内容数学化、数学内容理论化、理论内容应用化、主题学习反思化为过程，以学习环境为支持、以数学方法论指导下基于信息技术的数学问题解决教学策略为手段，围绕数学教学问题的设计、解决、评价等系列流程来展开教学的理论与方法的可行性与实用性。

## 7.3　信息技术环境下基于问题解决的数学教学试验数据分析

本章前两节主要对信息技术环境下基于问题解决的数学教学试验的实践背景、实践策略、实践成果以及行动研究思路、行动研究案例和行动研究结论等方面进行了概述，从中我们可以了解到信息技术环境下基于问题解决的数学教学试验对试验学校、试验教师的发展以及课堂教学实践所带来的变化。本节将通过质性研究和定量研究的方法，进一步分析信息技术环境下基于问题解决的数学教学实践对试验班学生发展所带来的影响(王光生，何克抗，2008)。

### 7.3.1　质性研究

#### 7.3.1.1　研究目的

学习者对数学的观念、数学学习的情感态度、认知发展和高级思维技能的养成是一个长期的过程，不可能通过完全量化的方法来作简单的测评和断言。本研究通过对初一、初二学生的数学观念、数学学习兴趣、数学学习策略以及教师的教学理念与教学方法四个维度的调查分析，旨在了解信息技术环境下基于问题解决的数学教学试验对试验班学生的数学学习相关方面的影响，为进一步改进和完善信息技术环境下基于问题解决的数学教学设计的理论与方法，促进教师与学生共同发展提供基础。

#### 7.3.1.2　研究方法

(1) 研究被试：共 459 人，包括初一、初二两个年级的学生。其中，初一试验班被试 187 人，对比班被试 148 人；初二试验班被试 94 人，对比班被试 30 人(初二只有小汤山中学具有对比班)。本研究依托跨越式创新试验课题，被试主要是由笔者所负责的北京市昌平区的昌平第四中学、小汤山中学、百善中学、回龙观中学、北七家中学组成，其中前两所中学参加课题试验近两年，后三所中学参加课题试验近一年。

(2) 研究工具：自编的《调查问卷(学生)》(见附录 A)。该问卷由标题、指导语、个人相关信息和 28 个问题构成，每题有呈现梯度的三个选项，要求被试自己填写内容。调查问卷的每一个维度的内容对应 4~12 个问题，并随机排序，尽量使反映同一内容的问题不连续排列。

(3) 数据统计分析：采用 SPSS12.0 进行数据统计分析。

### 7.3.1.3 结果分析

利用跨越式课题指导机会，2007 年 4 月 10~13 日分别对上述五所试验学校初一、初二学生进行现场调查，发放问卷 459 份，实际收回有效问卷 459 份，回收率 100%。对调查问卷中各个问题的选项进行频次统计，并按照 4 个维度分别对初一、初二两个年级调查情况进行分析，结果如表 7.2~表 7.9 所示。

1) 初一学生调查结果分析(表 7.2)

表 7.2  初一学生的数学观念

| 题序 | 题 目 | 各选项所占百分比/% | | | | | |
| --- | --- | --- | --- | --- | --- | --- | --- |
| | | 是 | | 否 | | 不确定 | |
| | | 试验班 | 对比班 | 试验班 | 对比班 | 试验班 | 对比班 |
| 27 | 观察和实验是靠不住的，从而在数学中就没有任何地位 | 18.72 | 24.49 | 71.12 | 68.03 | 10.16 | 7.48 |
| 17 | 猜想在数学中也没有任何地位，因为数学是完全严格的 | 19.79 | 23.65 | 68.45 | 59.46 | 11.76 | 16.89 |
| 15 | 学习数学的方法就是记忆和模仿，你不用去理解，也不可能真正搞懂 | 16.85 | 14.97 | 76.63 | 78.91 | 6.52 | 6.12 |
| 10 | 教师是最后的仲裁者，学生所给出的解答的对错和解题方法的"好坏"都由教师最终裁定 | 17.2 | 29.25 | 71.51 | 53.74 | 11.29 | 17.01 |

本维度希望了解初一试验班学生参加课题近一年来通过数学学习所形成的数学观念，并与对比班进行比较。数学既是演绎科学，也是实验科学，观察、实验、猜想、证明等都是研究数学的重要方法。由表 7.2 可见，试验班学生与对比班学生相比较，已形成了比较正确的数学观念。

表 7.3  初一学生的数学学习兴趣

| 题序 | 题 目 | 各选项所占百分比/% | | | | | |
| --- | --- | --- | --- | --- | --- | --- | --- |
| | | 是 | | 否 | | 不确定 | |
| | | 试验班 | 对比班 | 试验班 | 对比班 | 试验班 | 对比班 |
| 1 | 只有书呆子才喜欢数学 | 1.60 | 2.04 | 97.33 | 82.31 | 1.07 | 15.65 |
| 20 | 我愿意借助于几何画板等工具或资源进行自主学习 | 89.78 | 68.49 | 4.84 | 17.12 | 5.38 | 14.38 |

续表

| 题序 | 题　目 | 各选项所占百分比/% | | | | | |
| --- | --- | --- | --- | --- | --- | --- | --- |
| | | 是 | | 否 | | 不确定 | |
| | | 试验班 | 对比班 | 试验班 | 对比班 | 试验班 | 对比班 |
| 25 | 与书后作业相比,我更愿意承担一些综合性的、有挑战的任务 | 78.26 | 59.18 | 9.24 | 17.01 | 12.5 | 23.81 |
| 19 | 我现在比以前更积极、更主动地投入数学学习 | 79.03 | 71.92 | 10.22 | 16.44 | 10.75 | 11.64 |

本维度旨在了解初一试验班学生信息技术环境下数学学习的兴趣与投入度。表7.3 表明,试验班学生在数学学习兴趣和投入度方面显著高于对比班。

表 7.4　初一学生的数学学习策略

| 题序 | 题　目 | 各选项所占百分比/% | | | | | |
| --- | --- | --- | --- | --- | --- | --- | --- |
| | | 是 | | 否 | | 不确定 | |
| | | 试验班 | 对比班 | 试验班 | 对比班 | 试验班 | 对比班 |
| 4 | 使用几何画板等工具有助于我更好地寻找数学规律 | 85.48 | 75.34 | 5.38 | 12.33 | 9.14 | 12.33 |
| 16 | 在论证(计算)一个数学问题过程中,我常常进行观察、操作(实验)、猜想等活动 | 81.97 | 60.54 | 9.29 | 24.49 | 8.74 | 14.97 |
| 6 | 我能够主动提出一些数学问题(包括思考过而未表达出的问题) | 63.10 | 49.66 | 17.65 | 30.61 | 19.25 | 19.73 |
| 18 | 我能够向其他同学解释自己解决问题的方法(或论证问题的证据) | 83.42 | 75.00 | 8.56 | 13.89 | 8.02 | 11.11 |
| 11 | 当老师让我们将课堂知识用于解决实际生活问题的时候,我比较得心应手 | 73.66 | 52.70 | 10.75 | 18.92 | 15.59 | 28.38 |
| 8 | 与其他同学交流解题过程会促进我对有关问题的理解,有时会得到意想不到的收获 | 94.62 | 82.99 | 2.69 | 8.84 | 2.69 | 8.17 |
| 13 | 我有机会利用信息技术探索、研究数学问题 | 87.50 | 42.57 | 5.98 | 41.89 | 6.52 | 15.54 |
| 21 | 纠正自己(或别人)的错误会增强我对数学内容的理解 | 86.56 | 74.15 | 4.84 | 12.24 | 8.60 | 13.61 |
| 22 | 解决问题以后,我还反思数学问题解决过程,检查、修改其中的错误之处 | 77.54 | 68.71 | 9.09 | 15.65 | 13.37 | 15.64 |

续表

| 题序 | 题目 | 各选项所占百分比/% | | | | | |
|---|---|---|---|---|---|---|---|
| | | 是 | | 否 | | 不确定 | |
| | | 试验班 | 对比班 | 试验班 | 对比班 | 试验班 | 对比班 |
| 12 | 比较别人(如同学、老师、课本、教学参考书)的数学问题解决方法,我能够提出自己与其不同的见解 | 67.91 | 54.79 | 11.23 | 24.66 | 20.86 | 20.55 |
| 23 | 除了数学知识之外,我还掌握一些数学研究方法 | 72.97 | 52.05 | 11.89 | 26.71 | 15.14 | 21.24 |
| 24 | 在课后,我们要完成的作业不仅包括课本或练习册中的习题,还有机会完成一些调查、访谈或对数学问题进行推广等学习任务 | 74.33 | 58.78 | 13.37 | 29.73 | 12.30 | 11.49 |

本维度旨在了解信息技术环境下试验班学生的数学学习策略情况,由表 7.4 可见,试验班学生与对比班学生相比较,已形成了比较良好的数学学习策略,特别是试验班学生不仅注重学习数学知识与技能,更重要的是意识到了并初步掌握了信息技术环境下研究数学问题的策略与方法。

表 7.5  初一数学教师的教学理念与教学策略

| 题序 | 题目 | 各选项所占百分比/% | | | | | |
|---|---|---|---|---|---|---|---|
| | | 是 | | 否 | | 不确定 | |
| | | 试验班 | 对比班 | 试验班 | 对比班 | 试验班 | 对比班 |
| 2 | 老师常常创设情境,引导我们从实际问题中归纳数学定义 | 94.09 | 89.86 | 1.08 | 5.41 | 4.83 | 4.73 |
| 14 | 在数学公式、法则、定理的教学中,老师为我们设计问题情境,由我们自己探索得出结论 | 88.17 | 75.68 | 3.76 | 13.51 | 8.07 | 10.81 |
| 26 | 除了常规问题之外,老师经常会设计一些开放性问题让我们进行探究 | 88.71 | 70.27 | 4.84 | 18.24 | 6.45 | 11.49 |
| 7 | 老师在课堂教学中常常会渗透一些数学研究的方法,如观察、实验、归纳、类比、特殊化、一般化等 | 88.77 | 76.35 | 2.67 | 12.16 | 8.56 | 11.49 |
| 28 | 老师常常鼓励我们对同一问题采用多种方法进行解决 | 92.51 | 80.41 | 5.88 | 12.16 | 1.61 | 7.43 |

续表

| 题序 | 题　目 | 各选项所占百分比/% | | | | | |
|---|---|---|---|---|---|---|---|
| | | 是 | | 否 | | 不确定 | |
| | | 试验班 | 对比班 | 试验班 | 对比班 | 试验班 | 对比班 |
| 5 | 在解决问题的过程中，老师提倡我们之间互相合作、对话交流 | 94.02 | 75.51 | 4.35 | 17.01 | 1.63 | 7.48 |
| 9 | 在与老师一起讨论数学问题时，他(她)总是很民主，耐心听取学生意见 | 90.22 | 75.68 | 4.89 | 9.46 | 4.89 | 14.86 |
| 3 | 老师会经常鼓励我们自己归纳小结所学数学知识和思想方法 | 98.39 | 82.43 | 0.54 | 12.16 | 1.08 | 5.41 |

　　之前我们对试验教师的信息技术环境下基于问题解决的数学教学实践状况进行了多层面的阐述与分析，在此我们希望通过现场调查的方式，从试验学生的视角来进一步了解信息技术环境下基于问题解决的数学教学设计的理论与方法对指导一线教师进行教学实践的实际效果。本维度的 8 个问题一定程度上能够比较客观地反映教师在实际教学过程中所秉承和采用的教学理念与教学方法。由表 7.5 可见，该理论和方法对指导一线教师的教学实践效果明显。

　　2) 初二学生调查结果分析

表 7.6　初二学生的数学观念

| 题序 | 题　目 | 各选项所占百分比/% | | | | | |
|---|---|---|---|---|---|---|---|
| | | 是 | | 否 | | 不确定 | |
| | | 试验班 | 对比班 | 试验班 | 对比班 | 试验班 | 对比班 |
| 27 | 观察和实验是靠不住的，从而在数学中就没有任何地位 | 13.83 | 13.33 | 79.79 | 70.00 | 6.38 | 16.67 |
| 17 | 猜想在数学中也没有任何地位，因为数学是完全严格的 | 9.57 | 26.67 | 81.91 | 56.67 | 8.52 | 16.66 |
| 15 | 学习数学的方法就是记忆和模仿，你不用去理解，也不可能真正搞懂 | 7.45 | 30.00 | 85.11 | 63.33 | 7.44 | 6.67 |
| 10 | 教师是最后的仲裁者，学生所给出的解答的对错和解题方法的"好坏"都由教师最终裁定 | 21.28 | 16.67 | 63.83 | 60.00 | 14.89 | 23.33 |

　　本维度希望了解初二试验班学生参加课题近两年来通过数学学习所形成的数学观念。由表 7.6 可见，试验班学生与对比班学生相比较，已形成了比较正确的数学观念。另外，从纵向比较来看，初二学生比初一学生对数学的理解更全面。

表 7.7　初二学生的数学学习兴趣

| 题序 | 题　目 | 各选项所占百分比/% | | | | | |
| | | 是 | | 否 | | 不确定 | |
| | | 试验班 | 对比班 | 试验班 | 对比班 | 试验班 | 对比班 |
|---|---|---|---|---|---|---|---|
| 1 | 只有书呆子才喜欢数学 | 0.00 | 0.00 | 95.74 | 80.00 | 4.26 | 20.00 |
| 20 | 我愿意借助于几何画板等工具或资源进行自主学习 | 70.21 | 56.67 | 14.89 | 20.00 | 14.89 | 23.33 |
| 25 | 与书后作业相比,我更愿意承担一些综合性的、有挑战的任务 | 72.04 | 65.52 | 12.90 | 20.69 | 15.05 | 13.79 |
| 19 | 我现在比以前更积极、更主动地投入数学学习 | 78.72 | 60.00 | 11.70 | 13.33 | 9.57 | 26.67 |

　　本维度旨在了解初二试验班学生信息技术环境下数学学习的兴趣与投入度。表 7.7 表明,试验班学生在数学学习兴趣和投入度方面显著高于对比班。

表 7.8　初二学生的数学学习策略

| 题序 | 题　目 | 各选项所占百分比/% | | | | | |
| | | 是 | | 否 | | 不确定 | |
| | | 试验班 | 对比班 | 试验班 | 对比班 | 试验班 | 对比班 |
|---|---|---|---|---|---|---|---|
| 4 | 使用几何画板等工具有助于我更好地寻找数学规律 | 70.22 | 66.67 | 6.38 | 13.33 | 23.40 | 20.00 |
| 16 | 在论证(计算)一个数学问题过程中,我常常进行观察、操作(实验)、猜想等活动 | 73.40 | 46.67 | 7.45 | 30.00 | 19.15 | 23.33 |
| 6 | 我能够主动提出一些数学问题(包括思考过而未表达出的问题) | 60.64 | 53.33 | 12.77 | 20.00 | 26.60 | 26.67 |
| 18 | 我能够向其他同学解释自己解决问题的方法(或论证问题的证据) | 87.10 | 63.33 | 5.38 | 16.67 | 7.53 | 20.00 |
| 11 | 当老师让我们将课堂知识用于解决实际生活问题的时候,我比较得心应手 | 53.76 | 43.33 | 13.98 | 26.67 | 32.26 | 30.00 |
| 8 | 与其他同学交流解题过程会促进我对有关问题的理解,有时会得到意想不到的收获 | 93.62 | 76.66 | 2.12 | 6.67 | 4.26 | 16.67 |
| 13 | 我有机会利用信息技术探索、研究数学问题 | 78.72 | 30.00 | 12.77 | 53.33 | 8.51 | 16.67 |
| 21 | 纠正自己(或别人)的错误会增强我对数学内容的理解 | 88.04 | 76.67 | 5.43 | 13.33 | 6.52 | 10.00 |
| 22 | 解决问题以后,我还反思数学问题解决过程,检查、修改其中的错误之处 | 67.02 | 60.00 | 13.83 | 13.33 | 19.15 | 26.67 |

续表

| 题序 | 题　目 | 各选项所占百分比/% | | | | | |
|---|---|---|---|---|---|---|---|
| | | 是 | | 否 | | 不确定 | |
| | | 试验班 | 对比班 | 试验班 | 对比班 | 试验班 | 对比班 |
| 12 | 比较别人(如同学、老师、课本、教学参考书)的数学问题解决方法,我能够提出自己与其不同的见解 | 59.57 | 50.00 | 8.51 | 23.33 | 31.90 | 26.67 |
| 23 | 除了数学知识之外,我还掌握一些数学研究方法 | 67.02 | 43.33 | 19.15 | 33.33 | 13.83 | 23.34 |
| 24 | 在课后,我们要完成的作业不仅包括课本或练习册中的习题,还有机会完成一些调查、访谈或对数学问题进行推广等学习任务 | 58.51 | 20.00 | 19.15 | 43.33 | 22.34 | 36.67 |

由表 7.8 可见,试验班学生与对比班学生相比较,已形成了比较良好的数学学习策略,特别是试验班学生不仅注重学习数学知识与技能,更重要的是意识到了并初步掌握了信息技术环境下研究数学问题的策略与方法。

表 7.9　初二数学教师的教学理念与教学策略

| 题序 | 题　目 | 各选项所占百分比/% | | | | | |
|---|---|---|---|---|---|---|---|
| | | 是 | | 否 | | 不确定 | |
| | | 试验班 | 对比班 | 试验班 | 对比班 | 试验班 | 对比班 |
| 2 | 老师常常创设情境,引导我们从实际问题中归纳数学定义 | 88.30 | 73.33 | 3.19 | 16.67 | 8.51 | 10.00 |
| 14 | 在数学公式、法则、定理的教学中,老师为我们设计问题情境,由我们自己探索得出结论 | 89.36 | 46.67 | 4.26 | 23.33 | 6.38 | 30.00 |
| 26 | 除了常规问题之外,老师经常会设计一些开放性问题让我们进行探究 | 93.62 | 66.67 | 4.25 | 13.33 | 2.13 | 20.00 |
| 7 | 老师在课堂教学中常常会渗透一些数学研究的方法,如观察、实验、归纳、类比、特殊化、一般化等 | 82.98 | 56.67 | 9.57 | 20.00 | 7.45 | 23.33 |
| 28 | 老师常常鼓励我们对同一问题采用多种方法进行解决 | 92.55 | 86.67 | 1.06 | 3.33 | 6.38 | 10.00 |
| 5 | 在解决问题的过程中,老师提倡我们之间互相合作、对话交流 | 84.05 | 70.00 | 6.38 | 6.67 | 9.57 | 23.33 |
| 9 | 在与老师一起讨论数学问题时,他(她)总是很民主,耐心听取学生意见 | 89.36 | 63.33 | 4.26 | 20.00 | 6.38 | 26.67 |
| 3 | 老师会经常鼓励我们自己归纳小结所学数学知识和思想方法 | 81.91 | 36.67 | 7.45 | 33.33 | 10.64 | 30.00 |

由表 7.9 可见，初二试验班学生回答 2 题、14 题、26 题、7 题、28 题、5 题、9 题、3 题时选择"是"的百分比明显高于对比班学生。另外，从纵向比较来看，初二试验教师由于参与课题试验时间比较长，教学观念与教学策略明显比初一试验教师有更大的转变。

以上调查结果进一步表明信息技术环境下基于问题解决的数学教学实践不仅有利于学生形成正确的数学观念、良好的学习态度和学习策略，而且也有利于促进试验教师教学观念与教学方式的转变，从而能够真正落实教师与学生共同发展的目标。

### 7.3.2 定量研究

#### 7.3.2.1 研究目的

通过对试验班与对比班的前测和后测数学成绩的统计分析，了解经过近两年的信息技术环境下基于问题解决的数学教学实践试验班学生的数学成绩与对比班的相比是否存在显著差异。

#### 7.3.2.2 研究方法

(1) 研究被试：笔者负责的跨越式课题所属的北京市昌平试验区目前共有七所试验学校，重点对语文、数学、英语三门学科进行试验研究，其中有五所中学参与信息技术环境下数学问题解决教学试验研究。由于这五所中学参与课题研究的时间不一，其中昌平第四中学和小汤山中学试验班参与课题研究近两年，其他三所中学参与课题研究还不满一年。另外，由于昌平第四中学试验班属学校的重点班，其他班级都是普通班，所以试验班与其他班不具有可比性。小汤山中学 2005 年 9 月以学生自愿报名并每人自费购买一台笔记本电脑的方式成立了第一个网络教学试验班，目前这个试验班已经参加试验近两年时间。我们以小汤山初二年级的试验班(1班)为被试，以初二 3 班为对比班。

(2) 研究工具：前测指学生进校时的摸底成绩，后测指学生 06~07 学年第一学期昌平区期末统一考试成绩(即初二上学期成绩)。

(3) 数据统计分析：采用 SPSS12.0 进行数据统计分析。

#### 7.3.2.3 结果分析

1) 试验班与非试验班数学前测成绩独立样本 T 检验结果分析

小汤山中学试验班(1班)与非试验班(3班)的数学前测成绩独立样本 T 检验结果如表 7.10 所示。表中班级 1 表示试验班(1 班)，2 表示非试验班(3 班)。

说明：从两者的平均分可知，试验班的前测数学分数高于非试验班。当 Sig. (2-tailed)<0.05 时，方差不齐性。从 Sig. (2-tailed) = 0.004<0.05 可知，试验班的数学成绩与非试验班的差异显著。

表 7.10　试验班与非试验班数学前测成绩独立样本 T 检验结果

**Group Statistics**

|  | 班　级 | N | Mean | Std. Deviation | Std. Error Mean |
|---|---|---|---|---|---|
| 数学前测 | 1 | 25 | 69.32 | 12.462 | 2.492 |
|  | 2 | 25 | 52.76 | 23.978 | 4.796 |

**Independent Samples Test**

| | Evenes | | t-test for Equality of Means | | | | | | 95% Confidence Interval of the Difference | |
|---|---|---|---|---|---|---|---|---|---|---|
| | $F$ | Sig. | $t$ | df | Sig.(2-taile) | Mean Difference | Std. Error Difference | | Lower | Upper |
| 数学前测 Equal variances | 18.296 | 0.000 | 3.064 | 48 | 0.004 | 16.56 | 5.405 | | 5.693 | 27.427 |
| Equal variances assumed | | | 3.064 | 36.085 | 0.004 | 16.56 | 5.405 | | 5.600 | 27.520 |

　　由于在前测时就存在显著差异，因此不能对后测成绩进行直接的独立样本 T 检验，而只能将前测数据作为协方差，对后测成绩进行协方差分析。

2) 试验班与非试验班数学后测成绩协方差分析结果

小汤山中学试验班(1 班)与非试验班(3 班)的协方差分析结果如表 7.11 所示。

表 7.11　试验班与非试验班数学后测成绩协方差分析结果

**Between-Subjects Factors**

| 班级 | $N$ |
|---|---|
| 1 | 25 |
| 2 | 25 |

**Tests of Between-Subjects Effects**

Dependent Variable：数学后测

| Source | Type III Sum of Squares | df | Mean Square | F | Sig. |
|---|---|---|---|---|---|
| Corrected Model | 16323.976[a] | 2 | 8161.988 | 59.875 | 0.000 |
| Intercept | 2033.163 | 1 | 2033.163 | 14.915 | 0.000 |
| 数学前测 | 7130.296 | 1 | 7130.296 | 52.307 | 0.000 |
| 班级 | 2866.219 | 1 | 2866.219 | 21.026 | 0.000 |
| Error | 6406.904 | 47 | 136.317 | | |
| Total | 206834.000 | 50 | | | |
| Corrected Total | 22730.880 | 49 | | | |

a. R Squared = 0.718 (Adjusted R Squared = 0.706)

说明：报告值为 $F(1,47)=21.026$，Sig. (2-tailed)=0.000。从 Sig. (2-tailed)<0.05 可知，试验班的数学后测成绩与非试验班的差异显著。

以上数据分析结果又从另一个侧面说明信息技术环境下基于问题解决的数学教学实践不仅有利于试验教师更新教学观念、转变教学方式、提升教学设计能力和教学实践智慧，而且也能够有效地促进试验班学生形成正确的数学观念、良好的学习态度、灵活的学习策略和优异的学业成绩，从而能够真正落实教师与学生共同发展的目标。当然，这仅仅是本研究的阶段性成果，教学实证研究的深度、广度以及研究的规范性、科学性有待进一步加强。

# 8

## 总　　结

立足于国内外基于问题解决的数学教学的现有研究基础，本书结合时代背景、学习理论的发展、基础教育数学课程改革的实践需求以及目前信息技术与数学课程教学整合研究中存在的问题，运用文献分析和行动研究等方法，从信息技术与数学课程深层次整合的视角，以建构主义学习理论、弗赖登塔尔的数学教育思想、何克抗的创造性思维理论和"主导—主体"教学结构等理论为基础，尝试构建了基于网络学习环境的数学问题解决学习模型，在此基础上深入分析了信息技术环境下基于问题解决的数学教学过程系统结构及其阶段性特征，并进一步构建了信息技术环境下基于问题解决的数学教学设计过程模式以及教学设计的基本理念、原则和教学模式，从宏观上、整体上对信息技术环境下基于问题解决的数学教学设计的理论框架进行了深入研究，形成了从分析、设计到教学实证比较系统的中学数学信息化教学设计理论与方法，并通过丰富、扎实的行动研究对信息技术环境下基于问题解决的数学教学的理论与方法进行了持续改进和完善提升，为推进和落实数学新课程改革所提出的理念与目标，深化信息技术环境下中学数学教学具有重要的理论指导意义。

## 8.1　观　点　总　结

通过理论构建和实证研究，"信息技术环境下基于问题解决的数学教学设计"这一主题研究，形成了如下重要结论。

(1) 从动态数学观、数学学习建构观视角来看，信息技术环境下基于问题解决的数学教学是让学生在问题解决的过程中获得灵活的数学知识和技能、学会数学地思考、发展高层次数学思维能力、问题解决能力和应用能力，因而是有利于实现多维数学课程目标的重要教学方式。

(2) 为了充分发挥基于问题解决的数学教学的功能，有效地落实问题解决的教学目标，信息技术环境下基于问题解决的数学教学应基于中观教学设计理念，在课程内容的整体组织上，通常采用主题单元的形式来实现上位统整。通过这种形式，设计者可以把各种资源、工具、媒体和教学方式进行多样化、弹性化的整合，形成以主题为黏合点、以单元为设计范畴的课程系统。

(3) 信息技术环境下基于问题解决的数学教学设计过程模式是以数学教学问题和问题解决作为教学设计的关注焦点，以优良的学习环境设计和教学策略设计为支撑，以数学课程教学目标为准绳，以期达到在掌握数学的知识结构与解决实际问题中所获知识的随机性之间保持一定的平衡，实现学习者在知识与技能、数学思考、问题解决与情感态度价值观各方面整体发展，进而最终实现数学教育目的。

(4) 信息技术环境下基于问题解决的数学教学过程设计围绕"主题"组织教学，把主题学习内容分为六个活动过程：主题内容情境化，情境内容问题化，问题内容数学化，数学内容理论化，理论内容应用化，主题学习反思化。这一活动过程与数学新课程核心内容的展开结构即"问题情境—学生活动—意义建构—数学理论—数学运用—回顾反思"是一致的，也是"横向数学化"与"纵向数学化"和谐统一、交替实现的过程。

(5) 学习环境是影响学习者数学知识学习和能力生成的一个重要的外在因素。学习环境包括物理学习环境、人际互动环境和技术学习环境。技术学习环境设计应充分考虑学习者思维发展特征、数学学习特征(几何学习特征、函数学习特征)、学生学习需要，以有利于学生认识数学的本质、优化教学过程和学习过程，并最终服务于促进学生全面发展这一终极课程目标为原则。评价整合的优劣应该主要审视技术的应用是否促进了学生的发展，而不是技术的有无、多少。

人际交互环境是促进学习共同体成员之间的数学交流、提高学习者的社会化程度，实现"通过交流学习数学"、"学会数学地交流"教育目的的重要外部支持环境。人际交互环境设计的基本原则是充分利用学习者之间对同一内容所具有的多元智力资源，通过人际互动，促进数学理解。设计的具体策略是：激发学生自我交流，实现理解个性化；激发学生互动交流，实现理解多样化；引导学生比较反思，实现理解完整化。

(6) 数学问题是教学目标的反映，数学问题解决则是教学中认知操作的目标定向。因此，数学教学过程实质上是数学问题解决的认知操作过程。由此，基于问题解决的数学教学设计无疑应以问题的设计以及问题解决的设计为中心。值得注意的是，除了问题设计和问题解决设计之外，还要重视恰当的教学方式的设计。

对于信息技术环境下基于问题解决的数学教学方式的选择与设计，我们分别从数学知识观和数学观的视角，深入分析了进行数学探究性学习的本体论基础和认识论基础。并从数学知识类型的角度，提出联结类的数学知识适合采用有意义接受学习的方式获得，而运算类的数学知识应该引导学生通过探究发现的方式习得。

对于教学问题设计，我们从问题类型连续体理论、问题设计策略、问题评价原则三个方面进行了探索，并归纳概括出了数学教学问题设计和问题评价(包括指导学生问题提出) 的若干策略与方法。

对于信息技术环境下基于问题解决的数学教学策略，我们从数学方法论的高度和知识再生产的教育学立场出发，在深入分析数学实践活动与数学思维特征的基础上，提出了信息技术环境下基于问题解决的四类教学策略：合情推理与演绎推理相结合的教学策略，一般化与特殊化相结合的教学策略，数形结合教学策略，算法多样化教学策略。

(7) 依托"基于网络环境的基础教育跨越式发展创新试验研究"课题，我们对所构建的信息技术环境下基于问题解决的数学教学设计的理论与方法进行了深入的行动研究与持续化改进和完善，实践证实了我们所构建的理论框架不仅具有较强的理论创新性，而且经受了阶段性的实践检验，对有效推进和实施数学新课程改革既具有较强的理论价值，又具有较强的操作范式导引意义。同时在行动研究过程中，也形成了一系列实践成果，对教师参与式培训、常规化指导、优质化服务以及行动研究路线等都提出了若干实践操作策略与方法。此外，还通过质性研究和定量研究等方法，从多个层面进一步验证了我们所构建的理论与方法的可行性与实用性。

## 8.2　研　究　创　新

本书研究在理论与方法上的创新主要体现在以下三个方面：

(1) 在已有研究基础上构建了基于课堂网络学习环境的数学问题解决学习模型，并在此基础上深入分析了课堂网络环境下基于问题解决的数学教学过程系统结构及其运行的阶段性特征，构建了信息技术环境下基于问题解决的数学教学设计过程模式。基于课堂网络学习环境的数学问题解决学习模型由学习者特征系统、问题解决认知过程系统、问题解决学习活动系统和学习环境系统构成，其中学习者特征、问题解决学习活动和学习环境是影响学习者数学问题解决认知过程的主要因素，为此教师应树立动态数学观、建构学习观和问题解决教学观的数学教育观念。为了落实上述教育理念，本书提出了以培养学习者的认知发展和高级思维技能为主要目标，以"知识问题化设计"为思路，以面向中观的主题单元层面为数学课程设计范域，以课程内容主题化、主题内容情境化、情境内容问题化、问题内容数学化、数学内容理论化、理论内容应用化、主题学习反思化为过程，以学习环境为支持、以数学方法论指导下基于信息技术的数学问题解决教学策略为手段，围绕数学教学问题的设计、解决、评价等系列流程来展开教学的理论框架。

(2) 提出了信息技术环境下基于问题解决的数学教学设计的具体实施策略。理论落实于实践需要具体操作方法的导引。本书提出了基于问题解决的数学教学设计应以问题的设计以及问题解决的设计为中心。问题设计的前提是教师必须明确为什么要引导学生进行信息技术环境下基于问题解决的数学探究学习，哪些知识适合通过接受的方式获得，哪些知识应该引导学生通过探究发现的方式习得？从数学知识观和数学观的视角，本书深入分析了进行数学探究性学习的本体论基础和认识论基础，并从数学知识类型的角度，提出联结的数学知识适合采用有意义接受学习的方式获得，而运算类的数学知识应该引导学生通过探究发现的方式习得，同时归纳总结了"知识问题化设计"的具体策略；问题解决的核心是数学思维，关键是指导学生进行问题解决思维活动的教学策略设计。本书从数学方法论的高度，在深入分析数学实践活动与数学思维特征的基础上，提出了能够充分体现信息技术优势，帮助学生认识数学本质的四大类基于问题解决的数学教学策略。

(3) 提出了基于问题解决的数学学习环境的设计策略与实践原则。学习环境是影响学习者数学知识学习和能力生成的一个重要的外在因素。对于技术学习环境设计，本书在充分考虑学习者思维发展特征、数学学习特征(几何学习特征、函数学习特征)、学生学习需要的基础上，以有利于学生认识数学的本质、优化教学过程和学习过程，并最终服务于促进学生全面发展这一终极课程目标为原则，提出了几何画板和 Microsoft Math 软件在几何学习和函数及其相关领域学习中的具体应用，旨在充分发挥数学教育软件的教育功能，通过学生的动手操作和实验，为学生积累数学活动经验、提出猜想、验证猜想并进行理性归纳奠定认知基础；人际交互环境是促进学习共同体成员之间的数学交流、提高学习者的社会化程度，实现"通过交流学习数学"、"学会数学地交流"教育目的的重要外部支持环境。本书指出人际交互环境设计的基本原则是充分利用学习者之间对同一内容所具有的多元智力资源，通过人际互动，促进数学理解，并提出了具体的人际交互环境设计策略。

## 8.3 改 进 方 向

如前所提，"那些无论在学科内容还是在教学设计方面都不拥有专家知识的人，很难判定自己应该知道些什么才能设计出令人满意的获得知识的方法"。这一对教学设计者的忠告在今天的教育文化中被诠释成一条教学设计者实现专业成长的道路：在设计中求得发展。由此决定，教学设计者也是学习者，探索无止境。

笔者曾有过 12 年中学数学教学经历，硕士毕业后留校开始在陕西师范大学数学与信息科学学院从事数学教育教学和研究工作。多年的数学教学实践与研究经历给了我回味无穷的探索乐趣！特别是 2004 年以来，我有幸投入何克抗教授的门下，从而开始跨入一个新的领域、新的天地。攻读博士学位的三年对于我来说是一次颇显跋涉艰辛的学习与研究历程，但它却让我充分品味到了一种从未有过的恬静的创作心态，一种放飞思绪、自由选择而迎来的幸福之感！期间，我有幸全程参与了何克抗教授主持的国家教育科学"十五"规划重点研究课题"基于网络环境的基础教育跨越式发展创新试验研究"。在导师的指导下，整整三年深入中小学教学第一线从事课题试验研究，这一难得的理论与实践密切结合的课题研究机会，不仅使我能够对信息技术环境下基于问题解决的数学教学设计的理论和方法进行了深入的研究，而且更重要的是，这一课题研究历程使我切身体会到了"实践出真知"、"做中学"、"通过问题解决来学习"、"通过问题解决来建构知识"、"师徒制教学"、"非指导性教学"等理论的真正意蕴！这也进一步让我坚信我所选择的具有"做中学"特色的论题的现实意义。跨越式课题试验项目不仅拥有先进的教育思想、教育理论，更拥有一支在何克抗教授和余胜泉博士引领下的强大的课题研究团队。课题管理最鲜明的特色之一就是何克抗教授和余胜泉博士亲自率领研究指导团队坚持长期深入教学第一线，对课题研究过程进行持续深入的指导和培训。这一特色不仅保证了课题的广泛深入、富有成效、可持续的发展，同时也使我们研究团队中每个成员在这充分体现了"师徒制教学"、"非指导性教学"、"做中学"意蕴的课题指导实践过程中深受教益！可以说，没有导师的指导和帮助，没有导师为我创造的各种研究条件与机会，我难以顺利完成本书介绍的研究工作。这三年学习与课题指导实践的经历可以说是我学术研究道路上的转折点。一个人的成长是永远的。尽管在导师、师长、亲人、朋友们的帮助下我顺利地完成了本书的写作，但我深深地知道这仅仅是我人生之路上的又一个起点。本研究所取得的信息技术环境下基于问题解决的数学教学设计成果，只是引导后续研究的"冰山一角"，而非研究工作的最终落幕。综合实践反馈和理论反思，笔者将从以下几方面持续展开后续工作。

(1) 提升理论：教学设计以及课程与教学研究的主题是，如何进一步促进教师与学生的学习与发展。本书从信息技术与数学课程深层次整合的视角，对基于问题解决的数学教学设计主要环节都从理论上进行了思考与阐释。这些理论阐释在具有一定创新的同时，也带来了新的挑战和问题。例如，关于数学问题解决学习与教学的评价是一个后续需要深入研究的问题，如何评价数学教师的有效教学，有哪些评价方法和策略，如何评价学生的数学学习，评价的理论基础及方法策略有哪些？此外，通过本论题的研究，笔者更加坚信了通过教学设计的行动学习和教学实践是实现教师专业成长的重要途径，因此本书后续工作将继续与一线教师结成行动研究共同体，进一步提升和完善信息技术环境下基于问题解决的数学教学设计的理论框架，努力持续探索促进教师与学生共同发展的可行道路。

(2) 优化方法：教学设计是方法论色彩极强的领域，是连接理论与实践的桥梁学科。信息技术环境下基于问题解决的数学教学设计理论框架只有转化为实际教学过程中教师教的行为与学生学的行为才能真正地促进教师与学生的共同发展。实现这种有效转化少不了一系列的实施策略和操作方法。本书虽然在已有研究基础上概括总结并提出了一系列具有操作性和实用性的策略与方法，但仍需在此基础上继续探索和发展。例如，对于技术学习环境中的学习资源设计的策略与方法本书没有展开研究，基于问题解决的数学学习资源的类型有哪些，如何根据数学知识的不同类型为学生的自主学习与合作探究提供不同层次的问题以及解决问题所需的资源，基于问题解决的数学学习资源设计的策略与方法有哪些？等等，这些问题都需要在后续研究中继续探索，以使信息技术环境下基于问题解决的数学教学设计理论具有更强的实践指导价值。

(3) 强化实证：教学设计是一个需要融入宝贵实践智慧的领域。伴随近两年信息技术环境下基于问题解决的数学教学实践的行动实证研究，我们强烈地意识到与一线教师结成行动研究共同体是一种优势互补、共同发展的研究路线，既有利于理论研究者在深入教学第一线的过程中发现问题、提出问题，从理论的高度探索解决问题的方法，从而使理论研究深深地扎根于教学实践，消解理论与实践"两张皮"的现象，又有利于一线教师丰富数学教学知识，提升教学水平，进而使教师对"教什么"、"为什么教"、"怎样教"的理解由盲目的、不自觉的经验水平上升到有目的的、自觉的理论水平。本研究依托于跨越式课题，始终坚持与一线教师密切协作，通过每月与每位试验教师至少一次的教学设计方案交流，在交流基础上反复修改，然后进行教学实施，听课、评课，指出进一步改进的建议的行动研究路线，有效地促进了试验教师的教学水平和学生的数学学习质量，但由于课题试验周期较短，中学应试压力与数学教师工作负荷较大等原因，实证研究的深度与广度有待进一步提高。本研究所依托的跨越式课题仍在继续，因此，我们会在现有研究基础上继续推进课题试验研究的深度与广度，展开更多的教学实证与反思提升，尤其是在多层面、多学段上展开更加丰富的实证，获取更多的教学案例和成败经验，不断提升和加强信息技术环境下数学问题解决教学设计的科学性与实用性。

实践出真知，万事开头难，在导师的引领下，我有幸经历了这一难得的理论与实践密切结合的课题研究机会，一路艰辛，跌跌撞撞地第一次迈入了教学设计殿堂的大门。今天的研究尽管粗糙，但却是我未来新的研究历程的一个起点。承蒙众多前辈的关爱和指引，凭借自身的智慧和努力，我将会继续充满信心地踏上教学设计探索研究之旅。

# 参 考 文 献

《21 世纪中国数学教育展望》课题组. 1993. 21 世纪中国数学教育展望(第一辑). 北京: 北京师范
    大学出版社.

波利亚 G. 1984. 数学与猜想. 北京: 科学出版社: 1.

波利亚 G. 2002. 怎样解题. 上海: 上海科技教育出版社: 6.

曹才翰. 1989. 数学教育学概论. 南京: 江苏教育出版社.

陈伯华. 2001. 论课程行动研究——兼论头脑风暴法和中立主席法. 外国教育研究, 4.

陈琦, 张建伟. 1998. 建构主义学习观要义评析. 华东师范大学学报(教科版), 1: 61-68.

邓铸. 2002. 知识丰富领域问题解决与解决策略. 宁波大学学报(教育科学版), (1).

丁尔升. 1997. 现代数学课程论. 江苏: 江苏教育出版社. 332-340.

顿继安. 2002. 梅克的问题类型连续体在数学教育中的意义. "促进全民教育, 提高学生素质" 国
    际研讨会, 北京.

弗赖登塔尔. 1995. 作为教育任务的数学. 陈昌平, 唐瑞芬译. 上海: 上海教育出版社, 2-103.

弗赖登塔尔著. 1995. 陈昌平, 唐瑞芬译. 作为教育任务的数学. 上海: 上海教育出版社. 122.

付海轮. 1999. 数学中的问题解决. 数学教育, 9.

格劳斯 D A. 1999. 数学教与学研究手册. 上海: 上海教育出版社: 498-499.

顾泠沅. 2003. 教学改革的行动与诠释. 北京: 人民教育出版社.

郭立昌. 2000. 构建中学数学创新教育教学模式体系. 课程·教材·教法, 9.

郭思乐, 喻纬. 1997. 数学思维教育论. 上海: 上海教育出版社.

国家数学课程标准. 2001. 北京: 北京师范大学出版社. 1-2.

何克抗, 林君芬, 张文兰. 2002. 教学系统设计. 北京: 北京师范大学出版社.

何克抗, 林君芬, 张文兰. 2005. 教学系统设计. 北京: 高等教育出版社.

何克抗, 吴娟, 等. 2007. 信息技术与课程整合. 北京: 高等教育出版社.

何克抗, 余胜泉, 张文兰. 2003. 信息时代的教育创新——网络环境下的基础教育跨越式发展创
    新试验研究的目标与内容. 见: 第二届全国网络环境下的基础教育跨越式发展创新试验研讨
    会论文集.

何克抗. 1997. 建构主义——革新传统教学的理论基础. 电化教育研究, 3.

何克抗. 2002. 创造性思维理论: DC 模型的建构与论证. 北京: 北京师范大学出版社: 228-232.

何克抗. 2005. 关于教育技术学逻辑起点的论证与思考. 电化教育研究, 11.

何克抗. 2005. 信息技术与课程深层次整合的理论与方法. 电化教育研究, 1: 7-14.

何克抗. 2007. 儿童思维发展新论: 及其在语文教学中的应用. 北京: 北京师范大学出版社: 56-60.

和学新. 2000. 教学策略的概念、结构及其运用. 教育研究, 12.

胡小松, 朱德全. 2000. 论数学教学设计的逻辑起点. 数学教育学报, 3: 33-36.

胡小勇. 2005. 问题化教学设计——信息技术促进教学变革. 上海: 华东师范大学博士学位论文.

黄甫全. 2002. 试论信息技术与课程整合的基本策略. 电化教育研究, 7.

加涅等. 2004. 教学设计原理. 皮连生, 等译. 上海: 华东师范大学出版社: 15.

莱布尼茨. 1982. 人类理智新论. 北京: 商务印书馆: 582.

李定仁, 徐继存. 2001. 教学论研究二十年. 北京:人民教育出版社.

李红婷. 2001. "问题解决教学" 的理论与教学结构. 中学数学教学参考, 6.

李红婷. 2006. 基于"问题解决"的数学教学设计思路. 中国教育学刊, 7: 64-67.

李克东. 2001. 数字化学习(下). 电化教育研究, 9.

李芒等. 2003. 网络探究式学习的心理学习环境设计. 中国电化教育, 7.

李明德, 2005. 信息技术与中小学数学课程整合的原则与途径.中小学电教, 8: 23-24.

李明振. 2006. "算法多样化"教学: 内涵、问题与策略. 中国教育学刊, 12: 55.

李晓文, 等. 2000. 教学策略. 北京: 高等教育出版社.

李晓文, 王莹. 2000. 教学策略. 北京: 高等教育出版社: 61-62.

李祎. 2006. 美国学校数学教育中的"数学交流". 中国教育学刊, 9: 49-51.

梁芳. 2000. 计算机引起的数学哲学反思. 北京: 中国社会科学院研究生院博士学位论文.

刘兼, 等. 2002. 数学课程标准解读. 北京: 北京师范大学出版社.

刘静. 2006. 函数的学习困难与课程设计, 课程·教材·教法, 4: 45-48.

吕林海. 2005. 数学理解性学习与教学研究. 上海: 华东师范大学博士学位论文.

栾树权, 等. 2004. 注意教学的"中观"设计, 完善课程的二次开发. 辽宁教育研究, 5.

马宁, 余胜泉. 2002. 信息技术与课程整合的进程. 中国电化教育, 1.

美国数学教师理事会. 2004. 美国学校数学教育的原则和标准. 北京: 人民教育出版社, 58-60.

莫雷, 朱晓斌. 1999. 论学习的基本类型与教学设计. 心理学探新, 19(3): 31-36.

莫雷. 1998. 知识的类型与学习过程. 课程·教材·教法, 5: 20-24.

南国农. 2001. 信息技术教育与创新人才培养(上). 电化教育研究, 8: 42-45.

南国农. 2002. 教育信息化建设的几个理论和实际问题(上). 电化教育研究, 11.

潘小明. 2006. 现代教育技术条件下优化初中数学证明教学. 中小学信息技术教育, 7-8: 25-28.

裴新宁. 2005. 面向学习者的教学设计. 北京: 教育科学出版社: 13.

钱佩玲. 1999. 关于中学数学课程改革的探讨. 课程·教材·教法, (12): 1-5.

乔连全, 等. 2005. 从数学问题解决功能的转变谈信息技术与数学教学的整合. 教学科学, 6: 23-26.

全美数学教师理事会. 1994. 美国学校数学课程与评价标准. 北京: 人民教育出版社. 36, 47.

桑新民. 1997. 当代信息技术在传统文化——教育基础中引发的革命. 教育研究, 5.

邵瑞珍. 1997. 教育心理学. 上海: 上海教育出版社.

盛志军. 2001. 初中生数学问题解决能力的初步研究. 中学教研(数学), (9): 4.

施良方. 1996. 课程理论——课程的基础、原理与问题. 北京: 教育科学出版社, 142

施良方. 1998. 学习论. 北京: 人民教育出版社: 28, 263.

史宁中. 2007. 素质教育的根本目的与实施路径. 教育研究, 8.

舒亚非. 2006. 数学实验的历史考察与理论研究. 广州: 广州大学硕士学位论文.

斯托利亚尔 A A. 1984. 数学教育学. 丁尔升, 等译. 北京: 人民教育出版社: 10.

孙晓天. 1996. 关于现实数学教育中的情景问题. 学科教育, 12.

唐瑞芬. 2000. 数学教学理论选讲. 上海: 华东师范大学出版社: 39.

田慧生. 1997. 教学环境论. 南昌: 江西教育出版社.

田中, 徐龙炳. 2003. 中学数学识图与作图技能成分分析及测试. 数学教育学报, (1): 62-64.

涂荣豹. 2004. 数学教学认识论. 南京: 南京师范大学出版社: 200.

王存臻, 严春友. 1988. 宇宙全息统一论. 济南: 山东人民出版社.

王光生, 等. 2006. 信息技术环境下的数学探究学习. 中国电化教育, 4.

王光生, 何克抗. 2007. Microsoft student graphing calculator 支持下的函数学习. 中国电化教育, 1.

王光生, 何克抗. 2008. 信息技术环境下问题解决教学的实证研究. 当代教师教育, (4).

王光生. 2006. 面向学习者的数学问题解决教学设计——信息技术与数学课程整合的视角. 开放教育研究, (12), 5: 85-89.

王光生. 2006. 问题设计与数学教学. 数学教育学报, 2: 29-31.

王光生. 2008. 数学问题解决学习的人际互动环境设计. 电化教育研究，(11).

王光生. 2009. 基于信息技术的数学问题解决教学策略. 开放教育研究, (2).

王建明. 2003. 培育学生多元多维的几何认识. 数学通报, (8): 8-10.

王永会. 2007. 北师大版初中数学教材平面几何体系结构的分析与思考. 基础教育课程, 3: 24-25.

王梓坤. 1994. 今日数学及其应用. 数学通报, 7.

武法提. 2000. 基于 WEB 的学习环境设计. 电化教育研究, 4.

邢少颖, 张淑娟. 2006. 从问题连续体和多元智力理论看当前的教学改革. 教育理论与实践, 26(8): 58-61.

徐斌艳. 2000. "现实数学教育"中基于情境性问题的教学模式分析. 外国教育资料, 29(4): 28-33.

徐斌艳. 2001. 数学教育展望. 上海: 华东师范大学出版社: 373-374.

徐利治. 1983. 数学方法论选讲. 武汉: 华中工学院出版社.

徐英俊. 2001. 教学设计. 北京: 教育科学出版社. 71.

闫寒冰. 2005. 学习过程设计——信息技术与课程整合的视角. 北京: 教育科学出版社, 58.

杨光岐. 2006. 教学过程"新五段论". 教育研究, 2: 64-68.

杨世明, 王雪琴. 1998. 数学发现的艺术. 青岛: 青岛海洋大学出版社.

叶澜. 1993. 试论我国基础教育改革深化的若干认识问题. 中国教育学刊, 6.

于文华, 等. 2005. 信息技术与数学课程整合的原则. 内蒙古师范大学学报(教育科学版), 3: 88-90.

喻平. 2000. 知识分类与数学教学. 数学通报, 12: 12-14.

喻平. 2004. 数学教育心理学. 南宁: 广西教育出版社: 45-46.

袁立新. 2005. 整合于数学教学的教育软件研究. 中国电化教育, 11: 89-91.

袁振国. 1998. 当代教育学. 北京: 教育科学出版社.

曾继耘. 2006. 差异发展教学研究. 北京: 首都师范大学出版社, 9, 147.

张大均. 1997. 教学心理学. 重庆: 西南师范大学出版社: 81.

张奠宙, 等. 2004. 新概念: 用问题驱动的数学教学. 高等数学研究, 3.

张奠宙, 张荫南. 2004. 新概念: 用问题驱动的数学教学. 高等数学研究, 3.

张建伟, 孙燕青. 2005. 建构型学习——学习科学的整合性探索. 上海: 上海教育出版社.

张建伟. 2000. 基于问题解决的知识建构. 教育研究, 10.

张乃达. 1990. 数学思维教育学. 南京: 江苏教育出版社: 10.

张天宝. 2002. 试论走向交往实践的主体教育. 北京: 北京师范大学博士学位论文.

张文兰. 2005. 信息技术环境下的小学英语教学设计研究. 北京: 科学出版社.

张武升. 1988. 关于教学模式的探讨. 教育研究, 5.

张雄. 2001. 数学教育学概论. 西安: 陕西科学技术出版社: 236.

赵振威. 2000. 数学发现导论. 合肥: 安徽教育出版社: 11.

郑毓信. 1994. 问题解决与数学教育. 南京: 江苏教育出版社.

郑毓信. 2001. 数学教育——从理论到实践. 上海: 上海教育出版社.

郑毓信. 2006. 数学方法论入门, 杭州: 浙江教育出版社, 169-174.

钟明. 1997. 论系统方法论的结构. 江海学刊, 5.

钟启泉, 等. 2001. 为了中华民族的复兴、为了每一个学生的发展——基础教育课程改革纲要(试行)解读. 上海: 华东师范大学出版社.

周昌钟. 1983. 创造心理学. 北京: 中国青年出版社: 103.

周光璧, 张铁声. 1995. 基于相似性的探索是数学教学的重要途径, 教育研究, 11: 51-53.

朱德全, 等. 2005. 基于开放性问题解决的实践性思维数学教学设计. 中国教育学刊, 4.

朱德全. 1997. 数学问题解决的表征及元认知开发. 教育研究, 3.

朱德全. 2002. 处方教学设计原理——基于问题系统解决学习的数学教学设计. 重庆: 西南师范大学出版社: 13-14.

朱小蔓. 1999. 教育面临挑战——思想的应答. 南京: 南京师范大学出版社.

朱智贤, 林崇德. 1986. 思维发展心理学. 北京: 北京师范大学出版社: 563-568.

祝智庭, 等. 2004. 论信息技术在基础教育新课程教学中的支持作用. 全球教育展望, 3.

祝智庭. 2001. 现代教育技术——走向教育信息化. 北京: 高等教育出版社.

P. Norton & K. M. Wiburg. 2002. Teaching with Technology. 信息技术与教学创新, 吴洪健, 倪男奇译. 北京, 中国轻工业出版社.

Paul Ernest. The impact of beliefs on the teaching of mathematica, 第六届国际数学教育大会交流论文

Rolfbeiehler, 等. 1998. 数学教学理论是一门科学. 上海: 上海教育出版社.

Ainsworth, S., Bibby, P. & Wood, D. (1997). Information technology and multiple representations: new opportunities-new problems. *Journal of Information Technology for Teacher Education*, 6(1), 93-105.

Anand P G , et al. 1987. Using computer-assisted instruction to personalize arithmeticmaterials for elementary school children.Journal of Educational Psychology, (2): 72-78.

Anderson L W. 1995. National Encyclopedia of Teaching and Teacher Education. Oxford Elervier Service Ltd: 588-593.

Arcai, A. & Hadas, N. Computer mediated learning: an example of an approach. International Journal of Computers of Mathematics Learning, 2000, 5: 25-45.

Boud, D., & Feletti, G. I. (1996). The challenge of problem-based learning. London: Kogan Page.

Bridges, E. M. (1992). Problem-based learning for administrators. ERIC Clearing House. University of Oregon.

Bruce Joyce, Marsha Weil & Emily Calhoun, Models of Teaching, Allyn & Bacon, 1999.

Contreras, J. N. (2003). A Problem-posing Approach to specializing, Generalizing, and Extending Problems with Interactive Geometry Software. Mathematics Teacher, 96(4), 270.

D.N. Perkins(1991), Technology Meets Constructivism: Do They Make a marriage, Educational Technology, may, 1991.

Davidson J B, Stemberg R J. 1998. Smart problem solving:How metaeognition helps. Metacognition in educational theory and practice.Lawrence Eribaum Associates, 48.

Derry, S. J. (1990). Flexible cognitive tools for problem solving instruction. Paper presented at the annual meeting of the American Educational Research Association, Boston, MA, April 16-20.

Duffy T M, Cunningham D J. 2001. Constructivism: implications for the design and delivery of instruction. *In*: David H.Jonassen. Handbook of Research for Educational Communications and Technology.

Hibbard K M. 2000. Performance-based Learning and Assessment in Middle School Science. NY:

Richard H. Adin Freelance Editorial Services.

Hmelo, C. E., & Ferrari, M., (1997). The problem-based learning tutorial: Cultivating higher order thinking skills. Journal for the Education of the Gifted. vol. 20(4): 401-422.

Jonassen D H, Howland J L, Moore J L, et al. 2003. Learning to Solve Problems with Technology: A Constructivist Perspective. 2nd ed. NJ: Merrill Prentice Hall.

Jonassen D H. 1997. Instructional design models for well-structured and ill-structured problem-solving learning outcomes. Educational Technology Research and Development, 45(1): 65-94.

Joyce B, Showers B. 1982. The coaching of teaching. Educational Leadership, 40(1).

Kieran C. 1981. Concepts associated with the equality symbol.Educational Studies in Mathematics, 12: 317-326.

Lee L, Wheeler D. 1989. The arithmetic connection. Educational studies in Mathematics, 20: 41-54.

Lester, F. K. (1980) Research in mathematical problem solving. In R. J. Shumway (Ed.), Research in mathematics education. Reston: NCTM.

Lewis A B. 1989. Training students to representation arithmetic word problem.Journal of Educational Psychology, 81(4): 521-531.

Niss, Morgen. (1998) Aspects of the Nature and State of Research of Mathematics Education. In Document Mathematics, extra volume, ICTM.

Perkins, D. (1991). Technology meets constructivism: Do they make a marriage. In Duffy, T. M., and Jonassen, D. H. Constructivism and the technology of instruction: A conversation. Lawrence Erlbaum Assoc. Inc. New Jersey.

Schoenfeld A. 1985. Mathematical Problem Solving. Ordando: Academic Press.

Slavin, R. E. (1994). Educationnal Psychology: Theory and Practice (4th edition). Allyn and Bacon.

Smith P L, Ragan T J. 1999. Instructional Design. 2nd ed. NY: John Wiley & Sons, Inc.

Staniic G M A, Kilpatrick J. 1988. Historical perspective on problem solving in the mathematical curriculum. In: Charles R I, Silver E A. The Teaching and Assessing of Mathematical Problem Solving,LEA: 13.

Stewart C, Chance L. 1995. Journal writing and professional thinking standards. Mathematics Teacher, (3): 27-29.

Tan, O. S. (2000). Reflecting on innovating the academic architecture for the 21st century. Educational Developments, 1 (3). UK: SEDA

Wood T. 1999. Creating a context for argument in mathematics class.Journal for Research in Mathematics Education, 30: 171-191.

# 附录 A 调查问卷

## 调查问卷(学生)

你好!我们正在作数学教学的理论与实证研究,非常感谢你认真回答下列问题,你的意见非常珍贵,它对我们研究数学教学很有价值。本调查不记名,请你独立完成本问卷,我们将对你的回答高度保密,谢谢你的合作!

请填写基本情况:

学校名称:_____(请填写全称)班级:_____

你的年龄:_____ 性别: □男 □女

你现在每星期有多少节课会在网络教室中上课_____。

你对当前在网络教室中上课的频率满意吗?_____。如果不满意,你认为每星期应有多少节课在网络教室中上课_____。

学校网络教室条件明显改善,有更多的机会到网络教室上课: 是 □ 否 □

**请你在所选项下面打√**

| 题号 | | 是 | 否 | 不确定 |
|---|---|---|---|---|
| 1 | 只有书呆子才喜欢数学 | | | |
| 2 | 老师常常创设情境,引导我们从实际问题中归纳数学定义 | | | |
| 3 | 老师会经常鼓励我们自己归纳小结所学数学知识和思想方法 | | | |
| 4 | 使用几何画板等工具有助于我更好地寻找数学规律 | | | |
| 5 | 在解决问题的过程中,老师提倡我们互相合作、对话交流 | | | |
| 6 | 我能够主动提出一些数学问题(包括思考过而未表达出的问题) | | | |
| 7 | 老师在课堂教学中常常会渗透一些数学研究的方法,如观察、实验、归纳、类比、特殊化、一般化等 | | | |
| 8 | 与其他同学交流解题过程会促进我对有关问题的理解,有时会得到意想不到的收获 | | | |
| 9 | 在与老师一起讨论数学问题时,他(她)总是很民主,耐心听取学生意见 | | | |
| 10 | 教师是最后的仲裁者,学生所给出的解答的对错和解题方法的"好坏"都由教师最终裁定 | | | |
| 11 | 当老师让我们将课堂知识用于解决实际生活问题的时候,我比较得心应手 | | | |
| 12 | 比较别人(如同学、老师、课本、教学参考书)的数学问题解决方法,我能够提出自己与其不同的见解 | | | |
| 13 | 我有机会利用信息技术探索、研究数学问题 | | | |
| 14 | 在数学公式、法则、定理的教学中,老师为我们设计问题情境,由我们自己探索得出结论 | | | |
| 15 | 学习数学的方法就是记忆和模仿,你不用去理解,也不可能真正搞懂 | | | |

续表

| 题号 | | 是 | 否 | 不确定 |
|---|---|---|---|---|
| 16 | 在论证(计算)一个数学问题过程中，我常常进行观察、操作(实验)、猜想等活动 | | | |
| 17 | 猜想在数学中也没有任何地位，因为数学是完全严格的 | | | |
| 18 | 我能够向其他同学解释自己解决问题的方法(或论证问题的证据) | | | |
| 19 | 我现在比以前更积极、更主动地投入数学学习 | | | |
| 20 | 我愿意借助于几何画板等工具或资源进行自主学习 | | | |
| 21 | 纠正自己(或别人)的错误会增强我对数学内容的理解 | | | |
| 22 | 解决问题以后，我还反思数学问题解决过程，检查、修改其中的错误之处 | | | |
| 23 | 除了数学知识之外，我还掌握一些数学研究方法 | | | |
| 24 | 在课后，我们要完成的作业不仅包括课本或练习册中的习题，还有机会完成一些调查、访谈或对数学问题进行推广等学习任务 | | | |
| 25 | 与书后作业相比，我更愿意承担一些综合性的、有挑战的任务 | | | |
| 26 | 除了常规问题之外，老师经常会设计一些开放性问题让我们进行探究 | | | |
| 27 | 观察和实验是靠不住的，从而在数学中就没有任何地位 | | | |
| 28 | 老师常常鼓励我们对同一问题采用多种方法进行解决 | | | |

# 附录 B　信息技术环境下基于问题解决的数学教学设计与教学实施案例

## 案例 1　课堂网络教学环境下"平行线的性质" (第一课时)教学设计及课后反思

**授课时间:**

2007 年 3 月 20 日。

**授课教师:**

北京市昌平区第四中学刘玲老师。

**使用教材:**

人民教育出版社数学七年级下册。

**教学设想:**

本课通过设计生活中的问题情境引入课题,以平行线的判定条件的逆命题是否成立作为切入点,激发了学生的好奇心,然后利用几何画板工具,发现、探究、归纳平行线的性质,教师在该过程中层层设问,充分利用几何画板作为探究工具,引导学生主动进行逐层深入的问题探究,验证猜想,最后归纳结论。利用网络课件增大课堂容量,节省教学时间。学生结合本节课探究学习到的知识,解决本课一开始提出的实际问题。学生的学习能力得到一定的提高。网上进行自我反馈提高课堂的反馈效率,进行及时纠错和指导。总之,本节课的设计突出调动学生的主动性、积极性,加深了学生对问题的认识。

教学程序:创设情境,引入课题→启发思考,抛出问题→自主探究,自我发现→验证猜想,理性归纳→巩固应用,培养能力→总结提高,拓展应用→网上测试,自我反馈。

**学习者特征分析:**

学习者是昌平区第四中学跨越式发展试验初一(10)班学生,学生基础知识扎实,具备一定的表达能力;对网络教学比较感兴趣,具备一定的计算机知识,初步掌握"几何画板"的基本操作,但操作技术不够熟练。个别学生的反应迅速,能力很强,也有少数学生理解力较差,教师要注意作好调控。

教学目标:

　　1. 知识与技能

(1) 掌握平行线的三个性质,理解平行线的性质和判定的区别。

(2) 能运用平行线的性质作简单的推理,并解决一些实际问题。

　　2. 过程与方法

　　经历探索平行线的性质的过程,在观察、操作、想象、推理、交流的活动中,发展空间观念,逐步学会推理。

　　3. 情感态度价值观

　　培养学生主动探索、独立探究的思维品质。

教学重点:

　　平行线的三个性质。

教学难点:

　　区分平行线的三个性质和判定,推理语言训练。

教学关键:

　　能结合图形用符号语言表示平行线的三条性质。

教学媒体:

　　几何画板、网页课件(附图 B.1)、北京师范大学现代教育技术研究所提供的 V-Class 教学平台系统、有广播系统的网络教室。

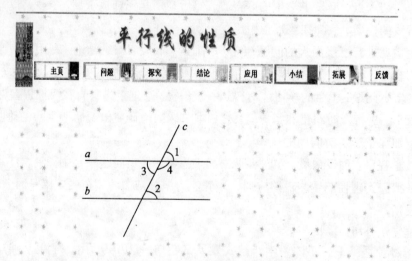

附图 B.1　平行线的性质网页课件

课时安排:

　　1 课时,40min。

教学过程：

## 1．呈现情境，引发思考

（1）如附图 B.2 所示，一条公路两次转弯后，和原来的方向相同。如果第一次拐的是 142°，第二次拐的角是多少呢？

（2）小青不小心把家里的梯形玻璃块打碎了，还剩下梯形上底的一部分(附图 B.2)。要定做一块新的玻璃，已经量得 $\angle A = 115°$，$\angle D = 100°$，你想一想，梯形另外两个角各是多少度？

（3）如附图 B.3 所示，用同位角相等、内错角相等、同旁内角互补能判定两条直线平行，把它们的已知和结论交换一下，结论成立吗？

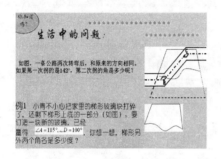

附图 B.2　生活中的问题　　　　　附图 B.3　平行线判定

教师活动：出示网页课件，提出问题。

学生活动：对问题进行思考、猜想并进行回答。

设计意图：呈现真实生活情境问题，调动学生已有知识经验，激发学生学习本节课的兴趣和探究欲望。

## 2．动手操作，实验观察，发现平行线的性质

1) 用几何画板软件探究(附图 B.4)

（1）画两条平行线，再画第三条直线与这两条平行线相交，标出所有的角。

（2）通过度量计算发现同位角的关系。

（3）改变截线的位置，你的结论是否仍成立？

（4）归纳结论。

平行线性质 1：两条平行线被第三条直线所截，同位角相等。简称为两直线平行，同位角相等。

（5）类似地，内错角有何关系，同旁内角呢？

教师活动：指导学生操作，引导学生发现新知。

学生活动：运用几何画板软件探究猜想的正确性。

设计意图：让学生通过自主探究，主动地获取知识。激发学生的学习兴趣，提高自信心。

2) 演绎推理，用平行线性质 1 推理性质 2、性质 3

(1) 已知：如附图 B.5 所示，直线 *AB*、*CD* 被直线 *EF* 所截，*AB*∥*CD*。

求证：∠1=∠2。

教师引导推理：

∵ *a*∥*b*

∴ ∠1=∠2(　　　　　　　)

又∵ ∠1=∠3(　　　　　　　)

∴ ∠2=_____(　　　　　　　)

(2) 已知：如附图 B.5 所示，直线 *AB*、直线 *CD* 被直线 *EF* 所截，*AB*∥*CD*。

求证：∠1+∠2=180°。

教师活动：通过课件逐步展示新的问题，引导学生深入探究活动。

学生活动：学生由填注理由过渡到独立叙述和书写推理过程。

设计意图：逐层深入地培养学生，学会说理，培养逻辑推理的能力。

(学生用几何画板验证性质 2 和性质 3)

平行线性质 2：两条平行线被第三条直线所截,内错角相等。简称为两直线平行, 内错角相等。

平行线性质 3：两条直线被第三条线所截,同旁内角互补。简称为两直线平行, 同旁内角互补。

学生活动：学生结合图形，用符号语言表达平行线的这三条性质。

设计意图：锻炼学生的归纳能力、逻辑推理能力。

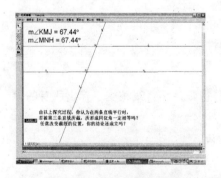

附图 B.4　平行线性质探索

附图 B.5　平行线性质证明

3) 讨论平行线判定与性质的区别

对比平行线的判定，说明平行线判定与性质的区别。

(1) 性质：根据两条直线平行，去证角的相等或互补。

(2) 判定：根据两角相等或互补，去证两条直线平行。

设计意图：使学生明确区分平行线的判定与性质，防止混淆。

## 3．巩固与应用

教师活动：出示问题，进行适当指导和补充。

(1) 如附图 B.6 所示，① 如果 $AD//BC$，则 $\angle B=\angle 1$，根据_____；

② 如果 $AB//CD$，可得 $\angle D=\angle 1$，根据_____；

③ 如果 $AD//BC$，可得 $\angle C+$ _____ $=180°$，根据_____。

(2) 如附图 B.7 所示，$BCD$ 是一条直线，$\angle A=75°$，$\angle 1=53°$，$\angle 2=75°$，求 $\angle B$ 的度数。

(3) 如附图 B.8 所示，$\angle 1=\angle 2$，求证：$\angle 3=\angle 4$。

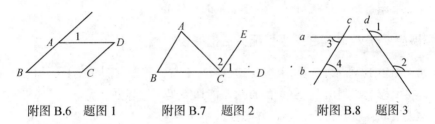

附图 B.6　题图 1　　　　附图 B.7　题图 2　　　　附图 B.8　题图 3

学生活动：口述解题思路或叙述推理过程，并阐述理由。

设计意图：巩固本节基础知识的简单运用，进一步提高逻辑推理能力。

教师活动：引导学生返回去解决本节课开始时提出的生活中的问题。

(4) ① 一条公路两次转弯后，和原来的方向相同。如果第一次拐的是 142°，第二次拐的角是多少呢？

② 小青不小心把家里的梯形玻璃块打碎了，还剩下梯形上底的一部分。要订做一块新的玻璃，已经量得 $\angle A=115°$，$\angle D=100°$ ，你想一想，梯形另外两个角各是多少度？

学生活动：计算结果，并说明道理。

设计意图：使学生能运用本节的内容解决实际问题，学生在尝试知识应用的过程中，体会到了知识的应用价值，感受到数学存在于身边，来源于生活，应用于生活，从而知识得到升华。

## 4．小结(附图 B.9)

(1) 本节课你学会了什么知识？

(2) 本节课你提升了什么能力？

(3) 你会在生活中应用到今天的知识吗？

附图 B.9　小结

学生活动：进行归纳总结。

教师活动：进行补充，给予鼓励。

设计意图：归纳总结知识，树立学生的自信心。

**5. 拓展应用**(根据时间和学生情况灵活把握)

如附图 B.10 所示，一块木板，其中两边平行，若没有测角工具，但有墨线与圆规，在木板上切割出一个 90°的直角，能切割吗？想想办法。

学生活动：展开讨论，寻求方案。

设计意图：提升部分学生的思维能力、创造能力和解决实际问题的能力。

**6. 课堂反馈**

1) 判断题

(1) 两条直线被第三条直线所截，则同旁内角互补。　　　　　　　　　( )

(2) 两条直线被第三条直线所截，如果同旁内角互补，那么同位角相等。( )

(3) 两条平行线被第三条直线所截，则一对同旁内角的平分线互相平行。( )

2) 填空题

(1) 如附图 B.11 所示，若 $AD /\!/ BC$，则 $\angle\underline{\quad}=\angle\underline{\quad}$，$\angle\underline{\quad}=\angle\underline{\quad}$，$\angle ABC+\angle\underline{\quad}=180°$；若 $DC /\!/ AB$，则 $\angle\underline{\quad}=\angle\underline{\quad}$，$\angle\underline{\quad}=\angle\underline{\quad}$，$\angle ABC+\angle\underline{\quad}=180°$。

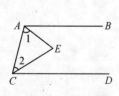
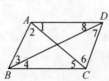
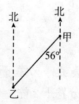

附图 B.10　题图 4　　　附图 B.11　题图 5　　　附图 B.12　题图 6　附图 B.13　题图 7

(2) 如附图 B.12 所示，在甲、乙两地之间要修一条笔直的公路，从甲地测得公路的走向是南偏西 56°，甲、乙两地同时开工，若干天后公路准确接通，则乙地所修公路的走向是＿＿＿＿＿，因为＿＿＿＿＿＿。

(3) 如附图 B.13 所示，$AB / \! / EF$，$\angle ECD = \angle E$，则 $CD / \! / AB$。说理如下：

因为 $\angle ECD = \angle E$，

所以 $CD / \! / EF($＿＿＿＿＿$)$，

又 $AB / \! / EF$，

所以 $CD / \! / AB($＿＿＿＿＿$)$。

3) 选择题

(1) 如附图 B.14 所示，由 $AB / \! / CD$，可以得到　　　　　　　　　　(　)

　A. $\angle 1 = \angle 2$；　　　B. $\angle 2 = \angle 3$；　　　C. $\angle 1 = \angle 4$；　　　D. $\angle 3 = \angle 4$

(2) 一个人驱车前进时，两次拐弯后，按原来的相反方向前进，这两次拐弯的角度是　　　　　　　　　　　　　　　　　　　　　　　　　　(　)

A. 向右拐 85°，再向右拐 95°；　B. 向右拐 85°，再向左拐 85°

C. 向右拐 85°，再向右拐 85°；　D. 向右拐 85°，再向左拐 95°

4) 解答题

如附图 B.15 所示，已知：$DE / \! / CB$，$\angle 1 = \angle 2$。求证：$CD$ 平分 $\angle ECB$。

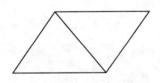

附图 B.14　题图 8　　　　　附图 B.15　题图 9

学生活动：进行网上自我反馈，完成每道大题，可以自主单击答案或提示以及解题指导。

教师活动：教师通过网上浏览和指导，及时把握学生的学习情况。

设计意图：通过自我反馈，学生能及时进行学习效果的自我评价，并且尽快获得指导，及时纠错，有效提高课堂效率。

## 7. 作业

25 页 1、2、3、4、5、11、12。

[课后反思]

"平行线的性质"是一节基于网络环境下的数学探究式新授课，既体现了探究式教学的理念，又充分发挥了网络资源丰富的优势，促进学生对所学内容的灵活应用。具体来讲，本课具有以下特点。

(1) 学生在自我探究的过程中达到认知目标。探究式学习有五个环节：①创设情境，引入课题；②启发思考，抛出问题；③自主探究，自我发现；④同伴交互，交流心得；⑤总结提高，深层建构。

(2) 学生在体验中进行学习，掌握相关的学习方法，学习热情高涨。

(3) 合理、充分发挥了技术的优势。教师提供给学生几何画板这个工具，让学生采取独立操作、自我探究、自我归纳的方法，帮助学生对相关内容进行深层次的认知建构。

(4) 本课注重数学的应用，体现数学来源于生活、用于生活，通过应用所学知识解决生活中的问题，使学生充分感受数学的价值。

(5) 本节课注重对学生能力的培养，尤其是突出对学生逻辑推理的逐层渗透以及语言表述能力的培养。

本节课值得思考之处在于：

(1) 学生对几何画板的操作水平有待于进一步加强，具有强大探究功能的几何画板工具会给学生提供很大的发展空间。应当使学生使用计算机如同使用纸、笔一样自如。

(2) 注意学生的均衡发展，教学进度的调控要适于不同层次的学生。

总体而言，本节课完成了预设的教学目标，从教学理念、教学方法和教学手段上都有新的突破，是较为成功的一节课，经过不断地探索和改进，今后类似的课会日趋完美。

## 案例 2　课堂网络教学环境下"分式方程"
## (第一课时)课堂教学全程实录

授课教师：

北京市昌平区小汤山中学付东方。

授课时间：

2007 年 3 月 21 日

教材版本：

人民教育出版社数学八年级下册。

设计说明：

本单元知识结构如附图 B.16 所示，我们将分式方程分为两大类，一类是具有实际背景的情景化分式方程，另一类是不具有实际背景的形式化分式方程。前者是本单元的重点，也是难点，后者是为了巩固分式方程的解法而编制的问题。为了让学生了解并掌握学习分式方程的意义，在单元教学过程中自始至终贯穿由实际问题列分式方程这一主线。本节内容是本单元的第一课时，是在学生掌握了一元一次方程的解法和分式四则运算的基础上进行的，为后面学习可化为一元二次方程的分式方程打下基础。旨在引导学生通过经历实际问题→列分式方程→探究解分式方程的过程，体会分式方程是一种有效描述现实世界的模型，从整体上对分式方程有一个整体认知，发展学生分析问题、解决问题的能力，培养应用意识，渗透类比转化思想。

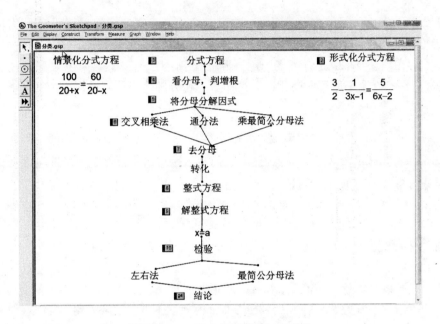

附图 B.16　分式方程单元知识结构

**教学目标：**

(1) 了解分式方程定义，理解分式方程的一般解法和分式方程可能产生增根的原因，掌握解分式方程验根的方法。

(2) 通过经历实际问题→列分式方程→探究解分式方程的过程，体会分式方程是一种有效描述现实世界的模型，发展学生分析问题、解决问题的能力，培养应用意识，渗透转化思想。

(3) 强化用数学的意识，增进同学之间的配合，体验在数学活动中运用知识解决问题的成功体验，树立学好数学的自信心。

**教学重点：**

解分式方程的基本思路和解法。

**教学难点：**

理解分式方程可能产生增根的原因。

**教学方式：**

有意义接受学习方式和探究学习方式相结合。

**教学媒体：**

Media-Class 纯软多媒体教学网、几何画板等。

**教学过程：**

### 活动 1：创设情境，列出方程

教师：下面同学们先看一道题，自己独立思考根据题意把方程列出来(大屏幕投影)。

(1) 在信息技术课上，周老师测试五笔打字速度。李志录入 80 个字所用时间与张帅录入 60 个字所用时间相同，已知李志每分钟比张帅多录入 5 个字，求张帅每分钟录入多少个字？

学生：全班同学迅速根据题意列出方程 $\dfrac{80}{x+5} = \dfrac{60}{x}$，并由李志同学讲解自己的解题思路(发生在本班同学身边的事情引起全班学生的极大兴趣，班级气氛也立刻活跃了很多，体现了学习素材应当来源于学生的现实)。

教师：将李志同学列出的方程式 $\dfrac{80}{x+5} = \dfrac{60}{x}$ 写在黑板上。好，讲解得不错，那下面这道题呢？

(2) 一艘轮船在静水中的最大航速为 20km/h，它沿江以最大航速顺流航行 100km，与以最大航速逆流航行 60km 所用时间相等，求江水的流速是多少？

学生：自主探究与同伴互助列出方程。由同学 1 讲解解题思路，设江水的流速为 $x$，则轮船顺流速度为 $20+x$，逆流速度为 $20-x$。根据题意"顺流航行 100km 与逆流航行 60km 所用时间相等"，所以方程式应为 $\dfrac{100}{20+x} = \dfrac{60}{20-x}$。

教师：思路很明确。江水中的轮船是顺流而下走得快，逆流而上航行得慢，那同学们看我们的学习是应该逆流而上呢还是应该顺流而下？(教师不失时机地对学生进行思想教育，激励学生)

学生(众)：逆流而上！

设计意图：通过经历实际问题→列分式方程，体会分式方程是一种有效描述现实世界的模型，发展学生分析问题、解决问题的能力，培养应用意识，激发学生的探究欲望与学习热情，为探索分式方程的解法作准备。

### 活动 2：总结定义，探究解法

教师：方程大家都列出来了，下面同学们分析一下黑板上所列出的两方程的共同特征是什么，与咱们以前所见方程有什么不同呢？

学生：同学反应都很快，几乎没有经过同伴讨论就有同学喊出来"分母上都有未知数"。

教师：对，这就是本节我要给大家介绍的新内容——分式方程。分式方程的概念是什么呢？我们大家共同归纳总结。分式方程的定义，分母中含有未知数的方程叫做分式方程。

教师：同学们已经知道了什么是分式方程，那下一步就是要考虑怎样解分式方程了。以 $\dfrac{80}{x+5}=\dfrac{60}{x}$ 为例同学们先独立思考，给你们 3min 时间解出方程，要求检验所得结果，解完后可以与前后桌同学讨论解题方法。

学生：独立思考解方程。(体现了给学生提供探索与交流的时间与空间)

教师：巡视同学解题情况。看同学们大部分都完成了任务，让学生 2 投影出自己的解题过程，并给大家讲解解题思路。

学生 2：利用分式的基本性质，方程 $\dfrac{80}{x+5}=\dfrac{60}{x}$ 化为 $\dfrac{80x}{x(x+5)}=\dfrac{60(x+5)}{x(x+5)}$，因为分母相同则分子也相等，得：$80x=60(x+5)$，所以 $x=150$。

教师：还有不同解法吗？好，学生 3 的解法不同，上来给大家讲解一下你的解题思路。

学生 3：我是通过去分母来化简方程的。方程 $\dfrac{80}{x+5}=\dfrac{60}{x}$ 两边都乘以最小公倍数 $x(x+5)$，得 $80x=60(x+5)$，所以 $x=150$。

教师：学生 2 和学生 3 的解法确实是不相同，但不同在哪儿，各自的原理、依据是什么？

学生(众)：一个是利用分式的基本性质，一个是利用等式的基本性质。

教师：对，两种解法的不同我们找出来了，那他们俩的解法有相同的地方吗，又相同在哪儿？大家讨论一下。

学生：同座或前后座立马投入讨论。得出结论：都是由分式方程化为整式方程。

教师：好，我们总结得出解分式方程都要先把分式方程化成整式方程，那什么叫整式方程，代数方程是如何分类的？看"几何画板"课件。教师利用"几何画板"工具由学生回忆、教师逐步演示的方式，直观呈现了"实数、代数式、代数方程的分类"(附图 B.17)。

学生：看到几何画板上"实数、代数式、代数方程"的清晰呈现，同学有的发出"哦"的声音。整式方程的概念在"类比转化"下更清晰明了了，有效地暴露了知识之间的联系与综合。

教师：同学们已经有了"类比转化"的思想，下面咱们就练练，用 1min 解出

一次方程 $x-\dfrac{1+x}{2}=\dfrac{x+5}{7}-2$ 与分式方程 $\dfrac{80}{x+5}=\dfrac{60}{x}$，并思考解一次方程与分式方程的区别。

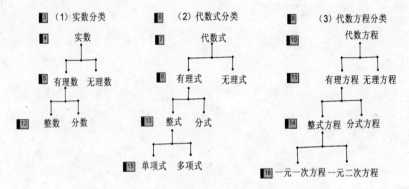

一、分式方程定义：分母中含有未知数的方程叫做分式方程。

二、实数，代数式，代数方程的分类

附图 B.17　实数、代数式、代数方程分类类比

学生或独立思考或相互交流，教师巡视解题情况。

教师：看大部分同学完成后，利用"几何画板"逐步类比、并列呈现出解一次方程与分式方程的步骤、方法(附图 B.18)，在学生亲历解两类方程体验的基础上，进一步提炼并加深了学生对两者区别的印象，旨在突出知识之间的联系与综合，重要的数学概念与数学思想螺旋上升，使学生充分感受类比思想方法的价值。

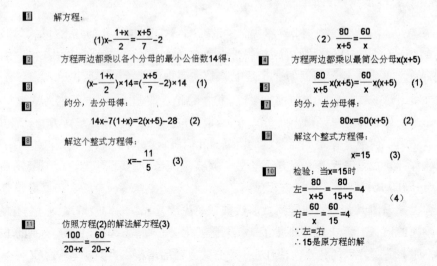

附图 B.18　一次方程与分式方程解法类比

设计意图：通过引导学生观察分式方程的共同特征，培养学生抽象概括、归纳总结数学概念的能力；通过教师讲授数、式、方程的分类，使学生能从整体上把握数、式、方程及它们之间的联系与区别；通过合作探究分式方程的解法，培养学生的探究能力，增强利用类比转化思想解决实际问题的能力及合作的意识(此环节不仅体现了数学知识的形成与应用过程，而且能够灵活自如地将"主导—主体"教学思想落实到具体的教学设计之中)。

　　这里需要特别指出的是，Media-Class 纯软多媒体教学网在充分体现教学设计思想中发挥了不可替代的作用。具体而言，实数、代数式、一元一次方程分类结构图不是本节课要求的内容，属于拓展内容(无理式、无理方程、一元二次方程还没学过)。增加此内容的目的有两个：一是通过教师讲授数、式、方程的分类，使学生能从整体上把握数、式、方程及它们之间的联系与区别；二是渗透类比思想。既然是拓展内容，就不能占用太多时间，否则将影响必学内容的学习，所以提前要做好课件，利用媒体技术进行展示。若使用大屏幕展示，为使学生能看清楚，字号必须变大，这样实数、代数式、一元一次方程分类结构图就不能在同一屏幕上展示，难以让学生感悟类比思想，而 Media-Class 纯软多媒体教学网的广播教学功能恰好解决了这一问题。教师利用教师机将要展示的内容广播到学生机上，这样字号可以变小，所有内容可以展示在同一屏幕上，有利于学生从整体上把握数、式、方程及它们之间的联系与区别，感悟类比思想。同理，广播教学在呈现类比解一元一次方程与分式方程时的作用和上述作用类似。

**活动 3：讲练结合，分析增根**

　　教师：以上两方程学生迅速解出，轻松完成老师布置任务。老师看到同学们掌握"类比"这一得力工具后脸上那得意自豪的表情，开始言语刺激，激发出学生的探究欲望。"呵呵，挺容易就解决了是吧？请大家再解下面的方程，要求验根"。大屏幕投影出：

$$解分式方程：\frac{1}{x-5}=\frac{10}{x^2-25}$$

　　学生：独立思考，迅速解方程得出结果 $x=5$，验根时发现问题，所得结果 5 使原方程分母为 0，所以 5 不是方程的解。此时教室有点乱了，有同学认真检验自己解题过程并无错误，开始和同桌及前后同学讨论了。

　　教师：(巡视，看火候差不多了)同学们是不是发现解方程得出的 5 不是此方程的解，那 5 是此方程的什么？(顿)对，是分式方程的增根，也就是本节的又一个概念。同学们猜想讨论一下什么是增根，增根是怎样产生的？

学生(众)：可能是分母为零了就产生增根。

教师：看增根的定义，使"最简公分母"为零的值是分式方程的增根。下面我给出几个分式方程，大家看能不能判断分式方程可能的增根是什么？

教师呈现出几个分式方程，学生自主探究，同伴交流，演算然后集体抢答。

教师：大家已经能根据增根定义判断分式方程是否会产生增根了，那么同学们有没有进一步考虑分式方程为什么会产生增根，分式方程可能产生增根的原因是什么？

学生：自主探究，同伴交流，各抒己见，踊跃发言探讨分式方程产生增根的原因。

教师：利用黑板总结学生发言，并举例 $x-1=2$，解得 $x=3$，而 $0\times(x-1)=0\times2$ 可得：$x=$ 任意实数。因为 0 乘以任何数都得 0，从而扩大了方程解的范围，这就是产生增根的原因！"几何画板"逐步规范化地呈现解题过程与验根方法、步骤，为下一环节的教学做好铺垫。

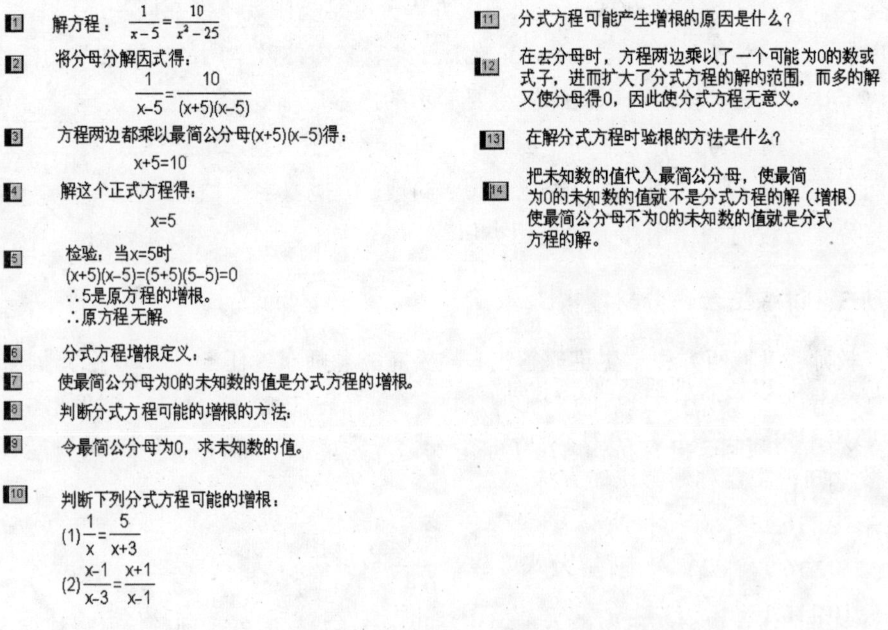

① 解方程：$\dfrac{1}{x-5}=\dfrac{10}{x^2-25}$

② 将分母分解因式得：
$$\dfrac{1}{x-5}=\dfrac{10}{(x+5)(x-5)}$$

③ 方程两边都乘以最简公分母(x+5)(x-5)得：
x+5=10

④ 解这个正式方程得：
x=5

⑤ 检验，当x=5时
(x+5)(x-5)=(5+5)(5-5)=0
∴5是原方程的增根。
∴原方程无解。

⑥ 分式方程增根定义：

⑦ 使最简公分母为0的未知数的值是分式方程的增根。

⑧ 判断分式方程可能的增根的方法：

⑨ 令最简公分母为0，求未知数的值。

⑩ 判断下列分式方程可能的增根：
(1) $\dfrac{1}{x}=\dfrac{5}{x+3}$
(2) $\dfrac{x-1}{x-3}=\dfrac{x+1}{x-1}$

⑪ 分式方程可能产生增根的原因是什么？

⑫ 在去分母时，方程两边乘以了一个可能为0的数或式子，进而扩大了分式方程的解的范围，而多的解又使分母得0，因此使分式方程无意义。

⑬ 在解分式方程时验根的方法是什么？

⑭ 把未知数的值代入最简公分母，使最简为0的未知数的值就不是分式方程的解（增根）使最简公分母不为0的未知数的值就是分式方程的解。

附图 B.19　分式方程解法总结

教师：我们已经明白了本节难点"分式方程可能产生增根的原因"，现在大家回顾思考在解分式方程时验根的方法是什么。

学生：自主探究，同伴交流。先后由两位同学讲解自己总结的"解分式方程时验根的方法"，最后由老师总结规范检验方法，并由"几何画板"直观呈现。学生根据规范方法重做练习，学生与学生之间相互检查纠错，体现了基本技能的落实。

设计意图：通过解分式方程，巩固解分式方程的方法；通过交流、分析使学生能判断出分式方程可能产生的增根，并通过列举具体例子使学生理解分式方程可能产生增根的原因，掌握解分式方程验根的方法。

### 活动 4：师生总结，建构体系

教师：咱们已经完成了本节课的教学任务，下面同学们打开 Midea-Class 纯软多媒体教学网络平台，结合本节课的学习过程谈一谈学习的收获与感受。回顾一下在这一节课中你都学了什么，学习的方法是什么？

学生：打写学习感受。进入 Media-Class 纯软多媒体教学网络平台交流本节课的学习感受与收获，并可与老师交流本节课学习中的疑惑，由老师单独或集中解决。

设计意图:通过教师从知识与能力两方面的总结，梳理知识，建构体系，同时也起一个示范作用；通过学生积极回顾，自我总结，自我评价，培养学生归纳、总结能力，语言表达能力，自我评价能力。

这里需要说明的是，Media-Class 纯软多媒体教学网络平台在学生分组讨论、打写学习感受时的优势。通常情况下，一节课即将结束时，由一个学生作本节课的知识内容小结，其他同学倾听补充。而网络环境下的分组讨论功能则是所有学生在同一界面下利用计算机打写学习感受，进行知识小结，这样每一个学生在打写自己的学习感受时，可以看见其他同学打写的内容，相当于全班学生在同一组交流学习感受，学生参与交流的机会大大增强；学生在上传打写内容时，同时显示该学生机的 IP 地址，在教师利用教师机进行监控下，学生不敢胡写，只能认真打写学习感受，而教师可以根据学生打写的学习感受，及时了解全班同学对本节课教学目标的达成情况，以便于课后落实。下面是全班学生当堂打写的学习感受。

10.116.138.221 对 所有人 说：这节课我学会了解分式方程，而且我也懂得了学数学知识需要利用类比的方法，对照以前的知识来学习现在的新知识。

10.116.138.230 对 所有人 说：用类比和转化解分式方程。

10.116.138.222 对 所有人 说：数学的知识无穷尽，像增根我还是第一次了解。

10.116.138.229 对 所有人 说：学习数学一定要先学会学习方法。

10.116.138.240 对 所有人 说：分式方程学习方法是一类比，二转化。

10.116.138.225 对 所有人 说：认为前面的知识对后面所学的很重要，前面的如果不会的话，后面的也不一定会。

10.116.138.248 对 所有人 说：类比不光在分式方程上可以用，也可在学习其他数学知识上用到。

10.116.138.232 对　所有人　说：这节课我学会了分式方程的解法。还知道了分式方程有时是有增根的。

10.116.138.227 对　所有人　说：通过分式方程，我们不仅复习了整式方程，还学会了用类比、转化解分式方程

10.116.138.245 对　所有人　说：通过这节课，我学会了分式方程的解法，同时也明白了可以用类比的方法来学习。

10.116.138.237 对　所有人　说：学分式方程可以用类比的方法。

10.116.138.231 对　所有人　说：我的感受是分式这方面的我也更上一层楼了。

10.116.138.230 对　所有人　说：好的方法是学习的关键！

10.116.138.228 对　所有人　说：通过这节课的学习我学到了：如何去解分式方程(用类比的方法)。

10.116.138.234 对　所有人　说：我学会了怎样解分式方程，知道了分式方程还有增根和验根的方法！

10.116.138.223 对　所有人　说：我知道了数学知识是一环套一环的，应该巩固所有知识，拓展新知识。

10.116.138.235 对　所有人　说：我知道了什么叫分式方程的增根。

10.116.138.243 对　所有人　说：我学会了分式方程的正规解法和分式方程的增根定义。

10.116.138.233 对　所有人　说：学习分式方程首先要类比、转化，计算过程还要严格准确。

10.116.138.244 对　所有人　说：本课我学会了分式方程的解法，1 类比，2 转化。

10.116.138.234 对　所有人　说：学习分式方程的方法是类比和转化！

10.116.138.224 对　所有人　说：通过这节课，我体会到数学是一环接一环的，如果中间一个部分有了差错，那下面就都不会对。

10.116.138.242 对　所有人　说：无论作什么题，最后都要约分，化成最简分数(分式)

10.116.138.221 对　所有人　说：我懂得了学习数学需要灵活运用，运用以前的方法，进行类比，而且学会了用数学语言来正确地描述数学问题。

10.116.138.231 对　所有人　说：数学不是那么简单的！

10.116.138.239 对　所有人　说：这节课，我学到了分式方程的解法，还学会了它的学法——类比、转化。

10.116.138.225 对　所有人　说：类比、转化对学习数学很有帮助。

10.116.138.238 对　所有人　说：我的感受是学会要用类比的方法来学习知识，

分式方程的检验是必不可少的一个环节。

10.116.138.236 对 所有人 说:我的感受是学分式方程的解法是去分母,转化,解方程,检验。运用的学法是类比,转化!

10.116.138.223 对 所有人 说:我有一个问题,如果分子为 0 时,0 除以任何数都为 0,不也增加了方程的解吗?

10.116.138.243 对 所有人 说:作答分式方程要认真算后检验。

10.116.138.235 对 所有人 说:我学会了分式方程的正确解法和自己原来的解法的不同。

10.116.138.222 对 所有人 说:分式方程解法:一去分母,二求未知数,三要检验看增根。

10.116.138.233 对 所有人 说:如果有增根就要带入最简公分母中检验。

10.116.138.234 对 所有人 说:要学好分式就要学好分数,分数是基础,分式是提高,只有基础打好才能提高,不是吗?

10.116.138.248 对 所有人 说:增根像使分式无意义一样!

10.116.138.243 对 所有人 说:检验是解分式方程中必不可少的步骤。

10.116.138.224 对 所有人 说:做数学就要细心,包括在日常生活中也需要细心。

10.116.138.232 对 所有人 说:通过学习分式方程,我知道了学习数学知识是一环接一环的,如果掌握不好以前的知识,也没有办法学好以后的知识。

**活动 5:布置作业,深化巩固(略)**

# 案例 3　课堂网络教学环境下"平面镶嵌"教学设计案例

**授课教师:**

北京市昌平区回龙观中学李娟。

**授课时间:**

2007 年 4 月 13 日。

**教材版本:**

人民教育出版社数学七年级下册。

**设计思想:**

"镶嵌"作为课题学习的内容安排在"三角形"一章的最后,体现了多边形内角和公式在实际生活中的应用。本节课是一堂探索活动课,在设计上体现出数学实验与数学论证的有机结合,体现知识的发生、形成和发展的整个过程。教学中提供精心设计的数学课件和学生进行探究的数学实验环境与工具,让学生积极参与到数学实验活动中，并提供大量资源来拓宽学生知识面；通过课题的学习，学生可以经历从实际问题抽象出数学问题，建立数学模型，到综合运用已有的知识解决问题的全过程，从而加深对相关知识的理解，提高思维能力。

学习者特征分析：

本节课的学习者特征分析主要是根据教师平时对学生的了解而作出的。学生是北京市昌平区回龙观中学的初一学生；学生对数学的实际应用及网络教学有非常浓厚的兴趣；学生思维活跃，能积极参与讨论，口头汇报的能力较强；所有学生经过大半年的北京师范大学跨越式课题试验研究，都有一定的计算机基础，能较熟练地运用几何画板以及在 V-class 平台的讨论组上发表意见；学生的自控能力不强，教师要注意作好调控。

教学目标：

# 1．知识与技能

通过探究，归纳出能进行平面镶嵌的正多边形的种类，会用一个三角形、四边形、正六边形平面镶嵌，形成美丽的图案，积累一定的审美体验。

# 2．过程与方法

(1) 通过拼图、实验、观察、猜想、推理等数学活动，探索平面镶嵌的条件，感受数学思考过程的条理性，发展初步演绎推理能力和语言表达能力。

(2) 通过代数方法探究能够进行平面镶嵌的正多边形种类及其组合方式，使学生体会数、形结合的思想。

(3) 通过探索正多边形的平面镶嵌，让学生逐步从实验几何过渡到论证几何。

(4) 通过探索正多边形的平面镶嵌问题，使学生学会用相同边长的正多边形进行平面镶嵌，设计美妙的图案。

# 3．情感态度价值观

平面镶嵌是体现多边形在现实生活中应用价值的一个方面，通过探索多边形平面图形的镶嵌并且欣赏美丽图案，从而感受数学与现实生活的密切联系，体会数学活动充满了探索性与创造性，感受数学知识的价值，增强应用意识，获得各种体验，培养学生学习数学的兴趣，促进创新意识、审美意识的发展。

教学重点：

教材由地板砖铺地引入镶嵌问题后提问，为什么这样的地砖可以进行平面镶嵌？引发学生的思索；接着又提出，哪几种多边形可以平面镶嵌？为了深化课题研究，教材进一步提出，哪两种正多边形可以平面镶嵌？设问层层递进，不断引发学生的认知冲突，从而引领学生完成课题学习。因此，本节的重点是经历平面镶嵌条件的探究过程，为了突出重点，突破难点，本课题的教学坚持"教与学、知识与能力的辩证统一"和"使每个学生都得到充分发展"的原则，关注学生的实践与操作，让学生自己准备正多边形，自己利用几何画板拼图，自主发现数学问题，进而解决问题，教师要适时启发学生把平面镶嵌的条件与内角和公式联系起来，进而建立解题模型。

**教学难点：**

在实验的基础上探索哪些边长相等的正多边形可以用于平面镶嵌，如何用边长相等的正多边形进行平面镶嵌。

**教学策略：**

采用探究式教学：创设情境→提出问题→自主探索→交流协作→达成共识→成果汇报→问题解决→反思回顾。

**教学资源：**

人民教育出版社七年级(下)数学教材，专门为这节课制作的多媒体课件，多媒体网络室，北京师范大学现代教育技术研究所开发的 V-class 平台。

**教学过程：**

## 1．创设情境，提出问题

教师活动：呈现从网上收集的大量镶嵌图片，引导学生在课堂上进行浏览，观察教室的地砖和墙上的壁砖以及许多用各种材料铺砌而成的美丽的图案(附图 B.20)。教师指出，用地砖铺地，用瓷砖贴墙，都要求砖与砖严丝合缝，不留空隙，把地面或墙面全部覆盖。这种现象在数学中就叫做平面镶嵌问题。

附图 B.20　平面镶嵌图案

学生活动：欣赏图片，进入情境，调动已有生活经验知识。

设计意图：这一环节呈现一些镶嵌图形，从观察生活现象入手，抽象出数学问题——平面镶嵌的问题，让学生初步体验到平面镶嵌图形的美妙，激发了学生的学习兴趣，鼓励学生积极投入到教学活动中来。

教师活动：呈现丰富多彩的镶嵌案例，提出问题。从数学角度去分析，我们所看到的这些图案就是用一些不重叠摆放的多边形把平面的一部分完全覆盖，通常把这类问题叫做用多边形覆盖平面(或平面镶嵌)的问题。那么上面展示的图案有什么特征，你能试着给出平面镶嵌的定义吗，平面镶嵌的条件是什么，哪些平面图形能进行平面镶嵌?

学生活动：观察案例，思考问题，启动思维。

设计意图：通过学生熟悉的生活情境提出问题，激发学生探究欲望。

## 2. 动手操作，实验探究

实验 1：用一种正多边形镶嵌成一个平面图案。

教师活动：下面请同学们首先从最简单的情形开始探究，请大家动手探索如果仅用一种正多边形镶嵌，哪几种正多边形能镶嵌成一个平面？并将你自己的实验结果填在附表 B.1 中。

学生活动：利用几何画板，对图形按要求组合，填写附表 B.1。同时观察规律得出结论。

教师活动：教师巡回指导，并展示镶嵌效果图案，在此基础上引导学生总结规律，呈现结论。

学生活动：学生观察上述实验结果，分组讨论平面镶嵌的条件，发现问题与多边形的内角大小有密切关系。

教师出示图例，引导学生发现拼接在同一点的各个角的和恰好等于 360°。

设计意图：数学知识的发生、发展离不开数学实践，其中实验性的数学实践对学生的数学知识的形成尤为重要。因此，我恰当地使用信息技术设计了这样一个动手、动脑的操作实验，让学生在一种浓厚的科学研究气氛中体验数学、发现数学。

当然，经验如果能够上升到理论，就可以更好地指导实践。为此及时地引导学生进行概括，如果一个正多边形可以进行镶嵌，那么内角一定是 360°的约数(或 360°一定是这个多边形内角的整数倍)! 从而将此问题归结为一个不定方程的正整数解问题，使学生对用一种正多边形进行平面镶嵌问题的认识由感性上升到理性。

实验 2：用任意三角形或任意四边形镶嵌成一个平面图案。

教师活动：呈现问题，用形状、大小完全相同的任意三角形能否镶嵌，用形状、大小完全相同的任意四边形能够镶嵌吗?

**附表 B.1　一种正多边形平面镶嵌**

| | 正 $n$ 边形 | 拼　图 | 每个内角的度数与 360°的关系 | 结　论 |
|---|---|---|---|---|
| 分析数据 | $n=3$ | 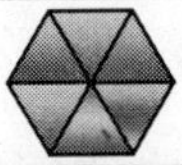 | $6\times60°=360°$ | |
| | $n=4$ | 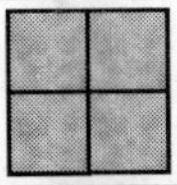 | $4\times90°=360°$ | |
| | $n=5$ | 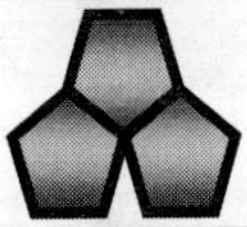 | $3\times108°<360°$ | |
| | | 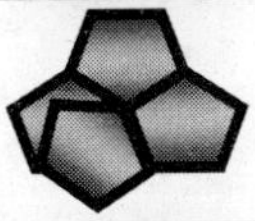 | $4\times108°>360°$ | |
| | $n=6$ | 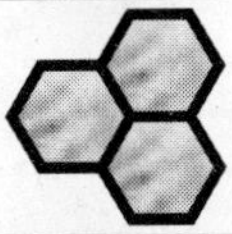 | $3\times120°=360°$ | |
| | $n=8$ | 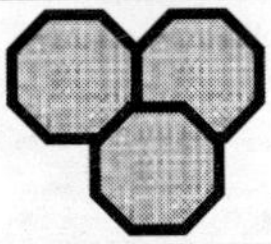 | $3\times135°=360°$ | |

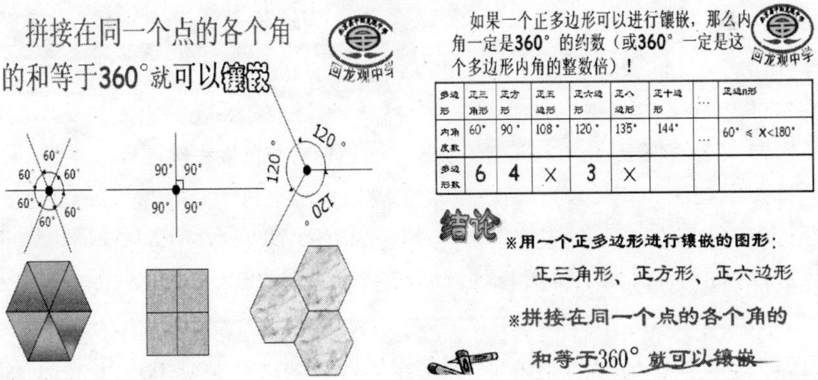

拼接在同一个点的各个角的和等于360°就可以镶嵌
回龙观中学
60°
90°
120°
如果一个正多边形可以进行镶嵌，那么内角一定是360° 的约数（或360° 一定是这个多边形内角的整数倍）！
回龙观中学
多边形 | 正三角形 | 正方形 | 正五边形 | 正六边形 | 正八边形 | 正十边形 | … | 正边n形
内角度数 | 60° | 90° | 108° | 120° | 135° | 144° | … | 60° ≤ X<180°
多边形数 | 6 | 4 | × | 3 | ×
结论
※用一个正多边形进行镶嵌的图形：
正三角形、正方形、正六边形
※拼接在同一个点的各个角的和等于360° 就可以镶嵌


附图 B.21　一种正多边形平面镶嵌的条件

学生活动：运用几何画板进行拼图。

教师重点关注学生能否把不相等的角拼接在一个顶点处，能否把相等的边拼在一起。展示学生作品(包括不能拼出来的学生作品)，启发学生找出规律。 在此基础上，教师出示如附图 B.23 所示的镶嵌效果图。

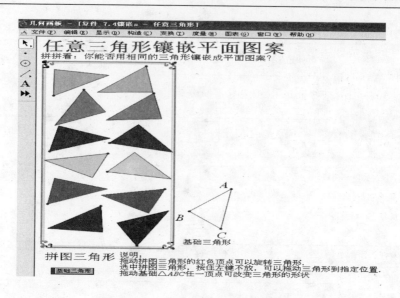

附图 B.22  任意三角形平面镶嵌课件

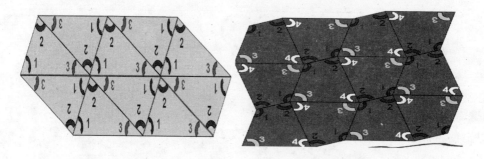

附图 B.23  任意三角形、四边形平面镶嵌样例

设计意图：培养学生的操作能力,了解一般的三角形或四边形可以进行平面镶嵌。通过拼图游戏,引起学生的兴趣,同时学生受到表扬,获得成就感,为下一步活动获得必备的知识。

教师活动：在学生动手操作、归纳结论、讨论交流的基础上,引导学生得出结论。

学生活动：自主实验、讨论交流,发现规律。

师生归纳得出多边形平面镶嵌的条件：

(1) 任意三角形、四边形都能够平面镶嵌;

(2) 拼接在同一点的各个角的和恰好等于 360°;

(3) 相邻的多边形有公共边。

设计意图：在探究用一个正多边形进行平面镶嵌的基础上，进一步让学生探究用任意三角形或四边形进行平面镶嵌实验，旨在发现平面镶嵌的条件，培养学生动手操作的实践能力和理性归纳能力。

实验 3：用两种不同的正多边形进行平面镶嵌。

教师活动：呈现问题，请大家动手探索以下问题，允许用两种正多边形组合起来镶嵌，由哪两种正多边形组合起来能镶嵌成一个平面？将探索的结果填在附表 B.2 中。

学生活动：利用几何画板，按要求对图形进行组合，填写附表 B.2。同时观察规律得出结论。

附表 B.2　两种正多边形平面镶嵌

| 第一种正多边形的边数 | 第二种正多边形的边数 | 平面镶嵌图案 |
| --- | --- | --- |
| 4 | 8 | |
| 5 | 10 | |
| … | … | … |
| 我的结论 | | |

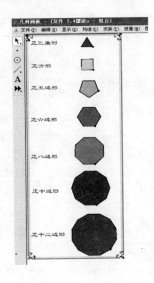

附图 B.24　两种正多边形平面镶嵌课件

设计意图：学生运用已有的知识对实验结果进行推理分析，把感性认识上升到理性认识的高度，说明了理论来源于实践。此活动为本节课的重点及难点，更加突出利用代数方法来推理论证为什么有这些组合形式，从理论上解决问题，让学生感受方程的知识在几何中的应用，学会说理。

实验 4：用三种不同的正多边形进行平面镶嵌。

教师活动：请大家动手探索以下问题，允许用三种正多边形组合起来镶嵌，由哪三种正多边形组合起来能镶嵌成一个平面？将探索的结果填在附表 B.3 中。

学生活动：利用几何画板，按要求对图形进行组合，填写附表 B.3。同时观察规律得出结论。

附表 **B.3**　　三种正多边形平面镶嵌

| 正多边形 1 | 正多边形 2 | 正多边形 3 | 平面镶嵌图案 |
| --- | --- | --- | --- |
| 4 | 6 | 12 | |
| 3 | 4 | 6 | |
| … | … | … | … |
| 我的结论 | | | |

设计意图：后面这个活动主要应用前面的结论和思考方法让学生得出结论，除了动手实验的方法之外，学生也可以采用理论推理的方法来加以说明。

以上两个实验结束后，教师引导学生找出用两或三种正多边形进行平面镶嵌的基本规律，再次使学生对用两种或三种正多边形进行平面镶嵌的理解由感性上升到理性。

实验 5：能否用四种边长相等的不同正多边形进行平面镶嵌，为什么？

教师活动：呈现问题，能否用四种边长相等的不同正多边形进行平面镶嵌，为什么？同时给学生附表 B.4。

附表 **B.4**　　四种正多边形平面镶嵌

| 多边形 | 正三角形 | 正方形 | 正五边形 | 正六边形 | … |
| --- | --- | --- | --- | --- | --- |
| 内角度数 | 60° | 90° | 108° | 120° | … |

学生活动：有些学生还是用几何画板进行验证，而有的同学则运用以上所学规律直接得出结论：同一顶点处不能由四种不同正多边形进行平面镶嵌。

理由：选取内角最小的四种正多边形求内角和得

$$60° + 90° + 108° + 120° = 378° > 360°$$

设计意图：在进行实验 1 时，学生在动手操作中就存在一定的盲目性，但由于问题较为简单，因而也能较快地得到答案。但对于实验 2、3、4、5，如果只是碰运气地乱试一通，是很难得到较多结论的，这就迫使学生在动手的同时还要动脑，思考应当如何恰当地组合几种正多边形，才能进行平面镶嵌。

## 3．概括总结，理性归纳

总结平面镶嵌的定义、规律，并从数学推理的角度说明上述结论。

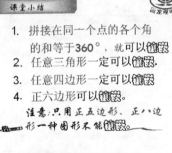

附图 B.25　课堂小结

## 4．迁移应用，拓展延伸

任务：利用镶嵌知识为 2008 年的奥运会进行场馆设计。

活动 1：作品欣赏，开拓思维(附图 B.26)。

活动 2：发挥想象，自由创作。

教师活动：展示几组其他平面镶嵌的图形,扩展学生视野,然后要求学生独立设计一份平面镶嵌的图案，教师先个别辅导，再集中欣赏学生的作品。

学生活动：利用几何画板，运用本课所学，发挥想象力进行镶嵌创作(附图 B.27)。

设计意图：对所学内容进行应用，复习巩固已学知识，学生学会小结反思。同时让学生获得学有所用的成就感，激发学生的想象创造能力，培养学生的审美意识。

活动 3：拓展阅读，课外延伸。

资料 1：石子路镶嵌图案最多的图林。

在北京故宫御花园内，有许多颜色不同的细石子砌成的各种美丽图案的花石子路，据统计全园石子上的图案约有 900 幅，可以说是中国拥有石子路镶嵌图案最多的图林了。这些石子路图案的组成，是把全园作为一个整体来考虑设计的，因此显得极为统一协调。但是每幅图案又有它的独立的面貌，内容各异，图案的内容有人物、风景、花卉、博古等，种类繁多。其中的"颐和春色"、"关黄对刀"、"鹤鹿同春" 等图案，造型优美，动态活泼、构图别致，色彩分明，沿路观赏，美不胜收。

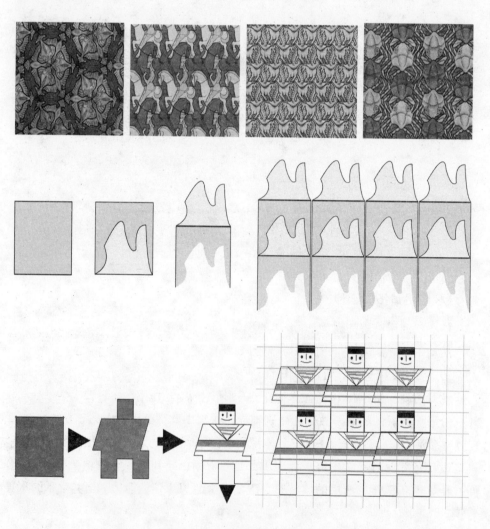

附图 B.26　平面镶嵌作品欣赏

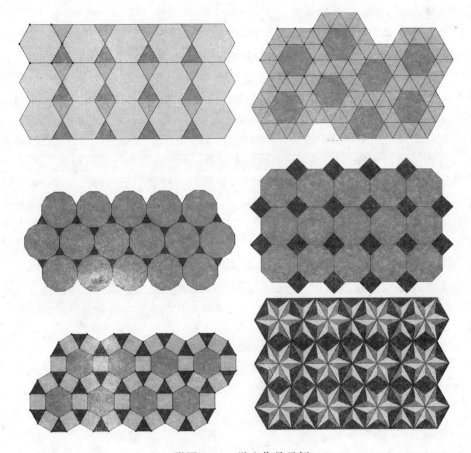

附图 B.27 学生作品示例

资料 2：镶嵌画。

以大小不同的彩石、玻璃料器、金属等硬质片料拼嵌而成的图画。一般用于装饰建筑物的墙面、天花板或地面。镶嵌画历史悠久，最早见于公元前 4000 余年的美索不达米亚，苏美尔人是这种艺术的始祖。镶嵌画以其色彩的真实性和永久性，制作的多样性以及题材的广泛性而得以在世界上绵延流传。公元 1~4 世纪，镶嵌画得到很大的发展，色彩技巧日臻完善，当时罗马人对它十分推崇。在美术史上，罗马以及中世纪东罗马时期的镶嵌画无论在数量上或质量上都名列前茅。例如，意大利庞培城出土的《伊苏之战》、拜占庭时期君士坦丁堡的圣索菲亚教堂中的佐伊皇帝像等许多镶嵌画，都是这个时期的艺术珍品，在历史上产生过深远的影响。随着罗马人的足迹，镶嵌画传入其他地方，各国艺术家都以各自的民族风格发展了这一艺术。镶嵌画在现代世界艺术中日益占有重要地位。墨西哥、原苏联和原民主德国等国家的镶嵌画以其规模的宏大和新颖的技艺而著称，由平面镶嵌发展到在高低浮雕上再加镶嵌，丰富了镶嵌艺术的表现形式。

中国的镶嵌艺术具有悠久的历史和独特的风格。这些镶嵌艺术大多出现在工艺品上，如殷商时代的铜器曾有错金和错金嵌玉的装饰纹样出现。镶嵌画虽较少，仍可以从帝王御花园的甬道和民间的建筑中发现用卵石镶嵌地面和墙面的镶嵌装饰画面。当代中国艺术家也开始重视运用这种艺术形式，在一些重要建筑物的室内外创作了一些镶嵌画。

镶嵌画材料来源十分丰富，有天然彩石、卵石、贝壳、螺钿、宝石、玉石和人造的玻璃料器、陶瓷、有机玻璃、金属和木料等。镶嵌方法有直接镶嵌法、预制法、反贴反上法、正贴正上法。除平面镶嵌外，也可以在浮雕上进行镶嵌，后者更能增强壁画的力度。片料的拼嵌既可以采取装饰性的有规律的排列，也可以采取无规律的自由排列。镶嵌细工在运用色彩能力上要求很高，因为每个色域都是由无数色彩点子成分构成，每一块片料代表一定的色调，为此，镶嵌时每一种色彩成分都要经过斟酌和选择。高明的镶嵌细工艺术家能用补色创造出许多不同的效果。镶嵌画具有其他壁画所没有的坚固、耐潮湿、耐晒而不变色的优点，硬质片料的质感与量感以及镶嵌工艺产生的形、色、光的效果，使镶嵌画在色、质、量感方面显得粗犷浑厚，色彩斑斓。

资料3：用正多边形进行平面镶嵌只有以下这17组解。

有文字记载说明这17组解是1924年一个叫波尔亚的人给出的。实际上早在此之前，西班牙阿尔汉布拉宫的装饰已经一个不少地制作出了这些图样，真是令人叹为观止。

附表 **B.5**　正多边形平面镶嵌类型

| 正多边形 1 | 正多边形 2 | 正多边形 3 | 正多边形 1 | 正多边形 2 | 正多边形 3 |
|---|---|---|---|---|---|
| 3,3,3,3,3,3 | | | 3 | 4,4 | 6 |
| 4,4,4,4 | | | 3,3 | 4 | 12 |
| 6,6,6 | | | 3 | 7 | 42 |
| 3,3,3 | 4,4 | | 3 | 8 | 24 |
| 3,3,3,3 | 6 | | 3 | 9 | 18 |
| 3,3 | 6,6 | | 3 | 10 | 15 |
| 3 | 12,12 | | 4 | 5 | 20 |
| 4 | 8,8 | | 4 | 6 | 12 |
| 5,5 | 10 | | | | |

设计意图：为了让学生对平面镶嵌有更进一步的体会，提供相关资料，供学有余力的学生课外阅读。

## 5．布置作业，查漏补缺

由于受到课堂时间的限制，学生大都无法将以上表格填写完整，因此布置学生在课后进一步完善以上表格，找出其中的一些规律，并就此次探究性活动谈一谈自己的体会。

设计意图：让学生带着疑问走进课堂，带着更多、更高层次的疑问离开课堂，激发学生进一步探究的欲望。从学生课后作业的反馈情况来看，是达到了这一目的的。许多学生都深入地思考了这一问题，得到了很多教师事先都没有想到的结论。

# 案例 4 课堂网络教学环境下函数的奇偶性教学案例[①]

说明：本书可以认为是师范生教育实习的一个成果汇报，也可以认为是信息技术与数学内容整合的一个有益尝试。教案所使用的教材版本见人民教育出版社 B 版高中数学(必修一)第二章第一节第四小节，教学环境是多媒体网络教室。整个教学过程分为四个阶段，即创设情境，提出课题；任务驱动，操作探究；合作交流，归纳发现；应用巩固，深化提高。

## 1. 创设情境，提出课题

教师：同学们，上一节课我们学习了函数的单调性，大家还记得我们是用什么方式来研究的吗？

学生(众)：数、形结合？

教师：对，我们"利用函数的图象来理解函数的性质"，是先从图象看出"随着自变量的增大函数值随之增大或减小"，然后用函数的解析式(从数的角度)表示为"当 $\Delta x = x_2 - x_1 > 0$ 时，有 $\Delta y = f(x_2) - f(x_1) > 0$ (增函数)或 $\Delta y = f(x_2) - f(x_1) < 0$ (减函数)"。这一节课我们继续学习函数的更多性质，首先，请大家观察一下站在你们面前的老师具有怎样的数学特征？(教师先做出立正姿势，然后两手平伸，微笑状)

学生 1：男的？

教师：不错，是男老师，但性别不属于数学特征，数学是从空间形式和数量关系上来看事物的，请再从数学上看看老师有什么样的特征？

学生 2：身高 1 米 76。

教师：这个说法有"数感"，估算眼力也不错。

学生 3：是个轴对称图形。

教师：说得很好，把老师画下来是个"轴对称图形"。老师的左耳与右耳是对称的，左眼与右眼是对称的，左手与右手也是对称的，这是我们初中学过的图形对

① 该案例获教育部第一届东芝杯中国师范大学师范专业理科大学生教学技能创新实践大赛第四名(主讲人，陕西师范大学数学与信息科学学院 2005 级高原同学；指导教师，罗增儒、罗新兵、王光生等老师).

称图形知识。那么，大家还记得什么叫做轴对称图形，什么叫做中心对称图形吗？

定义：沿着一条直线对折后的两部分能够完全重合的图形叫轴对称图形。绕某一点旋转180°后的图形能和原图形完全重合的图形叫中心对称图形。

教师：大自然的物质结构是用对称语言写成的，生活中的对称图案、对称符号丰富多彩，十分美丽(附图 B.28)。

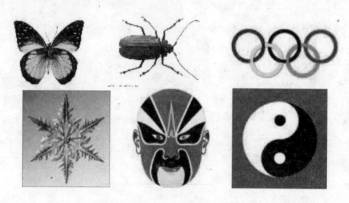

附图 B.28　大自然中的图形

教师：这一章我们学习的是函数，函数的图象也是一种图形，当函数的图象也是轴对称或中心对称时，我们如何利用函数的解析式来刻画函数图象的几何特征呢？这就是本节课我们要共同探究的课题——函数的奇偶性。(板书 §2.1.4 函数的奇偶性)

**2. 任务驱动，操作探究**

教师：同学们，大家一定已经发现了，在每个人的桌面上有一个大信封，信封里装的是什么呢？(引发好奇心)让我们打开来看看。(参见本案例后附录 A)

教师：哦，原来是一张"函数的奇偶性"数学试验单，试验单内有 A 类、B 类"任务函数"各一组，每类"任务函数"各有三个具体的函数，接下来我们要借助 Microsoft Math 软件完成三项任务(见试验单)。

任务 1：在同一坐标系上分别作出两类任务函数的图象，并在实验单对应项下方绘制出函数图象。

任务 2：利用 Create Table(制表)功能，在每类函数中任取一个具体的函数，取定自变量范围为–9~9 的 10 个点，填写对应的数据表。

任务 3：分析函数的图象和数据表，从对称性的角度找出共同的几何特征，再找出自变量 $x$ 和函数值 $y$ 之间的本质关系。

下面大家就分小组，利用 Microsoft Math 软件完成数学试验。

(同学们小组合作，用 Microsoft Math 软件完成三个实验任务，教师巡视各小

组任务进展情况，对存在困难的小组给予适当的帮助，待全班都完成任务后，交流
共享各小组的发现成果)。

### 3．合作交流，归纳发现

教师：大家都已完成了实验任务，下面我们进行交流，通过具体操作和图象观
察，各个小组都有什么发现，哪个小组首先将自己的成果与大家共享交流？

小组 1：(通过计算机报告 A 类函数的图象，屏幕 5 打出附图 B.29)我们小组通
过观察发现：

(1) A 类任务函数的定义域关于原点对称，图象关于 $y$ 轴对称。

小组 2：(通过计算机报告 B 类函数的图象，屏幕 6 打出附图 B.30)我们小组通
过观察发现：

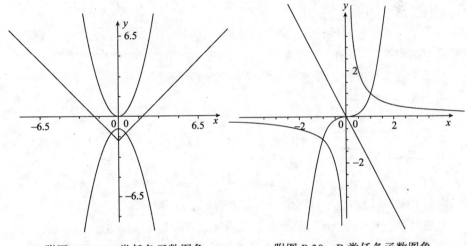

附图 B.29　A 类任务函数图象　　　　　附图 B.30　B 类任务函数图象

(2) B 类任务函数的定义域是关于原点对称的，图象是关于原点对称的。

教师：非常好！大家通过函数图象的观察发现了：

(1) A 类函数和 B 类函数的定义域都是关于原点对称的；

(2) A 类任务函数的图象是关于 $y$ 轴对称的，B 类任务函数的图象是关于原点
对称的。

我们知道，"关于 $y$ 轴对称"就是对应点 $P(x, y)$、$P_1(x_1, y_1)$ 的连线(线段)以 $y$ 轴为
垂直平分线，这时，$P$、$P_1$ 的横坐标之间有什么关系，$P$、$P_1$ 的纵坐标之间有什么关系？

小组 3：(通过计算机报告 A 类函数中 $f(x) = |x| - 2$ 的图象及其数据表，屏幕 7
打出附图 B.31)我们小组通过图象和数据表的观察发现：

(1) 对应点 $P$、$P_1$ 的横坐标成相反数时纵坐标相等。

(2) A 类任务函数的自变量互为相反数时，其函数值相等。

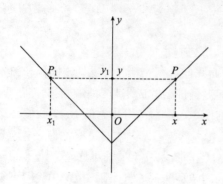

| | x | y |
|---|---|---|
| 1 | -9 | 7 |
| 2 | -7 | 5 |
| 3 | -5 | 3 |
| 4 | -3 | 1 |
| 5 | -1 | -1 |
| 6 | 1 | -1 |
| 7 | 3 | 1 |
| 8 | 5 | 3 |
| 9 | 7 | 5 |
| | 9 | 7 |

附图 B.31　函数 $y=|x|-2$ 的图象及其数据表

教师：对。(屏幕 7 继续打出)

关于 $y$ 轴对称的数值特征：横坐标成相反数时纵坐标相等，或自变量互为相反数时函数值相等。

那么，这个数值特征怎样用纵、横坐标的字母表示出来呢？

学生 4：$x_1=-x$ 时，$y_1=y$。　　　　　　　　　　　　　　　　(附 B.1)

教师：对，这是轴对称的一个数值表示。同样，"关于原点对称"就是对应点 $Q(x,y)$、$Q_1(x_1,y_1)$ 的连线(线段)以原点为中点，这时 $Q$、$Q_1$ 的横坐标之间有什么关系，$Q$、$Q_1$ 的纵坐标之间有什么关系？

小组 4：(通过计算机报告 B 类函数中 $f(x)=-2x$ 的图象及其数据表，屏幕 8 打出附图 B.32)我们小组通过图象和数据表的观察发现：

对应点 $Q$、$Q_1$ 的横坐标成相反数时纵坐标也成相反数。或者说，B 类任务函数的自变量互为相反数时，其函数值也互为相反数。

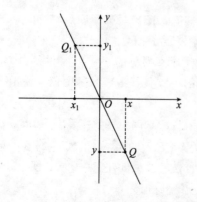

| | x | y |
|---|---|---|
| 1 | -9 | 18 |
| 2 | -7 | 14 |
| 3 | -5 | 10 |
| 4 | -3 | 6 |
| 5 | -1 | 2 |
| 6 | 1 | -2 |
| 7 | 3 | -6 |
| 8 | 5 | -10 |
| 9 | 7 | -14 |
| | 9 | -18 |

附图 B.32　函数 $y=-2x$ 的图象及其数据表

教师：对。(屏幕 8 继续打出)

关于原点对称的数值特征：横坐标成相反数时纵坐标也成相反数。或自变量互为相反数时函数值也互为相反数。

那么，怎样用纵、横坐标的字母表示出来呢？

学生 5：$x_1 = -x$ 时 $y_1 = -y$。　　　　　　　　　　　　　　　　(附 B.2)

教师：现在我们已经从函数图象的图形特征得出了函数图象的数值特征，下面，我们分别验证 A 类任务函数中的 $f(x) = |x| - 2$ 和 B 类任务函数中的 $f(x) = -2x$，看看如何用函数的表达式来刻画"自变量互为相反数时，其函数值相等或互为相反数"。

学生 6：我通过验证 A 类任务函数 $f(x) = |x| - 2$，有 $f(-x) = |-x| - 2 = |x| - 2 = f(x)$，确实是自变量互为相反数时，函数值相等。(学生叙述，教师板书)

教师：就是说 A 类任务函数满足 $f(-x) = f(x)$，这正是用函数解析式表达的本质特征。

学生 7：我通过验证 B 类任务函数 $f(x) = -2x$，有 $f(-x) = -2(-x) = 2x = -f(x)$，确实是自变量互为相反数时，函数值也互为相反数。(学生叙述，教师板书)

教师：这样一来，就把上面的式(附 B.1)"$x_1 = -x$ 时 $y_1 = y$"改写为

$$f(-x) = f(x) \qquad\qquad\qquad (\text{附 B.3})$$

把式(附 B.2)"$x_1 = -x$ 时 $y_1 = -y$"改写为

$$f(-x) = -f(x) \qquad\qquad\qquad (\text{附 B.4})$$

同学们，我们的上述活动实际上已经完成了这样的数形对应(屏幕 9 打出对照表)

| 形的特征 | 数的特征 |
| --- | --- |
| 图象横坐标成相反数 | 函数自变量成相反数 |
| 图象纵坐标相等(成相反数) | 函数值相等(成相反数) |
| 横坐标成相反数时纵坐标相等(成相反数) | $x_1 = -x$ 时 $y_1 = y$<br>($x_1 = -x$ 时 $y_1 = -y$) |
| 图象性质：关于 $y$ 轴对称(关于原点对称) | 函数性质：<br>$f(-x) = f(x)$（$f(-x) = -f(x)$） |

教师：同学们，如果称 A 类这样的函数为偶函数，称 B 类这样的函数为奇函数，你们能给偶函数和奇函数下个定义吗？(学生通过独立思考和合作交流，得出定义。屏幕 10 打出偶函数和奇函数的定义)

**定义 1**　设函数 $y = f(x)$ 的定义域为 $D$，如果对 $D$ 内的任意一个 $x$，都有 $-x \in D$ 且 $f(-x) = f(x)$，则这个函数叫偶函数。

**定义 2**　设函数 $y = f(x)$ 的定义域为 $D$，如果对 $D$ 内的任意一个 $x$，都有 $-x \in D$ 且 $f(-x) = -f(x)$，则这个函数叫奇函数。

教师：对于偶函数的定义需要强调三点(屏幕 11 打出三点解释)：

一是对"任意一个 $x$"都成立，是整体性质而非局部性质；

二是"都有 $-x \in D$"，即 $f(-x)$ 是存在的；

三是" $f(-x) = f(x)$ "，这是偶函数的本质属性，是它的标志。

同学们，对于奇函数的定义你们认为需要强调什么呢？

(同样，同学们得出奇函数的定义需要强调的三点认识，屏幕 12 打出)：

一是对"任意一个 $x$"都成立，是整体性质而非局部性质；

二是"都有 $-x \in D$"，即 $f(-x)$ 是存在的；

三是" $f(-x) = -f(x)$ "，这也是奇函数的本质属性，是它的标志。

教师：记忆这个定义，可借助函数 $f(x) = x^n$ ( $n$ 为正整数)，当 $n$ 为奇数时，$f(x) = x^n$ 为奇函数；当 $n$ 为偶数时，$f(x) = x^n$ 为偶函数。

## 4. 应用巩固，深化提高

教师：下面我们利用奇函数和偶函数的定义来做练习。(屏幕 13 打出题目)

**例1**　用定义来判断下列函数的奇偶性。

(1) $f(x) = -x^2 - 1$ (见 A 类函数)；　　　(2) $f(x) = x^3$ (见 B 类函数)；

(3) $f(x) = -2x + 1$ ；　　　　　　　　　(4) $f(x) = a$ 。

教师：首先，我们一起来分析第(1)题。(屏幕 14 打出分析)

分析：第 1 步，先看 $f(x) = -x^2 - 1$ 的定义域，易知定义域为 **R**，是关于原点对称的；

第 2 步，计算 $f(-x)$ ，看 $f(-x)$ 与 $f(x)$ 之间的关系，通过计算，有

$$f(-x) = -(-x)^2 - 1 = -x^2 - 1 = f(x)$$

第 3 步，下结论： $f(x) = -x^2 - 1$ 是偶函数。

具体的解题过程如下。(屏幕 14 继续打出)

**解**　函数 $f(x) = -x^2 - 1$ 的定义域为 **R**，当 $x \in \mathbf{R}$ 时， $-x \in \mathbf{R}$ ，因为

$$f(-x) = -(-x)^2 - 1 = -x^2 - 1 = f(x)$$

所以 $f(x) = -x^2 - 1$ 是偶函数。

下面请同学们继续做(2)、(3)、(4)题。

学生 8：(通过计算机报告第(2)题的解法，由屏幕 15 打出)

教师：很好，判断正确，书写规范。我们再来看看第(3)题。

学生 9：(通过计算机报告第(3)题的解法，由屏幕 16 打出)

教师：这个解法的两个判断都正确，但是还没有给出结论。到底这是个什么函数呢？像这样的既不满足奇函数定义也不满足偶函数定义的函数，我们就叫它非奇非偶函数吧。下面提个问题，函数 $f(x) = -2x + 1$ 既不是奇函数也不是偶函数，那么，

它的图象是不是"既非轴对称图形又非中心对称图形"？

学生 10：应该是吧。

教师：理由呢？

学生 10：不是偶函数就不会关于 $y$ 轴对称，不是奇函数就不会关于原点中心对称，所以是"既非轴对称图形又非中心对称图形"。

教师：不以 $y$ 轴对称有没有可能以别的直线为轴对称，不以原点对称有没有可能以别的点为中心对称？

学生 10：(恍然大悟)哦，明白了。函数 $f(x)=-2x+1$ 虽然既不是奇函数也不是偶函数，但它的图象是一条直线，既是轴对称图形又是中心对称图形。

教师：这是一个有趣的发现。因为直线的任意一条垂线都是它的对称轴，直线的任一点都是它的对称中心，所以"非奇非偶函数" $f(x)=-2x+1$ 的图象，"既是轴对称图形又是中心对称图形"。再看第(4)小题。

学生 11：(通过计算机报告第(4)题的解法，由屏幕 17 打出)

教师：解法出来了，对任意的实数 $a$，$f(x)=a$ 均为偶函数的判断过程有疑问吗？

学生(齐)：没有。

教师：那么 $a=0$ 呢？

学生 12：$f(-x)=0=f(x)$，满足偶函数的定义。

学生 13：我觉得当 $a=0$ 时，$f(-x)=0=-f(x)$ 也成立，还满足奇函数的定义。老师，这样的函数叫啥？

教师：当 $a=0$ 时，$f(x)$ 既满足奇函数的定义又满足偶函数的定义，我们就把这样的函数叫做既奇且偶函数。这道题的完整求解可分 $a\neq0$ 与 $a=0$ 两种情况来讨论：当 $a\neq0$ 时，$f(x)=a$ 为偶函数；当 $a=0$ 时，$f(x)=0$ 为既奇且偶函数。那么，以函数的奇偶性为标准我们可以对函数作怎样的分类？

学生(齐)：分四类。

教师：哪四类？

学生 14：是奇函数而非偶函数，是偶函数而非奇函数，既奇且偶函数，非奇非偶函数。

教师：非常好！下面，根据做例 1 的过程，我们再来总结一下判断函数奇偶性的方法。第一步看什么？

学生(齐)：看定义域是否关于原点对称。

教师：对，如果定义域关于原点不对称，就不是奇函数也不是偶函数。那怎么确定"定义域关于原点不对称"呢？

学生 15：只要定义域上有一个取值 $x_0$ 使 $f(-x_0)$ 不存在，则定义域就关于原点不对称。

教师：很好，只要定义域上有一个取值 $x_0$ 使 $f(-x_0)$ 不存在，则 $f(x)$ 就既不是奇函数也不是偶函数。第二步呢？

学生(齐)：计算 $f(-x)$，看是否满足 $f(-x) = f(x)$ 或者 $f(-x) = -f(x)$。

教师：对，这一步的实质是验证一个恒等式，只要有定义域的一个取值 $x_0$ 使 $f(-x_0) \neq f(x_0)$ (或 $f(-x_0) \neq -f(x_0)$)，则 $f(x)$ 就不是偶(奇)函数。根据恒等式证明的经验，请进一步思考你们能对这一步发表些什么看法呢？

学生 16：证明 $f(-x) = f(x)$ 可以转为证 $f(-x) - f(x) = 0$，证明 $f(-x) = -f(x)$ 可以转为证 $f(-x) + f(x) = 0$。

学生 17：当 $f(x) \neq 0$ 时，证明 $f(-x) = f(x)$ 还可以转为证 $\dfrac{f(-x)}{f(x)} = 1$，而证明 $f(-x) = -f(x)$ 又可以转为证 $\dfrac{f(-x)}{f(x)} = -1$。

教师：这又是一些小小的发现，很好。第三步呢？

学生(齐)：下结论，判断为上述说的 4 类函数之一。

教师：总结得不错，下面看第 2 个练习。(屏幕 18 打出题目)

**例 2**　选择题。

(1) 给出 4 个命题：

① 如果一个图形是轴对称图形，那么这个图形一定是某个偶函数的图象；

② 如果一个函数的图象是轴对称图形，那么这个函数一定是偶函数；

③ 奇、偶函数的定义域必定关于原点对称；

④ 如果奇函数 $f(x)$ 在原点有定义，那么 $f(0) = 0$。

其中为真命题的个数是　　　　　　　　　　　　　　　　　　　　(　)

A. 1;　　B. 2;　　C. 3;　　D. 4

(2) 函数 $f(x) = \dfrac{\sqrt{4 - x^2}}{|x - 2| + x}$ 的奇偶性为　　　　　　　　　　　(　)

A. 是奇函数而不是偶函数；　　　　B. 是偶函数而不是奇函数；

C. 既是奇函数又是偶函数；　　　　D. 既不是奇函数也不是偶函数

教师：看第(1)小题，大家先判断四个命题的真假。

学生 18：命题①是假命题，比如圆是轴对称图形，但不是函数的图象。

教师：因为存在这样的 $x$，有两个 $y$ 与之对应，不满足函数的定义，是吗？

学生 18：是的。

教师：很好，谁来判断命题②?

学生 19：命题②是假命题，比如函数 $f(x) = (x - 1)^2$ 的图象是轴对称图形，但这个函数不是偶函数。

学生 20：例 1 中的函数 $f(x)=-2x+1$ 也是一个反例。

教师：只要把一个偶函数的图象左右平移一下就可以得到反例。继续说命题③。

学生 21：命题③是真命题，若不然，就存在一个 $x_0 \in D$，使 $-x_0 \notin D$，既然 $f(-x_0)$ 都不存在，更谈不上 $f(-x_0)=f(x_0)$ 或 $f(-x_0)=-f(x_0)$。

教师：对，比如函数 $f(x)=x^3$ 在 $\mathbf{R}$ 上为奇函数，但在 $[-1,1)$ 上就成了非奇非偶函数了(因为 $x=1$ 时 $f(-x)$ 没有定义)。"奇、偶函数的定义域必定关于原点对称"可以成为判断函数奇偶性的一个必要条件。继续说命题④。

学生 22：命题④是真命题，由奇函数的定义，令 $x=0$ 有 $f(-0)=-f(0)$，移项得 $f(0)=0$。

教师："如果奇函数 $f(x)$ 在原点有定义，那么 $f(0)=0$"可以成为奇偶性的一个必要条件。现在四个命题都判断清楚了，接下来应该选什么？

学生(齐)：选 B。

教师：回答得很好。再看第(2)小题。

学生 23：(学生口述，教师板书)因为

$$f(-x)=\frac{\sqrt{4-(-x)^2}}{|-x-2|+x} \neq \frac{\sqrt{4-x^2}}{|x-2|+x}=f(x) \qquad\text{(附 B.5)}$$

$$f(-x)=\frac{\sqrt{4-(-x)^2}}{|-x-2|+x} \neq -\frac{\sqrt{4-x^2}}{|x-2|+x}=-f(x) \qquad\text{(附 B.6)}$$

所以，$f(x)$ 既不是奇函数也不是偶函数，选 D。

教师：你是说对定义域内的每一个 $x$，不等式(附 B.5)、式(附 B.6)都成立？

学生 23：不，我的式(附 B.5)、式(附 B.6)是说恒等式 $f(-x)=f(x)$，$f(-x)=-f(x)$ 都不成立。

教师：既然是否定恒等式，那有定义域内的一个值就够了。大家把 $x=0$ 代入看看。

学生 23：有 $f(-0)=1=f(0),f(-0) \neq -f(0)$。可见，$f(-x)=-f(x)$ 肯定不是恒等式，至于式(附 B.5)我想取别的值会使左、右两边不相等的。

教师：好，我们一块来找使式(附 B.3)左、右两边不相等的 $x$ 值。

(学生验证了 $f(-1)=\frac{\sqrt{3}}{2}=f(1),f(-2)=0=f(2)$，终于有学生省悟)

学生 24：根据例 1 的总结，判断函数的奇偶性应该先求定义域，并看它是否关于原点对称。

教师：继续说，函数的定义域是什么？

学生 24：由被开方式非负知，函数的定义域为 $4-x^2 \geqslant 0 \Leftrightarrow -2 \leqslant x \leqslant 2$，是关于原点对称的。

教师：很好，在这个前提下，函数的表达式能否化简？

学生 24：可以，在定义域内有 $x-2 \leqslant 0$，函数表达式的分母为 $|x-2|+x=(2-x)+x=2$，得

$$f(x)=\frac{\sqrt{4-x^2}}{|x-2|+x}=\frac{\sqrt{4-x^2}}{2}$$

教师：这就思路清晰了，我们请学生 23 再作一次判断。

学生 23：函数的定义域为 $4-x^2 \geqslant 0 \Leftrightarrow -2 \leqslant x \leqslant 2$，得 $x-2 \leqslant 0$，则函数表达式可化简为

$$f(x)=\frac{\sqrt{4-x^2}}{|x-2|+x}=\frac{\sqrt{4-x^2}}{(2-x)+x}=\frac{\sqrt{4-x^2}}{2}$$

有

$$f(-x)=\frac{\sqrt{4-(-x)^2}}{2}=\frac{\sqrt{4-x^2}}{2}=f(x)$$

得 $f(x)$ 是偶函数。

又 $f(0) \neq 0$，不满足奇函数的必要条件，所以 $f(x)$ 是偶函数而不是奇函数。选 B。

教师：非常完满。最后，让我们来总结一下：今天学习了什么，经历了什么，感悟到了什么？

同学们七嘴八舌，谈到：

(1) 学习了奇函数和偶函数的概念。

(2) 学习了用定义判断函数奇偶性的方法。

(3) 知道了奇函数的图象关于原点对称，但不知道图象关于原点对称的函数为什么叫做奇函数。

(4) 知道了偶函数的图象关于 $y$ 轴对称，但不知道图象关于 $y$ 轴对称的函数为什么叫做偶函数。

(5) 经历了从初中"图形对称性"到高中"函数奇偶性"的提炼过程。

(6) 经历了从几个具体函数提炼函数本质属性的过程。

(7) 经历了小组讨论和课堂交流。

(8) 感悟到判断函数奇偶性的关键是证明恒等式。

(9) 感悟到了数学思想方法，如函数思想、数形结合思想等。

(10) 感悟到了数学的对称美。

……

教师：时间关系先谈到这里。今天的作业有 3 个，作业 1 是课本 53 页练习 A 第 1 题，作业 2 是课本 54 页练习 B 第 2 题(选做题)，作业 3 是完成实验单上的几个问题(参见附录 A："函数的奇偶性"数学实验单)：

(1) 通过本节课，你收获了什么？

(2) 通过本节课，你发现了什么？

(3) 在本节课的学习中，你还有什么不明白的？

(4) 本节课后，你还想继续探究什么？

让我们"带着问题走进课堂，带着思考走出课堂"。

# 后　记

这是一种恩赐！一切皆源于与母校的不解之缘。1989 年我毕业于北京师范大学数学系，那里记录了我的青春，也见证了我的爱情。可无论如何也难以想到，时隔 15 年已近不惑之年的我有幸再次踏入母校的大门，并且师从我国教育技术界的领军人物何克抗教授攻读教育技术学博士学位，激动之情与感恩之意真是难以言表！

本人曾有过 12 年中学数学教学经历，硕士毕业后留在陕西师范大学数学与信息科学学院从事数学教育教学和研究工作。多年的数学教学实践与研究经历给了我回味无穷的探索乐趣！特别是 2004 年以来，我有幸投入何克抗教授门下，从而跨入一个新的领域、新的天地。攻读博士学位的三年对我来说是一次颇为艰辛的学习与研究历程，但它却让我充分品味到一种从未有过的恬静的创作心态，一种放飞思绪、自由选择而迎来的幸福之感！其间，我有幸全程参与了何克抗教授主持的国家教育科学"十五"规划重点研究课题"基于网络环境的基础教育跨越式发展创新试验研究"。在导师的指导下，整整三年持续深入中小学教学第一线从事课题试验研究。这一难得的理论与实践密切结合的课题研究机会，不仅使我能够对信息技术环境下基于问题解决的数学教学设计的理论和方法进行深入的研究，更重要的是，课题研究历程使我切身体会到 "实践出真知"、"做中学"、"通过问题解决来学习"、"通过问题解决来建构知识"、"师徒制教学"、"非指导性教学"等理论的真正意蕴！这也进一步让我坚信所选择的具有"做中学"特色的论题的现实意义。跨越式课题试验项目不仅拥有先进的教育思想、教育理论，更拥有一支在何克抗教授和余胜泉博士引领下的强大的课题研究团队。课题管理最鲜明的特色之一就是何克抗教授和余胜泉博士亲自率领研究团队坚持长期深入教学第一线，对课题研究过程进行持续深入的指导和培训。这一特色不仅保证了课题的广泛深入、富有成效和可持续的发展，同时也使我们研究团队中的每个成员在这充分体现了"师徒制教学"、"非指导性教学"、"做中学"意蕴的课题指导实践过程中深受教益！

本书能够顺利完成，得益于很多人的帮助和支持。在此，我要特别感谢我的导师何克抗教授，他为我提供了很多参与理论研究和教学改革试验的机会。特别是参与跨越式课题试验研究，使我得以对信息技术环境下基于问题解决的数学教学设计进行专题研究和实践，进而完成了博士论文并在此基础上完成了本书的撰写。可以说，没有导师的指导和帮助，没有导师为我创造的各种研究条件与机会，我难以顺利完成本书的研究工作。北京师范大学三年学习与课题指导实践的经历可以说是我学术研究道路上的转折点。

接着，我要由衷地感谢北京师范大学现代教育技术研究所的博士吴娟、陈玲、陈杰、郑良栋、孙众、张生、国莹、魏顺平、赵兴龙、江晓明、梁玮、梁文鑫等，感谢他们在课题试验工作中给予我的积极配合与大力支持；特别感谢北京师范大学教育技术学院的黄荣怀教授、陈丽教授、衷克定教授、余胜泉教授、杨开城教授、吴娟博士、马宁博士对本书提出的宝贵意见；衷心地感谢我的硕士导师、陕西师范大学数学与信息科学学院罗增儒教授对我本书的写作提了许多可资借鉴的建议和多年来对我的关心与帮助；《中国电化教育》编辑部主任朱广艳对本书的写作也提了许多宝贵的建议，在此谨向朱老师表示诚挚的谢意；同时我要衷心地感谢陕西师范大学人事处马进福处长、陕西师范大学数学与信息科学学院吴建华院长、李田会书记、吉国兴副院长、杜叶婷副书记对我攻读博士学位所给予的大力支持与帮助；我的同学、北京师范大学研究生院张志斌处长在我上学期间给予了我很多关心和帮助，让我时时能够体会到回家的感觉，在此谨向他们全家表示深深的谢意！还有我的老同学李军博、岳昌庆、黄烈艳、王昭顺、鲍静怡、李冬梅以及博士同学程志都给了我许多关心和帮助，在此一并表示感谢。

另外，在三年课题试验研究过程中，本人先后参与了跨越式课题所属的北京市昌平区、北京市石景山区、河北省丰宁满族自治县、陕西省太白县等多个试验学校的课题研究与指导工作。课题试验学校给了我们研究的土壤，试验学校的领导、老师和学生给了我们研究的动力，试验教师全身心地投入给了我们研究的素材与灵感，在此谨向试验学校的各位领导、老师和学生表示衷心的感谢。同时特别感谢付东方、刘玲、李娟、马有林、张振梅、齐国利、王淑平、李亚春等老师为本书的写作所提供的大力支持与帮助。

此外，感谢科学出版社陈玉琢老师为本书的出版所付出的巨大努力，同时也感谢陕西师范大学优秀著作出版基金对本书的出版所给予的资助。

最后，我要感谢的是我的家人。在我读博期间，由于工作需要，我爱人先是远赴澳门学习，回来后就被陕西省组织部派往陕西省商洛市挂职锻炼，一家三口天各一方，年幼的儿子被孤单地留在了西安的家中！在这举步维艰的情况下，远在千里、年过七旬的岳父、岳母毅然决然地前往西安，承担起了照顾儿子的重任。三年来，岳父、岳母起早贪黑、买菜做饭、无微不至地为我的儿子操劳着，仅仅感谢他们是远远不够的！儿子在父母都不在身旁的情况下，在各方面表现出了同龄孩子少有的自律与责任，经过自己的努力顺利地考入了重点中学的重点班。儿子几年来的全面发展、健康成长给了我莫大的精神安慰，使我能够在异地他乡安心地学习与工作！

我的爱人多年来不仅事业有成,而且对我和儿子倾注了满腔的爱!白手起家,无怨无悔,尊老爱幼,相夫教子,我的点滴进步都融入了她的万千期许与不懈鞭策!作为父亲,我愧对儿子,作为儿子,我愧对父母!几年来,很少有机会回故乡看望体弱多病、盼儿心切的父母,即使在父亲生病住院期间,都未能到病床前尽孝!家永远是我的港湾,亲人们的爱永远是我前进的动力!

面对老师的厚爱,家人的支持,同事的帮助,朋友的关怀……我无以回报,只能时刻提醒自己:不能懈怠!

一个人的成长是永远的。在导师、师长、亲人、朋友们的帮助下,尽管我已顺利地完成了本书的写作,但我深知,这仅仅是我人生之路上的又一个起点。再次感谢我的导师以及所有关心和帮助我的老师和朋友们,并真诚地希望在我未来的征途中能继续得到你们的引领和帮助!

王光生

陕西师范大学

2010 年 11 月